大学化学实验教学示范中心系列教材

总主编　李天安

有机物制备

主编　马学兵　解正峰　敬林海
　　　唐　倩　惠永海

U0214983

科学出版社

北　京

内 容 简 介

本书是依据《高等学校化学类专业指导性专业规范》并基于一级学科平台、以"方法"为中心的实验教学思路编写的,是"大学化学实验教学示范中心系列教材"的第六册。全书共 8 章。第 1 章介绍有机物制备中的物质分离、提纯和结构鉴定知识,随后的章节从有机化合物分子骨架的架构、碳环、杂环、官能团的引入、转化和保护,到选择性控制等基础内容依次展开,力求全面展现有机物制备的基本原理和实用技术,最后介绍有机物制备的新概念、新技术。全书设置实验项目 59 个,其中安排了 5 个化合物的多步合成实验,既体现了基础性,也保证了适当的综合性。每个实验项目力求涉及多个知识点,避免就项目论"项目",有利于学生举一反三。写作方式注意与中学化学实验的衔接,利于自学,便于发挥学生的学习主体性,培养创新能力。

本书可作为高等师范、高等理工和综合性院校化学化工专业本科生实验教材,也可供相关专业教学、科研人员参考。

图书在版编目(CIP)数据

有机物制备/马学兵等主编 . —北京:科学出版社,2014.1
大学化学实验教学示范中心系列教材
ISBN 978-7-03-039615-0

Ⅰ.①有… Ⅱ.①马… Ⅲ.①有机化合物-制备-高等学校-教材 Ⅳ.①O621

中国版本图书馆 CIP 数据核字(2014)第 011999 号

责任编辑:陈雅娴 / 责任校对:郭瑞芝
责任印制:徐晓晨 / 封面设计:迷底书装

科 学 出 版 社 出版
北京东黄城根北街 16 号
邮政编码:100717
http://www.sciencep.com

北京中石油彩色印刷有限责任公司 印刷
科学出版社发行 各地新华书店经销
*

2014 年 1 月第 一 版 开本:720×1000 B5
2016 年 7 月第二次印刷 印张:16 1/4
字数:328 000
定价:34.00 元
(如有印装质量问题,我社负责调换)

大学化学实验教学示范中心系列教材
编写委员会

总主编　李天安

编　委（按姓名汉语拼音排序）

鲍正荣　　柴雅琴　　刘全忠　　马学兵

彭敬东　　彭　秧　　王吉德　　杨　武

杨志旺　　袁　若

丛 书 序

进入 21 世纪以来,我国高等教育逐步转入"稳定规模、提高质量、深化改革、优化结构、突出特色、内涵发展"的阶段。国家通过精品课程建设、示范中心建设、教学评估等系列"质量工程",和颁布《国家中长期科学和技术发展规划纲要(2006—2020 年)》,促进教学质量的提高。高校按照"加强基础、淡化专业、因材施教、分流培养"的方针,积极推进人才培养模式、教学体系、教学内容和教学方法改革,取得了许多有益的经验。教育部颁发的《高等学校化学类专业指导性专业规范》对于兼顾教学内容"保底"和发挥学校特色是一个纲领性的文件。

在这个大背景之下,西南大学等西部四校合作编写的"大学化学实验教学示范中心系列教材"由科学出版社修订出版。这应该是一项非常有益的工作。

首先,教材秉承一级学科平台的编写思路。教材整合传统二级学科的基础内容,按照认知规律形成相互独立又相互联系的课程体系,既体现了"规范"突破传统二级学科壁垒,站在一级学科层面上形成系统连贯学科思维的育人思路,又使"规范"所列最基本知识点落实到能够体现地区高校特色的可操作的具体课程体系中。

其次,教材有自己的理念。化学有实验学科之说,戴安邦先生也有"实验教学是实施全面化学教育最有效的教学形式"的名言。不过,化学实验中究竟教学生什么一直是一个争论的问题。教材编写者对此的回答是:应当教的是"方法"而非知识本身。教学改革是一项复杂而长期的探索活动,愿所有的教育者都成为探索者。

西部高校承载了地区百姓和社会的更多期待,虽然目前其教学条件、规模水平仍有待提高,但是,我们欣慰地看到,西部高校老师正在努力。

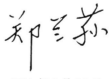

2013 年 6 月 15 日

序

2005年,时值各地积极推进实验教学示范中心建设,新、甘、川、渝地区几所高校化学同仁聚会重庆,交流各自实验教学改革的心得。与会代表认为,以"方法"为中心的实验教学理念符合当前化学实验教学改革的基本趋势,符合教育部关于实验教学示范中心建设标准的要求,是创建一级学科教学平台有力的思想工具。经多年来的努力,尽管横向看东西部教育差距不可否认,但纵向看西部高校已今非昔比。因此,合力开发既满足学科教学需要,又反映地区教学改革成果教材的时机已经成熟。

本系列教材遵循实验教学示范中心建设标准,定位于满足一般高校化学类专业基础实验教学,按一级学科模式,把实验教学示范中心建设标准规定的全部教学内容划分为六册。

《化学基础实验(Ⅰ)》和《化学基础实验(Ⅱ)》为第一层次,为化学各二级学科共有或相关的一些操作、技术、物质性质检测。该层次的教学核心是"练",主要通过现有知识的学习和训练,使学生能够在一定程度上举一反三。从认知心理水平讲,就是接受现有的实验研究技术和有关知识,明确"是什么"(what)。

《理化测试(Ⅰ)》和《理化测试(Ⅱ)》为第二层次,强调物质的关系、行为和反应动态。该层次的教学核心是"辨",主要通过各种物质的量、反应过程理化参数的描述,使学生了解在化学研究中如何认识物质关系、反应和控制过程。从认知层面上讲,就是认识化学现象的本质原因及其描述方法,理解"为什么"(why)。

《无机物制备》和《有机物制备》为第三层次,强调按照一定的要求,根据相关的知识选择、设计合适的技术,创造新物质。该层次的教学核心是"做",主要在于知识、技能、条件的综合应用。从认知层面上讲,要求根据需要创造性地解决问题,实现"怎么办"(how)。

本系列教材于2006年由西南师范大学出版社出版试用以来,一方面通过校际交流推进了合作学校的教学改革,取得了一定的成果,另一方面相继发现了教材中存在的问题。在科学出版社的支持下,本系列教材得以重新修编出版。

本次修订以《高等学校化学类专业指导性专业规范》为根本依据,调整知识点在各册的分配,按照学科发展和国家标准修订,更新引用技术,补充完善原有知识点或压缩篇幅,对初版中的错误、笔误、表达晦涩处进行校对和纠正。除此之外还作了如下两方面较明显的变动:

(1)强化基础。与实验教学示范中心建设标准相比,《高等学校化学类专业指导性专业规范》更加强调基础,新增了玻璃加工和一些基本物质参数和常规实验技术,修订中都全部予以考虑。

（2）适度取舍。《高等学校化学类专业指导性专业规范》强化了物质制备,在实验教学示范中心建设标准基础上增加了高分子制备和天然物提取两部分,同时弱化了原化工部分的内容。事实上,高分子和化工部分的教学在不同学校之间差异都很大,常形成学校的办学特色。考虑到本书的基础性定位,这两部分均不涉及。本次修订纳入了天然物提取,因为此类实验项目容易激发学生学习兴趣,所以安排在了《化学基础实验（Ⅰ）》中,以便提升学生的专业热情。

本次修订得到合作学校领导的大力支持,组织编写队伍,提供实验项目试做的条件;郑兰荪院士给予本系列教材关注并作序,也给了大家极大的鼓舞;科学出版社多次及时指导,更使修撰工作少走不少弯路;所有编写老师积极工作,其中还包括家人的支持。这些都难以用一个"谢"字表达。

限于编者水平,错误疏漏在所难免,望读者不吝赐教。

"大学化学实验教学示范中心系列教材"编写委员会

2013 年 6 月

目　　录

绪　　论

学习指导

（1）化学是现代科学的中心，而合成化学又在化学中起着基础和中心的作用。一百多年来，合成物质和合成材料极大地影响和改变了人类的生活。21世纪，合成化学将继续发挥强大的创造力，不断深化学科内涵并拓展与其他领域包括材料科学、生命科学等的交叉与融合。查阅资料，认识合成化学在现代化学、生命科学、现代农业和材料科学等学科领域中的应用，并了解未来合成化学面临的挑战与机遇。

（2）有机合成实验室是实现物质合成的主要场所，涉及的实验设备、器材等有其特殊性，要结合《化学基础实验（Ⅰ）》*学习的相关基础内容和要求，理解并认知合成化学实验室安全的特殊性与环境保护的理念。

（3）在有机合成中，无论是设计方案，还是物质的物理参数和化学性质，都对有机化合物的成功制备起着举足轻重的作用。因此，信息检索是大家必须掌握的基本技能。请了解自己学校有哪些能使用的数据库和文献资源。

有机合成是有机化学的重要任务之一，有机实验室是实现有机合成的主要场所，其教学目的是训练学生掌握有机化学实验的基本知识和技能，培养学生正确进行有机化合物的合成和结构分析，以及解决实验中所遇到问题的能力，培养学生养成良好的实验习惯和实事求是、严谨的科学态度。

在有机化学实验室中，经常会接触到很多试剂，有些属于易燃溶剂，如乙醇、乙醚、丙酮、苯及石油醚等；有些属于易燃易爆的药品，如乙炔、氢气、干燥的苦味酸及金属有机试剂；有些属于有毒药品，如氰化物、硝基苯及有些有机膦化合物等；有些属于腐蚀性的药品，如浓硫酸、浓硝酸、浓盐酸、烧碱、溴及氯磺酸等。这些药品如果使用不当，就有可能发生火灾、爆炸、中毒或烧伤等事故。详见本系列实验教材《化学基础实验（Ⅰ）》0.4节。

0.1　有机合成实验常用仪器

有机化学实验所用的仪器通常包括玻璃仪器、金属用具、各类电学仪器等。了解这些仪器的性能、使用方法及如何保养，是对每一个实验人员最基本的要求。

---

* 本书中的《化学基础实验（Ⅰ）》（鲍正荣等）、《化学基础实验（Ⅱ）》（彭秧等）、《理化测试（Ⅰ）》（袁若等）、《理化测试（Ⅱ）》（杨武等）、《无机物制备》（柴雅琴等）为系列教材，均为科学出版社出版。

0.1.1　玻璃仪器

有机化学实验室所用的玻璃仪器包括普通玻璃仪器和标准磨口玻璃仪器两种。实验室常用的普通玻璃仪器有烧杯、非磨口锥形瓶及温度计等。有机化学实验室使用更广泛的是标准磨口玻璃仪器,因为:①该类仪器口塞尺寸标准化、系统化,磨砂密合,凡属于同类规格的接口均可任意连接,从而组装成各种配套仪器;②当不同规格的部件需要连接时,可使用转换接头加以连接;③可免去配塞子的麻烦,并能避免因使用塞子而造成的体系污染;④磨口塞磨砂性能良好,有利于体系的密封,对蒸馏尤其是减压蒸馏以及反应物中含有毒物或挥发性液体的实验较为安全。

标准磨口玻璃仪器的大小通常用数字编号表示,如 10、14、19、24、29、34、40、50 等,这些数字是指磨口最大端直径(单位:mm)的整数。有时也用两组数字来表示,另一组数字表示磨口的长度,如 14/30,表示此磨口直径处最大为 14 mm,磨口长度为 30 mm。常见的标准磨口玻璃仪器见图 0-1。

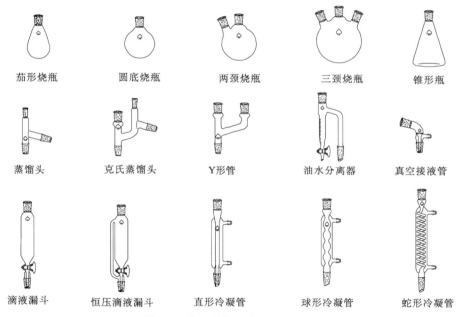

| 茄形烧瓶 | 圆底烧瓶 | 两颈烧瓶 | 三颈烧瓶 | 锥形瓶 |

| 蒸馏头 | 克氏蒸馏头 | Y形管 | 油水分离器 | 真空接液管 |

| 滴液漏斗 | 恒压滴液漏斗 | 直形冷凝管 | 球形冷凝管 | 蛇形冷凝管 |

图 0-1　常见的标准磨口玻璃仪器

使用标准磨口仪器时,应注意以下事项:

(1) 磨口处必须干净,不能粘有固体物质,否则会使磨口对接不严密,导致漏气,甚至会损害磨口。

(2) 安装标准磨口玻璃仪器时,应做到横平竖直,磨口连接处不受歪斜的应力,以免损坏仪器。

（3）使用时，磨口处一般无需涂润滑剂，以免沾污反应物或产物。但是当反应中使用强碱时，则需要涂润滑剂，以免磨口连接处因碱腐蚀而黏结在一起，无法拆开。当进行减压蒸馏时，也应在磨口连接处涂润滑剂，以保证装置的密封性。

（4）仪器用完后，应立即清洗干净，若放置太久，磨口的连接处会粘牢，难以拆开。

0.1.2　搅拌设备

有机合成实验有时只需要搅拌，有时既需要加热又需要搅拌，因而满足不同需求的搅拌器应运而生。

1）机械搅拌器

图 0-2(a)所示搅拌器是将搅拌棒插入反应瓶中，再由小型电动机带动搅拌棒旋转，从而达到搅拌的目的，这类搅拌器称为机械搅拌器。

2）磁力搅拌器

图 0-2(b)(c)所示搅拌器是由电动机带动磁体转动，磁体又带动反应瓶中的磁子转动，从而达到搅拌的目的，这类搅拌器称为磁力搅拌器。

(a) 电子数显恒速搅拌器　　　(b) 电热套加热搅拌器　　　(c) 集热式恒温加热磁力搅拌器

图 0-2　一些常见的加热搅拌器

0.1.3　蒸发设备

旋转蒸发仪(图 0-3)主要用于在减压条件下连续蒸馏大量易挥发性溶剂，尤其适用于对萃取液和色谱分离时接收液的浓缩。其基本原理与减压蒸馏相同，即在减压情况下，蒸馏烧瓶连续转动(可免加沸石而不暴沸)，液体在瓶壁上形成一层液膜，加大蒸发面积，使蒸馏速度加快。

图 0-3　旋转蒸发仪

0.2　有机反应中常用的实验装置

有机合成中经常需要回流、蒸馏以及气体吸收等各种基本操作,由于要求不一样,所用的仪器装置也会有所差别。本节主要介绍一些常用的装置,以便在后续实验中能做到心中有数,不盲目操作。

0.2.1　回流装置

很多有机化学反应需要在反应体系的沸点附近进行,为了尽量减少因加热而引起的试剂损失,常需要使用回流装置。图 0-4(a)是可以隔绝潮气并和大气相通的回流装置,如果需要防潮且无不易冷却物放出,可以直接将气球套在冷凝管上口;若不需要防潮,可以不安装干燥管,如图 0-4(b)所示;若需要吸收生成的气体,

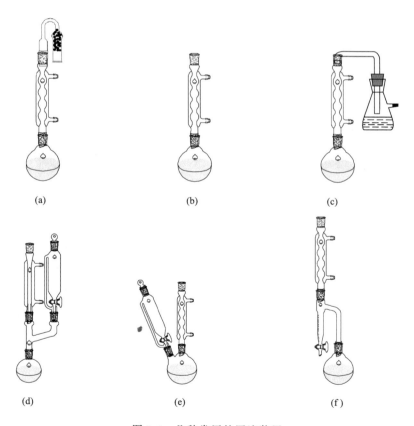

图 0-4　几种常用的回流装置

可用图 0-4(c)所示的装置;若回流时还需滴加液体,可用图 0-4(d)或图 0-4(e)的装置,根据需要冷凝管上还可以套上干燥管或气球;若需要分水,可使用带分水器的回流装置,如图 0-4(f)所示。

0.2.2　蒸馏装置和分馏装置

1) 蒸馏

要分离两种或两种以上沸点相差较大(30 ℃以上)的液体混合物,常常使用蒸馏操作。图 0-5(a)是最常用的蒸馏装置,若蒸馏时需要防潮,可在接液管的支管处接上干燥管;若蒸馏低沸点、易挥发的液体,还需在接液管的支管处接上橡皮管,并将其通向水槽或下水道。图 0-5(b)是使用空气冷凝管的蒸馏装置,该装置常用于蒸馏沸点在 140 ℃以上的液体(若使用水冷凝管,冷凝管可能会由于液体蒸气温度较高而炸裂)。图 0-5(c)为大量液体连续蒸馏的装置,大量液体可通过滴液漏斗不断加入。图 0-5(d)为水蒸气蒸馏装置,主要适用于体系中有大量树脂状杂质的蒸馏。

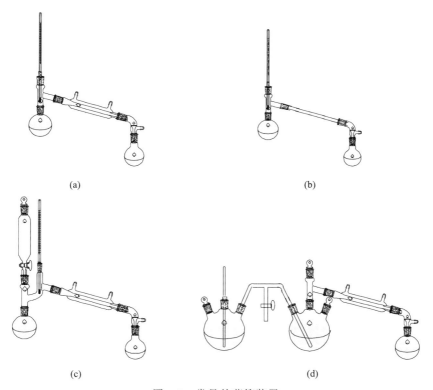

(a)　　　　　　　　　　　　　　　　　(b)

(c)　　　　　　　　　　　　　　　　　(d)

图 0-5　常见的蒸馏装置

图 0-6　简单分馏装置

2) 分馏

对于几种沸点相近的液体混合物的分离可以通过分馏的方法加以进行。分馏可以认为是多次蒸馏。图 0-6 为简单的分馏装置。

0.2.3　气体吸收装置

有机化学反应中常产生一些有刺激性气味或有毒的气体，必须根据这些气体的性质采取合适的吸收液加以吸收。例如，酸性气体可用碱性液体加以吸收，碱性气体可用酸性液体加以吸收。图 0-7(a) 和 (b) 所示装置可以用于少量气体吸收。简易吸收装置图 0-7(a) 中倒置的漏斗应略微倾斜，使漏斗口一部分在吸收液中，一部分在吸收液外。若口留大了，气体逸出，则吸收效果不好；若不留口，体系闭合，则会产生倒吸。若反应中有大量气体产生或气体逸出很快时，可以采用图 0-7(c) 所示的吸收装置。

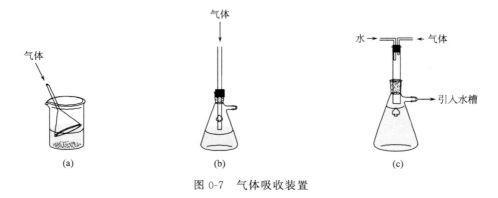

图 0-7　气体吸收装置

0.3　信 息 检 索

大学开设有机化学实验，除了验证和巩固学生在理论课上所学的基本知识，掌握一些基本操作和技能外，更重要的一个目的就是培养学生综合运用所学知识来设计合理实验方案（设计型实验和综合型实验）的能力。这就要求学生对文献检索的相关知识比较熟悉，要能从海量的信息中提取出自己所需要的内容。下面将对一些常用的工具书及网络文献资源加以介绍。

0.3.1　辞典和手册

1）*Handbook of Chemistry and Physics*（理化手册）

这是美国化学橡胶公司出版的一本化学与物理手册（英文版）。它的初版于 1913 年出版，每隔 1～2 年补充新的物质信息后再版一次。该书内容包括六个方面：数学用表、元素和无机化合物、有机化合物、普通化学、普通物理常数和其他。

2）化工百科全书

《化工百科全书》（化学工业出版社，1991～1998）是一部全面介绍化学工艺各分支的主要理论知识和实践成果，并反映化学工业及其相关工业的技术现状与发展趋势的大型专业性百科全书。全书按条目标题的汉语拼音顺序编排，主词条 800 多条，正文 19 卷，索引 1 卷，共 4800 余万字。全书涉及的专业和学科十分广泛，包括无机化工、有机化工、精细化工、高分子化工、日用化工、造纸和制革、油脂和食品、医药、石油、半导体和电子材料、材料科学和工程、冶金、纺织和印染、生物技术、能源技术、化学工程、化工机械、化工仪表和自动化、电子计算机应用技术、分析方法、安全和工业卫生、环境保护以及化学和物理的一些基本知识。

3）化工辞典

《化工辞典》由化学工业出版社出版（1969 年第一版），内容包括词目排列说明、编辑说明、汉语拼音检字索引、汉字笔画检字索引和辞典正文。该书第四版重点反映改革开放以来我国化工领域的新进展和新成果，对许多概念、化工产品、生产方法、机械设备等都进行了更新，尤其在材料、环境保护、精细化工、生化、医药、化工设备及元素等方面进行了全面、系统的调整。

0.3.2　搜索引擎

1）http://cheman. chemnet. com/dict/zd. html

这是中国化工网下的一个子版块，目前可查询到化学品的中文名称、中文别名、英文名称、英文别名、CAS 号、EINECS 号、分子式、相对分子质量、分子结构、物理性质、产品用途以及供应商等基本信息。可输入化学品的中文名、英文名、别名或 CAS 登记号进行检索。目前有 180 余万条词汇量。

2）http://www. chemdoor. cn/dict. html

这是中国化学之门网站下的一个子版块，可以查询化学品的中文名称、中文别名、英文名称、英文别名、CAS 号、EINECS 号、分子式、相对分子质量、分子结构、物理性质、图谱数据以及供应商等基本信息。

除了上述这些外，还有一些搜索引擎，如 http://www. chemblink. com，http://www. chemyq. com 等，都能够为广大化学科研工作者提供快捷、方便的查询。

0.3.3　网络文献资源

1. 中文网络文献资源

1）中国知网数据库（http://www.cnki.net）

该数据库提供 CNKI 源数据库、外文类、工业类、农业类、医药卫生类、经济类和教育类等多种数据库。其中综合性数据库为中国期刊全文数据库、中国博士学位论文全文数据库、中国优秀硕士学位论文全文数据库、中国重要报纸全文数据库和中国重要会议论文全文数据库。每个数据库都提供初级检索、高级检索和专业检索三种检索功能。

2）维普数据库（http://www.cqvip.com）

该数据库涵盖自然科学、工程技术、农业、医药卫生、经济、教育和图书情报等学科的 9000 余种中文期刊数据资源。按照《中国图书馆分类法》进行分类，所有文献被分为八个专辑：社会科学、自然科学、工程技术、农业科学、医药卫生、经济管理、教育科学和图书情报。

3）万方数据库（http://www.wanfangdata.com.cn）

万方数据资源系统是建立在因特网上的大型科技、商务信息平台，内容涉及自然科学和社会科学各个专业领域，包括：学术期刊、学位论文、会议论文、专利技术、中外标准、科技成果、政策法规、新方志、机构、科技专家等子库。

4）专利检索与查询（http://www.sipo.gov.cn/zljsfl）

该数据库是国家知识产权局提供的国家专利免费查询和全文下载数据库，不仅提供中国国家专利的检索服务，还提供其他国家专利数据库的链接。

2. 外文网络文献资源

1）美国化学会全文电子期刊数据库（http://pubs.acs.org）

美国化学会（American Chemical Society，ACS）成立于 1876 年，现已成为世界上最大的科技协会之一。ACS 的期刊被 ISI 的 *Journal Citation Report*（JCR）评为"化学领域中被引用次数最多的化学期刊"。其数据库的主要特色为除具有一般的检索、浏览等功能外，还可在第一时间内查阅到被作者授权发布、尚未正式出版的最新文章（Articles ASAPsm）；用户也可定制 E-mail 通知服务，以了解最新的文章收录情况；ACS 的"Article References"可直接链接到化学文摘服务社（Chemical Abstracts Services，CAS）的资料记录，也可与 PubMed、Medline、GenBank、Protein Data Bank 等数据库相链接；具有增强图形功能，含 3D 彩色分子结构图、动画、图表等。

2）英国皇家化学会数据库（http：//www.rsc.org）

英国皇家化学会（Royal Society of Chemistry，RSC）成立于 1841 年，是一个国际权威的学术机构，是化学信息的一个主要传播机构和出版商，出版的期刊一向是化学领域的核心期刊，其数据库是权威性的数据库。RSC 电子期刊与资料库主要以化学及其相关主题为核心。

3）Sciencedirect 数据库（http：//www.sciencedirect.com）

Sciencedirect 数据库是荷兰 Elsevier Science 公司出版的包含 1260 多种电子全文期刊的大型综合数据库。其中与化学和化学工程相关的有 220 余种。

4）Wiley 数据库

Wiley 数据库是由有 200 多年历史的国际知名专业出版机构 John Wiley & Sons Inc. 出版的大型综合数据库，在化学、生命科学、医学以及工程技术等领域学术文献的出版方面颇具权威性。2007 年 2 月 Wiley 出版社与 Blackwell 出版社合并，两个出版社的出版物整合到同一平台上为读者提供服务。Wiley Online Library 是一个综合性的网络出版及服务平台，该平台提供全文电子期刊、在线图书、在线参考工具书以及实验室指南的服务。

5）SpringerLink 电子期刊及电子图书数据库

该数据库是由世界上著名的科技出版集团德国 Springer-Verlag 公司通过 SpringerLink 系统提供的学术期刊及电子图书在线服务。SpringerLink 所有资源划分为 12 个学科：建筑学、设计和艺术，行为科学，生物医学和生命科学，商业和经济，化学和材料科学，计算机科学，地球和环境科学，工程学，人文、社科和法律，数学和统计学，医学，物理和天文学。原 Kluwer 出版集团出版的电子期刊已合并至该平台。

6）Thieme 数据库

Thieme 出版社成立于 1886 年，是一家具有百年历史的国际性科学和医学出版社，致力于为科研人员、学生和临床医师等专业人士提供高品质的图书、期刊产品。其出版物涉及的主要领域包括神经外科学、医学影像学、耳鼻咽喉科学、整形外科学、眼科学、听力学、听力与语言学、互补医学和化学等。Thieme 出版了 130 多种纸质形式和电子版本的医学、化学、药学期刊以及 5000 多种图书，并且每年增加 500 种左右图书。

7）SciFinder Scholar

SciFinder Scholar 是美国化学会旗下的化学文摘服务社所出版的 *Chemical Abstract*（CA）的在线学术数据库，除可查询每日更新的 CA 数据并回溯至 1907 年外，还可以使读者以图形结构式自行检索。它是全世界最大、最全面的化学和科学信息数据库。CA 不仅是化学和生命科学研究领域中不可或缺的参考和研究工具，也是资料量最大、最权威的出版物。网络版化学文摘 SciFinder Scholar 更整合了 Medline 医学数据库、欧洲和美国等地区的近 50 家专利机构的全文专利资料以及 CA 从 1907 年至今的所有内容。它涵盖的学科包括应用化学、化学工程、普通化学、物理学、生命科学、医学、聚合体学、材料学、地质学、食品科学和农学等诸多领域。读者可以通过网络直接查看 CA 1907 年以来的所有期刊文献、专利摘要以及 4000 多万条化学物质记录和 CAS 注册号。

8）Reaxys 数据库

Reaxys 数据库由 Elsevier 公司出品，是内容丰富的化学数值与事实数据库，为 CrossFire Beilstein/Gmelin 的升级产品。该数据库将 Beilstein、专利化学数据库和 Gmelin 的内容整合为统一的资源，包含了 2800 多万个反应、1800 多万种物质、400 多万条文献。其中 CrossFire Beilstein Database（世界最全的有机化学数值和事实数据库）时间跨度为 1771 年至今，包含化学结构相关的化学、物理等方面的性质，化学反应相关的各种数据，详细的药理学、环境病毒学、生态学等信息资源。而 CrossFire Gmelin Database 则是全面的无机化学和金属有机化学数值和事实数据库，时间跨度为 1772 年至今，包含详细的理化性质以及地质学、矿物学、冶金学、材料学等方面的信息资源。

9）欧洲专利局（http://www.epo.org）和美国专利局（http://www.uspto.gov）专利数据库

这些专利数据库可通过专利号、发明人等进行初级检索，也可通过组合不同的检索条件进行高级检索。

10）上海市化学化工数据中心（http://202.127.145.134）

该数据库包括结构、反应、谱图、天然产物以及毒性等 20 余个数据库，内容丰富。

（敬林海）

第 1 章　物质的分离、提纯和结构鉴定

学习指导

（1）分离是获取纯物质的主要手段，是认识物质世界的必经之路。有机化学反应的收率往往较无机化学反应低，且副产物多。选择合理可行的合成方法和方案固然重要，但把合成的产物分离提纯出来，则是有机合成工作者必须面对且非常重要的任务。请认真阅读《化学基础实验（Ⅰ）》有关物质分离的章节，总结物质分离的方法。

（2）确定分子结构的方法有化学方法与物理方法，化学方法是利用有机物官能团的特征反应确定该化合物所含官能团，还可以利用化学反应进行衍生化，通过确定衍生物的结构进一步推断原分子的结构。化学方法比较麻烦、耗时，消耗样品较多。物理方法因所需样品量少、速度快、准确，甚至可以确定分子的三维空间结构，从而显出较大的优越性。请认真学习并掌握红外光谱、核磁共振波谱和质谱技术在有机化合物结构鉴定中的应用。

1.1　有机化合物的分离和提纯

对于液体化合物的分离提纯来说，蒸馏（包括常压蒸馏、减压蒸馏和水蒸气蒸馏）和分馏是应用最多、最广泛的方法；对于固体化合物的分离提纯，常用重结晶、升华和过滤等技术。除此之外，有些分离技术如萃取、洗涤和色谱法等既适用于固体化合物，也适用于液体化合物。本系列教材中的《化学基础实验（Ⅰ）》详细论述了蒸馏、分馏和重结晶等基本分离提纯技术。

本章重点阐述色谱分离技术。色谱分离技术是基于不同物质在固定相和流动相构成的体系中具有不同的分配系数，在流动相洗脱过程中呈现不同保留时间，从而实现物质的分离。

1.1.1　薄层色谱

薄层色谱（thin layer chromatography，TLC，又称为薄层层析）作为色谱法（包括纸色谱、薄层色谱、柱色谱、气相色谱和高效液相色谱）之一，是快速分离混合物的一种实验技术，最常用于跟踪有机反应进程。

1. 基本原理

薄层色谱的原理是混合物中各组分在某一固定相物质中的吸附能力不同,混合物的溶液在流经该固定相物质时进行反复的吸附和解吸,从而达到分离提纯物质的目的。

2. 薄层色谱的使用

1) 薄层色谱板的制备

(1) 原料与材料。

薄层板:一般常用 5 cm×20 cm、10 cm×20 cm 或 20 cm×20 cm 规格的玻璃板(特殊要求的除外),要求板面光滑、平整,洗净后不附水珠,晾干。

吸附剂:最常用的吸附剂为硅胶和氧化铝。

最常用的商品薄层层析硅胶:硅胶 H——不含黏合剂和其他添加剂的硅胶;硅胶 G——含煅烧过的石膏($CaSO_4 \cdot 1/2H_2O$)作黏合剂的硅胶;硅胶 HF_{254}——含荧光物质层析用硅胶,可用于 254 nm 的紫外灯下观察;硅胶 GF_{254}——含煅烧过的石膏和荧光物质的层析用硅胶。

最常用的商品用薄层层析氧化铝与硅胶类似,有 Al_2O_3-G、Al_2O_3-HF_{254}、Al_2O_3-GF_{254}。

(2) 浆料的制备。将 1 g 硅胶慢慢加至 3~4 mL 0.5% 羧甲基纤维素钠水溶液中,边加边搅拌,使制成的浆料黏稠适当,均匀,无团块。

(3) 铺板。将上述浆料倒在预先洗净并干燥的玻璃板上,用手左右摇晃,使表面平滑且厚度尽量均匀。然后,把薄层板放在平整的地方晾干(不要快速干燥,否则薄层板会出现裂痕)。

注:尽可能将吸附剂铺均匀,不能有气泡或颗粒;吸附剂的厚度不能太薄也不能太厚,太厚容易出现拖尾,太薄样品分不开,厚度一般以 0.5~1 mm 为宜。

(4) 薄层色谱板的活化。

为了达到良好的分离效果,薄层色谱板必须活化。一般情况下,将硅胶板放入烘箱中,逐渐升温,然后在 105~110 ℃ 中烘 30 min,氧化铝板在 150~160 ℃ 下烘 4 h。活化的薄层板需放在干燥器内保存备用。

2) 点样

首先,将样品溶于适当的溶剂中(尽量避免水);其次,在薄层色谱板距薄层底端 8~10 mm 处用铅笔轻轻画一横线(不要弄掉薄层板上的吸附剂),作为起始线;最后,用毛细管(内径小于 1 mm)吸取样品,垂直地轻轻接触到起始线上。若溶液太稀,一次点样样品量不够,可在第一次点样干后,再点第二、第三次及更多(每次点样都应点在同一圆心上),点样后的斑点直径以扩散成 1~1.5 mm 为宜。若在同一板上多处点样,两点间距离 1 cm 左右。

3) 展开

先将选择的展开剂(展开剂的选择是非常重要的,一般根据样品的极性、溶解度以及吸附剂的活性等因素综合考虑)放入层析缸(如广口瓶)中,使层析缸内空气饱和 5～10 min,再将点好试样的薄层板放入层析缸中进行展开(点样点的位置必须在展开剂液面之上),当展开剂上升到薄层板的前沿(离前端 5～10 mm)或多组分已明显分开时,取出薄层板放平,并用铅笔画出溶剂前沿的位置,然后晾干。

注:薄层板的展开需在密闭的容器中进行。

4) 显色

如果化合物本身有颜色,可直接观察它的斑点;如果化合物本身无色,可先在紫外灯光下观察有无荧光斑点,用铅笔在薄层板上画出斑点的位置;如果化合物在紫外灯光下不显色,可放在含少量碘蒸气的容器(碘缸)中显色(因为许多化合物都能和碘成黄棕色斑点),显色后,立即用铅笔标出斑点的位置。

注:显色剂种类很多,具体可在网络上查询。

5) 比移值 R_f 的计算

比移值是指薄层色谱法中原点到化合物斑点中心的距离与原点到溶剂前沿距离的比值,用 R_f 来表示。各种物质的 R_f 和物质的种类(结构和性质)、展开剂的性质以及温度等因素有关。但在条件固定的情况下,特定化合物的 R_f 是一个常数,因此可根据化合物的 R_f 鉴定化合物。

1.1.2　柱色谱

柱色谱又称为柱层析,是最为常用的用于从混合物中分离纯净物的方法,分离规模为毫克到千克。柱色谱有吸附色谱和分配色谱两类,最常用的是吸附色谱。下面就吸附色谱的有关知识作深入的介绍。

1. 基本原理

吸附柱色谱通常在玻璃管中填入经过活化的表面积很大的多孔性粉状固体吸附剂。待分离的混合物溶液流过吸附柱时,各种成分同时被吸附在柱的上端。当洗脱剂流下时,由于不同化合物的吸附能力不同,往下洗脱的速度也不同,因此形成了不同层次,即溶质在柱中自上而下按对吸附剂的亲和力大小分别形成若干色带,再用溶剂洗脱时,已经分开的溶质可以从柱上依次洗出、收集;或将柱吸干,挤出后按色带分割开,再用溶剂将各色带中的溶质萃取出来。

1) 吸附剂

常用的吸附剂有氧化铝、硅胶、氧化镁、碳酸钙和活性炭等。吸附剂一般要经过纯化和活性处理,颗粒大小应当均匀。对于吸附剂而言,其粒度越小、表面积越大,吸附能力就越高,但颗粒太小,溶剂的流速就太慢,因此应根据实际分离需要而定。供色谱使用的氧化铝有酸性、中性、碱性三种。酸性氧化铝是用 1%盐酸浸泡后,用蒸馏水洗至氧化铝的悬浮液 pH 为 4 得到的,用于分离酸性物质;中性氧化铝悬浮液的 pH 为 7.5,用于分离中性物质,应用最广;碱性氧化铝悬浮液的 pH 为 10,用于生物碱或其他碱性物质的分离。

氧化铝的活性分Ⅰ～Ⅴ级,Ⅰ级的吸附作用太强,Ⅴ级的吸附作用太弱,所以常采用Ⅱ、Ⅲ级。大多数吸附剂都能强烈地吸水,而且水分易被其他化合物置换,使吸附剂的活性降低,通常可以用加热的方法使吸附剂活化。按表面含水量的不同,氧化铝可分成各种活性等级,见表 1-1。

表 1-1　吸附剂活性与含水量的关系

活性等级	Ⅰ	Ⅱ	Ⅲ	Ⅳ	Ⅴ
氧化铝加水量/%	0	3	6	10	15
硅胶加水量/%	0	5	15	25	28

2）溶剂

溶剂的选择是重要的一环,通常根据被分离物中各化合物的极性、溶解度和吸附剂的活性等来考虑。先将待分离的样品溶于非极性溶剂中(体积要小),从柱顶流入柱中(可用滴管加入),先用极性较小的一种溶剂或混合溶剂,使容易脱附的组分分离。然后加入不同比例的极性溶剂配成的洗脱剂,以洗脱极性较大的物质。在实际合成工作中经常采用混合溶剂才能满足分离的需要。

常用洗脱剂的极性顺序如下:

己烷和石油醚<环己烷<四氯化碳<三氯乙烯<二硫化碳<甲苯<苯<二氯甲烷<氯仿<乙醚<乙酸乙酯<丙酮<丙醇<乙醇<甲醇<水<吡啶<乙酸

2. 吸附柱色谱的使用方法

1）装柱

色谱柱的大小取决于分离物的量和吸附剂的性质,一般规格是柱的直径是其长度的 1/10～1/4。实验中常用的色谱柱直径为 0.5～10 cm。装柱一般有干法和湿法两种方法。

(1) 湿法装柱。将柱竖直固定后,关闭下端活塞,柱底部用脱脂棉或玻璃棉轻轻塞紧,加入高度为 0.5 cm 左右的石英砂。将溶剂装入管内,再将预先已经调好的硅胶或氧化铝和溶剂的浆状液慢慢倒入柱中,并打开柱下端活塞,让溶剂流出(吸附剂渐渐下沉)。加完吸附剂后,继续让溶剂流出,直到吸附剂沉淀高度不再变化为止(吸附剂体积不超过柱体积的 3/4)。随后,再在上面铺一层薄薄的石英砂

（或脱脂棉、玻璃棉）。

装柱的关键：①装柱要紧密，要求无断层、无缝隙；②在装柱过程中，始终保持有溶剂覆盖吸附剂。

（2）干法装柱。将吸附剂一次加入色谱柱，用洗耳球轻轻敲打柱管壁使其均匀下沉，然后沿管壁缓缓加入洗脱剂；或在色谱柱下端出口处连接活塞，加入适量的洗脱剂，旋开活塞使洗脱剂缓缓滴出，然后自管顶缓缓加入吸附剂，使其均匀地润湿下沉，在管内形成松紧适度的吸附层。

2）上样

首先，打开柱下端活塞让溶剂下流，直至溶剂液面刚好流至石英砂面时立即关闭活塞，然后开始上样。上样也有干法和湿法两种。

（1）湿法上样。用移液管或滴管加入一定体积的已配制好的待分离混合物，并尽量避免待分离混合液粘附在柱的内壁上（若柱壁上粘有被分离混合物，可用另一干净滴管滴入尽可能少的溶剂，以冲洗可能粘附在柱上的溶液）。

注：混合液体积要尽可能小，以使此后分离的色带尽可能窄，避免色带重叠，从而达到较好的分离效果。

（2）干法上样。对于在常用溶剂中不溶的样品，可将其与适量的吸附剂在研钵中研磨混匀后加入。

3）洗脱

打开活塞，待柱内的溶剂恰好流到石英砂面时，立即关闭活塞。随后向柱内加入选定的洗脱剂，再次打开活塞进行洗脱，分别分部收集流出液，直至混合物被完全洗脱。如果被分离各组分有颜色，可以根据色谱柱中出现的色层收集洗脱液。如果各组分无色，先依等份收集法收集，然后用薄层色谱法逐一鉴定，再将相同组分的收集液合并在一起，蒸馏除去洗脱液，即得各组分。

注：如果同一洗脱剂洗脱效果不好，可采用梯度洗脱（洗脱剂的极性逐渐增加，先小极性，再逐渐加大极性，可提高分离效果）；如果洗脱剂下移速度太慢，可适当加压；在洗脱过程中，洗脱剂切勿低于吸附层面，更不可流干。

1.2　有机化合物的结构鉴定

有机化合物的结构鉴定是有机化学工作者必须掌握的，化学工作者除了能通过化学反应来了解有机化合物结构方面的某些信息外，还要能通过测定有机化合物的物理性质来对该物质进行结构鉴定。除此之外，用得最多也最普遍的方法就是利用现代仪器的波谱法（主要包括红外光谱、紫外吸收光谱、核磁共振波谱和质谱）。

在本系列教材中,熔点和沸点、比旋光度和折射率的相关知识和技术见《化学基础实验(Ⅱ)》,红外光谱和紫外吸收光谱的基础知识见《理化测试(Ⅰ)》。本书重点介绍红外光谱、核磁共振波谱和质谱及其在有机合成中的应用。

1.2.1　红外光谱

1. 红外光谱的适用范围

红外光谱(IR)对样品的适用性相当广泛,固态、液态或气态样品都能应用,无机、有机、高分子化合物都可检测。此外,红外光谱还具有测试迅速、操作方便、重复性好、灵敏度高、试样用量少、仪器结构简单等特点,因此,它已成为现代结构化学和分析化学最常用和不可缺少的工具。

2. 红外光谱的分区

官能团区的频率范围一般为 $4000 \sim 1300$ cm^{-1},这一范围内的吸收主要由分子伸缩振动引起,它对定性鉴定有机化合物官能团十分有用。指纹区的频率范围一般为 $1300 \sim 400$ cm^{-1},在该区域中既有化学键的弯曲振动,又有部分单键的伸缩振动吸收,吸收峰的数目较多,分子结构只要有微小变化,在该区域就会出现显著的变化,就像每个人的指纹各不相同一样,故称指纹区。若某化合物指纹区与某标准谱图相同,则该化合物和标准谱图所示的可能是同一化合物,所以指纹区对鉴定化合物起着重要的作用。

3. 红外光谱的应用

1) 结构鉴定

红外吸收峰的位置与强度反映了分子结构上的特点,可以用来鉴别未知物的结构组成或确定其化学基团,各种不同的官能团均有一定的红外吸收频率,这种相应的吸收频率还可能因结构的不同而有一定的差异,因此可以用于确定某些基团的存在和进行结构上的分析。常见官能团和化学键的特征吸收频率见表 1-2。

2) 纯度鉴定和定量分析

吸收谱带的吸收强度与化学基团的含量有关,可用于进行定量分析和纯度鉴定。当杂质分子含有官能团时,利用红外光谱检出是比较方便的。对样品进行定量分析时,需先作出已知标准样的浓度-吸收强度标准曲线,然后在一定浓度情况下测出未知样品的吸收强度,由标准曲线求出含量。

表 1-2　常见官能团和化学键的特征吸收频率

基团	频率/cm^{-1}	强度
烷基		
C—H(伸缩)	2853～2962	(m～s)
—CH(CH$_3$)$_2$	1380～1385	(s)
	及 1365～1370	(s)
—C(CH$_3$)$_3$	1385～1395	(m)
	及 ～1365	(s)
烯烃基		
C—H(伸缩)	3010～3095	(m)
C＝C(伸缩)	1620～1680	(v)
R—CH＝CH$_2$	985～1000	(s)
	及 905～920	
C—H 面外弯曲	880～900	(s)
R$_2$C＝CH$_2$	675～730	(s)
Z-RCH＝CHR	960～975	(s)
E-RCH＝CHR		
炔烃基		
≡C—H(伸缩)	～3300	(s)
C≡C	2100～2260	(v)
芳烃基		
Ar—H(伸缩)	～3030	(v)
芳环取代类型(C—H 面外弯曲)		
一取代	690～710	(v,s)
	及 730～770	(v,s)
邻二取代	735～770	(s)
间二取代	680～725	(s)
	及 750～810	(s)
对二取代	790～840	(s)
醇、酚和羧酸		
OH(醇、酚)	3200～3600	(宽,s)
OH(羧酸)	2500～3600	(宽,s)
醛、酮、酯和羧酸		
C＝O(伸缩)	1690～1750	(s)
胺		
N—H(伸缩)	3300～3500	(m)
腈		
C≡N(伸缩)	2200～2600	(m)

3）跟踪化学反应

化学反应通常都伴随有基团和结构的变化,这种变化可利用红外光谱进行跟踪。例如,醇氧化成醛,或醛、酮还原成醇,均可通过检查碳基的形成或消失来确定反应进行的程度。

4）研究氢键

许多化合物具有氢键的形式,分子间氢键或是分子内氢键。由于氢键的形成,O—H 吸收峰的形状、强度等均发生变化,根据这些变化可以作出各种判断。

5）研究分子的几何构型和构象分析

红外光谱已被利用于研究气相状态下小分子的几何构型。例如,

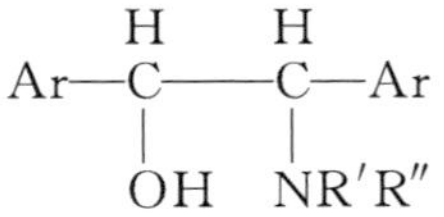

$$\text{Ar—}\underset{\underset{\text{OH}}{|}}{\overset{\overset{\text{H}}{|}}{\text{C}}}\text{——}\underset{\underset{\text{NR}'\text{R}''}{|}}{\overset{\overset{\text{H}}{|}}{\text{C}}}\text{—Ar}$$ 氨基醇化合物,通过对 O—H 键的测定,发现 dl-苏式异构体

具有分子间氢键,在 3380～3350 cm^{-1} 处有吸收;dl-赤式异构体具有未缔合的 —OH、O—H…O 键合和 OH…N 分子间氢键,分别在 3620 cm^{-1}、3595～3575 cm^{-1} 和 3520～3485 cm^{-1} 处有吸收。根据这些资料可进行构象解释。

4. 红外光谱解析

红外光谱的解析主要是在掌握影响振动频率的因素及各类化合物的红外特征吸收谱带的基础上,按峰区分析,指认某谱带的可能归属,结合其他峰区的相关峰,确定其归属。在此基础上,再仔细归属指纹区的有关谱带,综合分析,提出化合物的可能结构。必要时查阅标准图谱或与其他谱(^{1}H NMR、^{13}C NMR 和 MS)配合,确证其结构。解析红外光谱的一般程序如下。

1）了解样品来源及测试方法

红外光谱要求样品纯度在 98% 以上。不纯的样品在谱图中会产生干扰谱带,有的干扰谱带较强,给谱图解析带来困难。因此,可根据沸点或熔点等方式鉴定样品的纯度。了解样品来源可缩小结构的推测范围,了解原料、主要产物、可能的副产物以及提纯方法等,对谱图的解析及结构鉴定很有帮助。

谱图测试方法不同,谱带的位置、形状也会有所不同,有的甚至变化很大。在溶剂中测试,要排除溶剂的吸收影响;石蜡糊法测得的谱会出现强的饱和烃吸收带;液膜法由于样品分子间相互作用,某些谱带位移,指纹区多处变形。特别是含—OH、—COOH、—NH$_2$ 等活泼氢的样品,不同的测试方法会导致谱带位置、强度和形状发生显著变化。高分子材料常含有增塑剂(如邻苯二甲酸酯),其红外光谱在 1725 cm^{-1} 出现羰基的吸收带,加热处理后,该谱带约移至 1755 cm^{-1},这是由邻苯二甲酸酐的 C=O 伸缩振动吸收引起的。

2) 计算分子式的不饱和度

由元素分析和质谱数据,确定化合物的分子式,并由分子式计算该化合物的不饱和数(unsaturation number,UN)或不饱和度(Ω)。

$$\Omega = \frac{3n_5 + 2n_4 + n_3 - n_1 + 2}{2}$$

式中,n_5 为分子中 5 价原子的数目;n_4 为 4 价原子的数目;n_3 为 3 价原子的数目;n_1 为 1 价原子的数目。

3) 分析特征谱带区

谱图解析时要同时注意谱带的位置、吸收强度和峰形,提出可能的振动方式。谱带的位置固然重要,但吸收强度和峰形也不能忽视。例如,在 $1750 \sim 1680$ cm^{-1} 出现一条弱的或中等强度的吸收带,就不能将此带指认为化合物含有的 C＝O 伸缩振动吸收,而应该是化合物所含杂质中 C＝O 的伸缩振动。又如,在 $1680 \sim 1640$ cm^{-1} 出现一条中等偏强的吸收带,从谱带的位置判断可能为 C＝O 或 C＝C 伸缩振动,从谱带的强度只能指认为 C＝C 伸缩振动,因为即使 C＝C 与极性基团相连,使 C＝C 伸缩振动谱带强度明显增大,但与同一分子中的 C＝O 伸缩振动谱带相比,仍然要弱。利用 1380 cm^{-1} 附近—CH$_3$ 对称变形振动吸收带的裂分形状可判断是否存在同碳二甲基和同碳三甲基。

4) 确认某种基团的存在

提出某种振动方式后,应结合其他峰区的相关峰确认某基团的存在。例如,在 $2850 \sim 2720$ cm^{-1} 有弱的双带或在约 2720 cm^{-1} 有一条弱吸收带,可能认为是醛基的费米共振吸收带,结合第三峰区 C＝O 伸缩振动强吸收带,则可确认醛基的存在。

5) 分析谱图的指纹区

仔细分析红外光谱的指纹区,进一步确认某些基团的存在及可能的连接方式,如烯烃、芳烃的取代情况等。

6) 提出化合物的可能结构

对照谱图,进一步验证化合物的结构,排除与谱图相矛盾的结构,或改变某种连接方式,以进一步确证结构。对于难以确认的结构,可与其他谱图配合,或查阅标准图谱(如 Sadtler Reference Spectra Collection)。与标准谱核对主要是对指纹区谱带的核对,这是因为不同的化合物在指纹区有其特有的谱带(位置、强度和形状),据此可确定化合物的结构。值得注意的是,在对照标准谱时,红外光谱的测试条件最好与标准谱图一致。

5. 红外光谱解析示例

例如,化合物分子式为 C_7H_8O,其红外光谱如图 1-1 所示,试推导其结构。

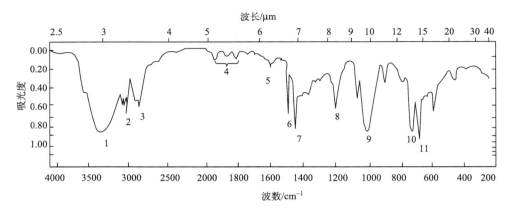

图 1-1　化合物 C_7H_8O 的红外光谱

1）化合物不饱和度的计算

由分子式 C_7H_8O 计算化合物不饱和度 $\Omega = (2 \times 7 - 8 + 2)/2 = 4$，估计应有苯环或其他不饱和结构。

2）分析特征谱带区

查找谱图中是否有苯环的特征吸收，$1500\ \mathrm{cm}^{-1}$ 处有一中强吸收峰，$1600\ \mathrm{cm}^{-1}$、$1580\ \mathrm{cm}^{-1}$ 左右有弱吸收峰，$1450\ \mathrm{cm}^{-1}$ 处有一吸收峰［与亚甲基 $\delta_{CH_2(剪式)}$ 重叠］，这几组峰正好与苯环骨架振动相符。在 $3100 \sim 3000\ \mathrm{cm}^{-1}$ 处有一组中强峰重叠，应为芳氢 ν_{Ar-H} 吸收带，而 $2000 \sim 1650\ \mathrm{cm}^{-1}$ 的一系列小峰为芳氢面外弯曲振动的倍频与合频吸收带。因此，可以确定该化合物具有苯环结构。

3）分析谱图的指纹区

进一步查找芳氢面外弯曲振动区，发现 $735\ \mathrm{cm}^{-1}$ 和 $697\ \mathrm{cm}^{-1}$ 处有两个强峰，这正是单取代苯的五个邻氢的面外弯曲振动吸收峰。因此，剩余结构应为具有 CH_3O 的基团，能组成结构单元—O—CH_3 或—CH_2—OH。观察谱图，在 $3450 \sim 3200\ \mathrm{cm}^{-1}$ 处有一宽强吸收带，应为缔合羟基的特征吸收，故结构单元应为后者。

4）提出化合物的可能结构

进一步对照谱图验证：$2930\ \mathrm{cm}^{-1}$ 和 $2850\ \mathrm{cm}^{-1}$ 处双峰为—CH_2—的 $\nu_{C-H}(as)$ 和 $\nu_{C-H}(s)$ 特征吸收峰；$1450\ \mathrm{cm}^{-1}$ 处的峰为—CH_2—的剪式弯曲振动吸收峰，故可确证—CH_2—的存在。$1017\ \mathrm{cm}^{-1}$ 处的强吸收峰为伯醇的 ν_{C-O} 特征峰，加之上述结构的 Ω 与计算值相同，故可以确定该化合物为苯甲醇，结构式如下

1.2.2　质谱

化合物分子经电子流冲击或用其他手段打掉一个电子(有时多于一个)后形成正电荷离子,这些正电荷离子在电场、磁场的作用下按质量大小排列而成的图谱称为质谱(MS)。常用质谱仪来测定化合物的质谱。

　1. 质谱仪的构造

质谱仪一般由进样系统、电离源、质量分析器、真空系统和检测系统构成,见图 1-2。

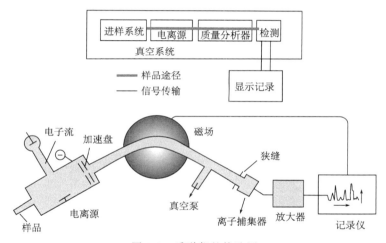

图 1-2　质谱仪的构造图

　2. 质谱仪的工作原理

(1) 将样品通过进样系统送入电离室。

(2) 在电离室中,电离源将样品通过一定方式转化成为碎片离子。电离源可分为以下两种。

气相源(gas-phase source):先蒸发再激发,适于沸点低于 500 ℃、对热稳定的样品的离子化,包括电子轰击源、化学电离源、场电离源、火花源等。

解吸源(desorption source):固态或液态样品不需要挥发而直接转化为气相,适用于相对分子质量高的非挥发性或热不稳定性样品的离子化,包括场解吸源、快原子轰击源、激光解吸源、离子喷雾源和热喷雾离子源等。

下面以电子轰击源(electron bomb ionization,EI)为例说明样品转化成为碎片离子的原理:采用高速(高能)电子束冲击样品,从而产生电子和分子离子

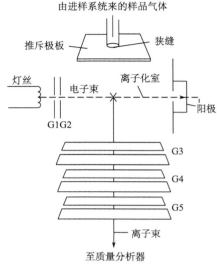

图 1-3　电子轰击源将样品转化
成为碎片离子示意图

$$M + e^- \longrightarrow M^+ + 2e^-$$

M^+ 继续受到电子轰击而引起化学键的断裂或分子重排，瞬间产生多种离子。离子通过加速后进入质量分析器，如图 1-3 所示。

（3）产生的离子流通过质量分析器进行分离。

目前质谱的质量分析器主要有：磁分析器、飞行时间、四极杆、离子捕获和离子回旋等。以磁分析器为例，样品分子（或原子）离子化后形成具有各种质荷比（质量与电荷比）m/z 的离子，进入质量分析器后在电磁场的作用下按质荷比进行分离，见图 1-4。

（4）检测系统对进入的离子进行检测，经放大后被记录仪记录下来。

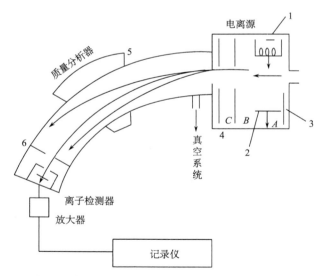

图 1-4　碎片离子在电磁场的作用下被分离的示意图
1. 加丝阴极；2. 阳极；3. 离子排斥极；4. 加速电极；5. 扇形磁铁；6. 出射狭缝

3. 质谱中主要离子

1）分子离子

分子受电子束轰击后失去一个电子而生成的带正电荷的离子称为分子离子

（或母离子）。如果分子中含有杂原子，则分子易失去杂原子的未成键电子而带电荷，电荷位置可表示在杂原子上，如 $CH_3CH_2O^+H$；如果分子中没有杂原子而有双键，且双键电子较易失去，则正电荷位于双键的一个碳原子上。如果分子中既没有杂原子又没有双键，其正电荷位置一般在分支碳原子上。如果电荷位置不确定，或不需要确定电荷的位置，可在分子式的右上角标"$\urcorner^+$"，如 $CH_3COOC_2H_5^{\urcorner+}$。

在质谱中，分子离子峰若能出现，应位于质谱图的右端，它的强度和化合物的结构有关。环状化合物比较稳定，不易碎裂，因而分子离子较强。支链较易碎裂，分子离子峰就弱，有些稳定性差的化合物经常看不到分子离子峰。分子离子峰强弱的大致顺序是

芳环＞共轭烯＞烯＞环状化合物＞羰基化合物＞不分支烃＞醚＞酯＞胺＞酸＞醇＞高分支烃

分子离子是化合物分子失去一个电子后形成的，分子离子峰的 m/z 相当于该化合物的相对分子质量，所以分子离子在化合物质谱的解析中具有特殊的意义。

2）碎片离子

当电子轰击的能量超过分子离子电离所需的能量时，可能使分子离子的化学键进一步断裂，产生的质量数较低的碎片称为碎片离子。碎片离子峰在质谱上位于分子离子峰的左侧。分子的碎裂过程与其结构有密切的关系。研究最大丰度的离子断裂过程，能得到重要的结构信息。

3）同位素离子

大多数元素都是由具有一定自然丰度的同位素组成。因此，化合物的质谱中就会有不同同位素形成的离子峰，通常把由丰度最大同位素形成的离子峰称为同位素峰。例如，天然碳有两种同位素 ^{12}C 和 ^{13}C，两者丰度之比为 $100:1.1$，如果由 ^{12}C 组成的化合物质量为 M，那么，由 ^{13}C 组成的同一化合物的质量则为 $M+1$。同样一个化合物生成的分子离子会有质量为 M 和 $M+1$ 的两种离子。如果化合物中含有一个碳，则 $M+1$ 离子的强度为 M 离子强度的 1.1%；如果含有两个碳，则 $M+1$ 离子强度为 M 离子强度的 2.2%。这样，根据 M 与 $M+1$ 离子强度之比，可以估计出碳原子的个数。氯有两个同位素 ^{35}Cl 和 ^{37}Cl，两者的丰度之比为 $100:32.5$，或近似为 $3:1$。当化合物分子中含有一个氯时，如果由 ^{35}Cl 形成的分子质量为 M，那么，由 ^{37}Cl 形成的分子质量为 $M+2$。生成离子后，离子质量分别为 M 和 $M+2$，离子强度之比近似为 $3:1$。如果分子中有两个氯，其组成方式可以有 $R^{35}Cl^{35}Cl$、$R^{35}Cl^{37}Cl$、$R^{37}Cl^{37}Cl$，分子离子的质量有 M、$M+2$、$M+4$，离子强度之比为 $9:6:1$。同位素离子的强度之比可以用二项式展开式各项之比来表示：

$$(a+b)^n = C_n^0 a^n + C_n^1 a^{n-1}b + C_n^2 a^{n-2}b^2 + \cdots + C_n^i a^{n-i}b^i + \cdots + C_m^n b^n$$

式中，a 为某元素轻同位素的丰度；b 为某元素重同位素的丰度；n 为同位素个数。

例如,某化合物分子中含有两个氯,求其分子离子的三种同位素离子强度之比。由上式计算得

$$(a+b)^n = (3+1)^2 = 9+6+1$$

即三种同位素离子强度之比为 9 : 6 : 1。这样,如果知道了同位素的元素个数,可以推测各同位素离子强度之比。同样,如果知道了各同位素离子强度之比,可以估计出元素的个数。表 1-3 是有机物中各元素的同位素丰度。

表 1-3　有机物中各元素的同位素丰度

元素	同位素	丰度/%	元素	同位素	丰度/%
C	^{12}C	100	P	^{31}P	100
	^{13}C	1.08	F	^{19}F	100
H	^{1}H	100	Cl	^{35}Cl	100
	^{2}H	0.016		^{37}Cl	32.5
N	^{14}N	100	Br	^{79}Br	100
	^{15}N	0.38		^{81}Br	98
O	^{16}O	100	S	^{32}S	100
	^{17}O	0.04		^{33}S	0.78
	^{18}O	0.20		^{34}S	4.4

4）重排离子峰

有些离子不是由简单断裂产生的,而是发生了原子或基团的重排,这样产生的离子称为重排离子。当化合物分子中含有 C=X(X 为 O、N、S、C)基团,而且与这个基团相连的链上有 γ 氢原子,这种化合物的分子离子碎裂时,此 γ 氢原子可以转移到 X 原子上去,同时 β 键断裂。这种断裂方式是 Mclafferty 在 1956 年首先发现的,因此称为 Mclafferty 重排,简称麦氏重排,如下所示。

4. 质谱的解析

一张化合物的质谱包含着化合物很丰富的结构信息。在很多情况下,仅依靠质谱就可以确定化合物的相对分子质量、分子式和分子结构。而且,质谱分析所用样品量极微,因此,质谱法是进行有机物结构鉴定的有力工具。当然,对于复杂的有机化合物的定性,还要借助于红外光谱、紫外光谱、核磁共振波谱等分析方法。

1) 相对分子质量的确定

分子离子的质荷比就是化合物的相对分子质量。通常判断分子离子峰的方法如下。

（1）分子离子峰一定是质谱中质量数最大的峰，它应处在质谱的最右端。

（2）分子离子峰应具有合理的质量丢失。在比分子离子小 4～14 及 20～25 个质量单位处，不应有离子峰出现，否则，所判断的质量数最大的峰就不是分子离子峰。因为一个有机化合物分子不可能失去 4～14 个氢而不断键。如果断键，失去的最小碎片应为 CH_3，它的质量是 15 个质量单位。同样，也不可能失去 20～25 个质量单位。

（3）分子离子应为奇电子离子，它的质量数应符合氮规则。所谓氮规则是指在有机化合物分子中含有奇数个氮时，其相对分子质量应为奇数；含有偶数个（包括 0 个）氮时，其相对分子质量应为偶数。这是因为组成有机化合物的元素中，具有奇数价的原子具有奇数质量，具有偶数价的原子具有偶数质量，因此，形成分子之后相对分子质量一定是偶数。而氮则例外，氮有奇数价而具有偶数质量。因此，分子中含有奇数个氮，其相对分子质量是奇数；含有偶数个氮，其相对分子质量一定是偶数。

如果某离子峰完全符合上述三项判断原则，那么这个离子峰可能是分子离子峰；如果三项原则中有一项不符合，这个离子峰就肯定不是分子离子峰。

2) 分子式的确定

在早期，曾经有人利用分子离子峰的同位素峰来确定分子式。有机化合物分子都是由 C、H、O、N 等元素组成，这些元素大多具有同位素，由于同位素的贡献，质谱中除了有质量数为 M 的分子离子峰外，还有质量为数 $M+1$、$M+2$ 的同位素峰。由于不同分子的元素组成不同，不同化合物的同位素丰度也不同，贝农（Beynon）将各种化合物（包括 C、H、O、N 的各种组合）的 M、$M+1$、$M+2$ 的强度值编成质量与丰度表，如果知道了化合物的相对分子质量和 M、$M+1$、$M+2$ 的强度比，即可查表确定分子式。

例如，某化合物相对分子质量为 $M=150$（丰度 100%）。$M+1$ 的丰度为 9.9%，$M+2$ 的丰度为 0.88%，求化合物的分子式。根据 Beynon 表可知，$M=150$ 的化合物有 29 个，其中与所给数据相符的为 $C_9H_{10}O_2$。这种确定分子式的方法要求同位素峰的测定十分准确，而且只适用于相对分子质量较小、分子离子峰较强的化合物，这样的质谱图利用计算机进行库检索得到的结果一般都比较好，不需再计算同位素峰和查表。

3) 分子结构的确定

根据上面得出的相对分子质量和分子式，再进行以下一些步骤。

根据分子式或组成式计算出该化合物的不饱和度，即确定化合物中环和双键的数目。

　　研究高质量端离子峰。质谱高质量端离子峰是由分子离子失去碎片形成的。从分子离子失去的碎片,可以确定化合物中含有哪些取代基。

　　研究低质量端离子峰,寻找不同化合物断裂后生成的特征离子和特征离子系列。例如,正构烷烃的特征离子系列 m/z 为 15、29、43、57、71 等,烷基苯的特征离子系列 m/z 为 91、77、65、39 等。根据特征离子系列可以推测化合物类型。

　　通过上述各方面的研究,提出化合物的结构单元。再根据化合物的相对分子质量、分子式、样品来源、物理化学性质等,提出一种或几种最可能的结构。必要时,可根据红外和核磁数据得出最后结果。

　　4) 分子结构确定示例

　　某化合物的质谱图如图 1-5 所示,亚稳峰表明有如下的关系:m/z 为 154→139→111,求该化合物的结构式。

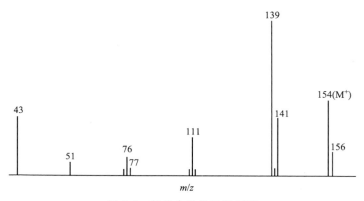

图 1-5　某化合物的质谱图谱

　　分子离子峰的分析:

　　(1) 分子离子峰($m/z=154$)很强,可能是芳香族。

　　(2) 相对分子质量为偶数,不含氮或含偶数个氮。

　　(3) 分子离子峰与同位素峰($m/z=156$)的强度比值 $M:(M+2)$ 约为 100 : 32,看出有一个氯原子。

　　碎片离子峰的分析:

　　(1) 质量丢失 $m/z=139$ ($M-15$),失去—CH_3。

　　(2) 有碎片离子峰:$m/z=43$ 可能为 C_3H_7 或 CH_3CO;$m/z=51、76、77$ 表明有苯环。

　　结构单元有 Cl、CH_3CO (或 C_3H_7)、C_6H_4(C_6H_5),其余部分质量等于 154－35－43－76＝0。

推测结构式为

$$CH_3C\underset{O}{\overset{\|}{\:}}\text{[环]}\:Cl \qquad CH_3CH_2CH_2\text{[环]}\:Cl \qquad \underset{CH_3}{\overset{CH_3}{\:}}CH\text{[环]}\:Cl$$

Ⅰ   Ⅱ   Ⅲ

如果结构为Ⅱ,应发生苄基断裂,产生$(M-28)$峰,但这两个峰在质谱图中不明显。Ⅲ也应发生苄基断裂,产生$(M-15)$峰,谱图中确有此峰,但解释不了 m/z 为 139→111 亚稳峰的产生。所以只有Ⅰ最合理。

$$CH_3C\underset{O}{\overset{\|}{\:}}\text{[环]}\:Cl \xrightarrow{-\cdot CH_3} \cdot C\underset{O}{\overset{\|}{\:}}\text{[环]}\:Cl \xrightarrow{-CO} \text{[环]}\:Cl$$

$m/z=154$ $m/z=139$ $m/z=111$

1.2.3 核磁共振谱

核磁共振(NMR)谱是处于外磁场中的物质原子核受到相应频率(兆赫数量级的射频)的电磁波作用时,在其磁能级之间发生共振跃迁而得到的图谱。

自 1945 年以 F.Block 和 E.M.Purcell 为首的两个研究小组分别观测到水、石蜡中质子的核磁共振信号以来,核磁共振谱已成为化学、物理、生物、医药等研究领域中必不可少的实验工具,是研究分子结构、构型构象、分子动态等的重要方法。

1. 基本原理

原子核是带正电的粒子,其自旋运动将产生磁矩,核磁共振研究的对象就是具有磁矩的原子核。但必须明确的是,并非所有同位素的原子核都有自旋运动,只有存在自旋运动的原子核才有磁矩。原子核的自旋运动与自旋量子数 I 有关。$I=0$ 的原子核没有自旋运动,$I\neq0$ 的原子核有自旋运动。

原子核按 I 的数值可分为以下三类:

(1) 中子数、质子数均为偶数,则 $I=0$,如 ^{12}C、^{16}O、^{32}S 等。

(2) 中子数与质子数一个为偶数、一个为奇数,则 I 为半整数,例如

$I=1/2$ ^{1}H、^{13}C、^{15}N、^{19}F、^{34}P、^{77}Cd、^{119}Sn、^{195}Pt、^{199}Hg 等

$I=3/2$ ^{7}Li、^{9}Be、^{23}Na、^{33}S、^{37}Cl、^{39}K、^{63}Cu、^{65}Cu、^{79}Br、^{81}Br 等

$I=5/2$ ^{17}O、^{25}Mg、^{27}Al、^{55}Mn、^{67}Zn 等

$I=7/2,9/2$ 等

(3) 中子数与质子数均为奇数,则 I 为整数,如 $I=1$ 有 ^{2}H、^{6}Li、^{14}N 等,$I=2$ 有 ^{58}Co,$I=3$ 有 ^{10}B。

按照量子理论,磁性核在外加磁场中其自旋取向不是任意的,自旋取向数可用

公式计算

$$自旋取向数 = 2I + 1$$

例如,自旋量子数 $I = 1/2$ 的原子核(具有较好的核磁共振信号),其自旋取向数 $= 2 \times 1/2 + 1 = 2$,在外加磁场的作用下,裂分为两个能级,如图 1-6 所示。

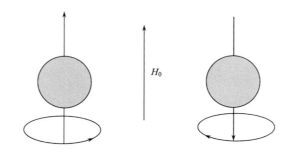

(a) 磁矩与 H_0 同向平行,能级较低　　(b) 磁矩与 H_0 反向平行,能级较高

图 1-6　不同自旋状态与能级关系

如果无线电波的能量与两个能级差相等,则产生核磁共振现象,见图 1-7。

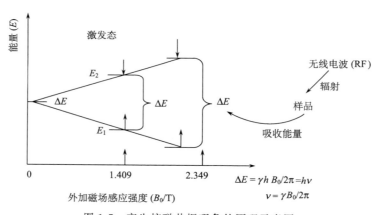

图 1-7　产生核磁共振现象的原理示意图

有机化学中最有用的是氢核和碳核。氢同位素中,^1H 质子的天然丰度比较大,磁性也比较强,比较容易测定。

2. ^1H NMR 谱图

一张氢谱图可提供四个有关结构信息的参数,即核磁共振峰的数目、化学位移、偶合常数、峰面积积分。

1）核磁共振峰的数目

有机化合物分子中处于相同化学环境的氢原子在谱图上显示一组共振峰，可根据核磁谱图上共振峰的组数推断该化合物中有几种不同化学环境的氢原子。

2）化学位移 δ

电子的屏蔽和去屏蔽引起的核磁共振吸收位置的移动称为化学位移。一般采用相对化学位移来表示

$$\delta = \frac{\nu_x - \nu_s}{\nu_0} \times 10^6$$

式中，ν_x 为试样的共振频率；ν_s 为标准物质共振频率。对于 H 核，采用的标准物质是四甲基硅烷（TMS），其 $\delta = 0$。

在有机化合物分子中，不同类型的氢核周围的电子云屏蔽作用是不同的。也就是说，不同类型的质子，在静电磁场作用下，其共振频率并不相同，因而其化学位移也不同。所以由化学位移可以确定含氢基团的类型。图 1-8 给出了常见氢的化学位移。

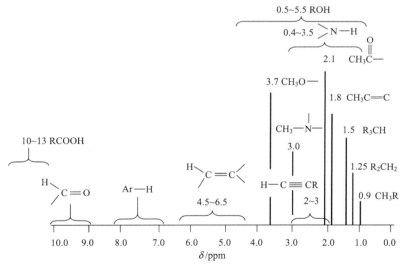

图 1-8 常见氢的化学位移

3）偶合常数 J

相邻氢核之间发生的自旋相互作用称为自旋-自旋偶合。这种自旋偶合会引起共振峰的分裂，使谱线增多，简称自旋裂分。自旋偶合作用产生多重峰，裂分峰的间距称为偶合常数，以 J 表示，单位为 Hz。J 的大小表示氢核间相互偶合作用的强弱。在一级谱（$\Delta\nu/J \geqslant 6$）中，自旋裂分的峰数目符合 $(n+1)$ 规律。

比较每一峰组自旋偶合裂分情况和偶合常数 J 的大小，可以找出某个基团和其他基团之间的信息，还能确定化合物的立体构型。

4）峰面积积分

化学环境相同的氢质子在核磁共振谱图中产生一个单峰或一组多重峰，各单峰或多重峰面积积分与引起该吸收的氢质子的数目成正比。因此，只要比较氢质子吸收峰的面积就能确定各种氢质子的相对数目。

综合考虑化学位移、自旋偶合和积分面积等，^1H NMR 可以明确鉴定乙基、异丙基、叔丁基、甲氧基、醛基、烯烃和苯环等基团，其中饱和碳氢基团的类型、个数和连接方式正是紫外光谱、红外光谱和质谱难以解决的问题。同时氢谱还能提供基团之间连接顺序的信息，以便描述整个分子结构。

3. ^1H NMR 谱图解析

已知某化合物分子式为 $C_9H_{10}O_2$。测试 ^1H NMR 图谱如图 1-9 所示，试推定其结构。

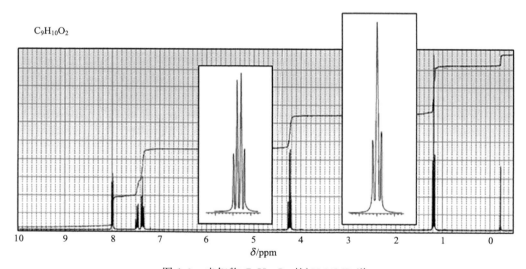

图 1-9　未知物 $C_9H_{10}O_2$ 的 ^1H NMR 谱

根据分子式计算不饱和度 $\Omega=(9\times2-10)/2=4$，推断可能存在苯环。

从图谱可见该物质有五种环境不同的质子，从低场向高场各峰群计算其积分比例为 2:1:2:2:3，考虑到该未知物有 10 个质子，所以该未知物五种环境不同质子的数目为 2、1、2、2 和 3。

结合氢在 $\delta 7\sim8$ 的三组化学位移不同的吸收峰及其峰面积比例，确定未知物结构中含有苯环，且为一取代；氢在 $\delta 4\sim5$ 及 $\delta 1\sim2$ 有两组化学位移不同的吸收峰,峰面积比为 2 : 3,说明结构含—OCH_2CH_3 基团。

因此,该未知化合物的结构式应为

实验 1　薄层色谱练习

一、实验目的

(1) 学习薄层色谱的基本原理和方法。

(2) 掌握薄层色谱的操作技术。

二、实验仪器与试剂

仪器:恒温干燥箱、烧杯(25 mL)、玻璃板(1 cm×5 cm)、广口瓶(50 mL)、封口毛细管。

试剂:圆珠笔芯油、丁醇、乙醇、甲醇、水、羧甲基纤维素钠、硅胶 GF_{254}。

三、实验步骤

1) 样品制备

将圆珠笔芯剪成小段(长约 0.5 cm),将其浸入 1 mL 甲醇溶液中,得样品溶液。

2) 薄层色谱板的制备

在烧杯中放入 6～8 mL 0.5% 羧甲基纤维素钠水溶液,搅拌下往其中慢慢加入 2 g 硅胶 GF_{254},使制成的浆料黏稠适当、均匀、不带团块。将配制好的浆料倾注到清洁干燥的载玻片上,拿在手中轻轻地左右摇晃,使其表面均匀平滑,在室温下晾干后在 105～110 ℃ 恒温干燥箱中烘 30 min 进行活化。

3) 点样

用铅笔在薄层色谱板距薄层底端 8～10 mm 处轻画一横线,作为起始线,然后用毛细管吸取步骤 1)已经准备好的圆珠笔芯油溶液,垂直地轻轻接触到起点线上,点样后的斑点直径以扩散成 1～1.5 mm 为宜。若溶液太稀,可在第一次点样干后,再点第二、第三次及更多次,但每次点样都应点在同一点上。若在同一板上多处点样,两点间距离 1 cm 左右。

4) 展开

将点好试样的薄层板放入已被空气饱和的盛有展开剂($V_{丁醇}$: $V_{乙醇}$: $V_{水}$ = 9 : 3 : 1)的层析缸(广口瓶)中,并盖上盖子,展开剂将沿着薄层板面上升,待展开剂上升到薄层板的前沿(离前端 5～10 mm)时,取出薄层板放平,并用铅笔画出溶剂前沿的位置,然后晾干。

5) 显色并计算 R_f

由于圆珠笔芯油本身具有颜色,因此可直接用肉眼观察,测量并计算出 R_f(也可在紫外灯或碘缸中进行观察)。

四、思考题

(1) 制备薄层色谱板时需注意哪些方面?

(2) 点样时要注意什么?

(3) 选择展开剂时要考虑哪些因素?

（敬林海）

实验 2　镇痛药片 APC 组分的薄层分离

一、实验目的

(1) 掌握薄层色谱分离的原理。

(2) 掌握吸附薄层色谱的操作方法。

(3) 掌握 R_f 的求算方法。

二、实验原理

在玻璃板上均匀铺上一薄层吸附剂制成薄层板,用毛细管将样品溶液点在起点处,把薄层板置于盛有溶剂的容器中,待溶剂到达前沿后取出,晾干,显色,测定斑点的位置,从而达到分离物质的目的。

三、实验仪器与试剂

仪器:玻璃板、烧杯、试管、烘箱。

试剂:APC 镇痛片、阿司匹林(1%)、非那西汀、咖啡因(95% 乙醇溶液)、95% 乙醇、无水乙醚、冰醋酸、硅胶 GF_{254}。

四、实验步骤

1) 薄层板的制备

取 10 cm×3 cm 的玻璃板 4 块,洗净晾干。在小烧杯中放入 2.5 g GF_{254} 和 7 mL 0.5%～1% 的羧甲基纤维素钠水溶液,调成糊状,均匀地铺在 4 块玻璃板上,室温晾干后,放入烘箱中,缓慢升温至 110 ℃,恒温 0.5 h 后取出,置于干燥器中备用。也可以购买商品化的薄层色谱板。

2）样品的制备

取镇痛片 APC 半片,用不锈钢铲研成粉状。取一滴管,用少许棉花塞住其滴液流出端,然后将粉状 APC 转入其中。用另一只滴管将 2.5 mL 95％乙醇滴入盛有 APC 的滴管中,流出的萃取液收集于一小试管中。

3）点样

取 3 块制好的薄层板,每块板上点两个样,分别为 APC 的萃取液和 1％阿司匹林的 95％乙醇溶液、1％非那西汀的 95％乙醇溶液、1％咖啡因的 95％乙醇溶液 3 种标准样品。

4）展开并显色

展开剂为无水乙醚 5 mL、二氯甲烷 2 mL、冰醋酸 7 滴的混合溶液,在展开缸中进行展开。观察展开剂前沿,当上升至距玻璃板上端 1 cm 时取出,迅速在前沿处画线。

将晾干后的薄层板放入 254 nm 紫外分析仪中显色,可清晰地看到展开得到的粉红色斑点,用铅笔把其画出,求出每个点的 R_f,并将未知物与标准样品比较。

也可把以上薄板再置于放有几粒碘结晶的广口瓶内,盖上瓶盖,直至薄层板上暗棕色的斑点明显时取出,并与先前在紫外灯下观察时做出的记号比较。

五、思考题

（1）在混合物的薄层色谱中,如何判定各组分在薄层上的位置?

（2）在层析时,层析缸中常放入一张滤纸,为什么?

（3）样品斑点过大有什么坏处? 若将样点浸入展开剂液面以下,会有什么样的影响?

（彭敬东）

实验 3　柱　色　谱

一、实验目的

（1）学习并掌握使用柱色谱分离化合物的原理及应用。

（2）掌握柱色谱分离化合物的基本操作。

二、实验原理

待分离的甲基橙和亚甲基蓝混合物溶液流过吸附柱时,同时被吸附在柱的上端。当95％乙醇洗脱剂流下时，由于化合物吸附能力的不同，混合物往下洗脱的速度也不同，于是形成了不同层次，即溶质在柱中自上而下按对吸附剂的亲和力大小分为两条色带。分别收集含溶质的洗脱液，旋干溶剂，即可分别得到甲基橙和亚甲基蓝纯净物。

三、实验仪器与试剂

仪器：铁架台、铁夹、旋转蒸发仪、层析柱、锥形瓶、量筒、玻璃棒、烧杯。

试剂：中性氧化铝、甲基橙和亚甲基蓝的乙醇溶液、95％乙醇、水。

四、实验步骤

1）装柱

将层析柱用铁夹垂直固定并调节好高度[1]，用镊子取少许脱脂棉放于层析柱底部并轻轻塞紧，在脱脂棉上盖上一层厚 0.5 cm 的石英砂。关闭活塞，向柱中倒入95％的乙醇至柱高的 3/4 处，打开活塞并控制流出速度为 $1 \sim 2 \ \mathrm{d \cdot s^{-1}}$[2]。再将已预先调好的吸附剂（中性氧化铝和95％乙醇调成糊状）边敲边倒入柱中，当装至柱的3/4时，停止加入吸附剂并继续让乙醇流出，直至柱中吸附剂高度不再变化为止，再在上面加一层厚 0.5 cm 的石英砂。

2）上样

打开活塞，让溶剂流至其液面刚好与石英砂面相切时立即关闭活塞，立即用滴管小心加入 1 mL 甲基橙和亚甲基蓝的乙醇溶液[3]。

3）洗脱

打开活塞，等柱内的溶剂恰好流到石英砂面时，关闭活塞。向柱内加入95％乙醇，打开活塞进行洗脱[4]。随着洗脱的不断进行，柱内将会形成不同的色带[5]。当最先下行的蓝色色带快流出时，更换接收瓶，继续洗脱，直至流出液无色为止。之后，将洗脱液改为水，继续洗脱并收集黄色的流出液，直至滴出液无色为止，停止洗脱。

4）分离物的收集

将收集到的蓝色溶液倒入圆底烧瓶中，旋转蒸发除去乙醇和水，可得到亚甲基蓝。而后，将收集到的黄色溶液倒入另一圆底烧瓶中，旋转蒸发除去水，可得甲基橙化合物。

【注释】

[1] 根据收集器锥形瓶的高度调节。

[2] 操作时注意不能使液面低于石英砂的上层。

[3] 若柱壁上粘有被分离混合物，可用另一干净滴管滴入尽可能少的乙醇，以

冲洗可能粘附在柱上的样品。

　　［4］整个过程洗脱剂都应覆盖吸附剂。

　　［5］蓝色的亚甲基蓝色带和黄色的甲基橙色带。

五、思考题

　　（1）装柱时要特别注意哪些方面？为什么？

　　（2）上样时要注意哪些方面？为什么？

　　（3）根据分离原理解释为什么亚甲基蓝先洗脱出来而甲基橙后洗脱出来。

（敬林海）

第2章 有机化合物分子骨架的架构

分子骨架的构建是合成有机化合物的基石,如碳碳键、碳氮键和碳氧键等,它们的构建方法很多,但这些合成反应是可以归类的,每一类型的反应在实验技术上也有诸多相似点,在学习的过程中要从方法学的角度去理解反应的机理,掌握一些构建分子骨架的基础策略,这一点是非常重要的。请系统阅读并掌握各类键型的合成方法,为以后设计合成新的有机化合物打下坚实的基础。

有机合成的三大任务是合成、分离和结构鉴定。合成反应完成后,物质的分离就是关键,如果目标产物的纯度不够,杂质必将影响目标产物的物性和应用,也会导致结构难以确定。我们常遇到这样的情形:同学过滤得到了一种白色的固体或蒸馏收集到无色的液体,心里高兴极了,因为在他(她)看来,实验是成功的。每当遇到这种情景,应该认识到是学生被引入了缺乏科学素养的歧途,也是在实验教学环节中淡化了产品结构鉴定和纯度测定的训练。物质结构的鉴定是如此重要,以至于没有它,我们就不知道该物质是什么;物质纯度的测定是如此重要,以至于没有它,我们就不知道该物质是纯净物还是混合物——这一点我们必须要清醒地认识到。

分子骨架的形成和官能团的转化是有机化合物合成的主要内容。分子骨架的形成是有机合成的核心,因为官能团虽然决定化合物的性质,但它毕竟依附在分子骨架上,没有分子骨架,官能团也就没有归宿。有机分子骨架主要是由碳原子构成,碳碳键的形成是建立分子骨架的基础,其他如碳氧、碳氮和碳杂等也是架构分子骨架的重要方式,有机化合物中常见的共价键类型见图2-1。本章通过了解碳碳键、碳氧键、碳氮键和环骨架等的构建,掌握有机分子骨架形成的基本方法和技术。

2.1 碳 碳 单 键

碳碳单键是形成有机化合物骨架的筋骨。从合成方法学上讲,它是被研究得最早和最多的共价单键。碳碳单键类型可分为碳链、碳环、含氧和含氮等。下面列举一些重要的形成碳碳单键的经典有机合成反应路线。

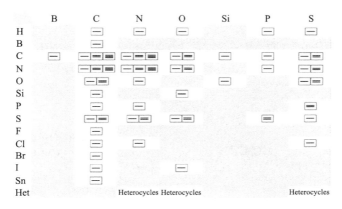

图 2-1　构建有机化合物骨架常见的共价键

1）Friedel-Crafts 反应

2）炔烃的烃基化反应

$$R-C\equiv CH \xrightarrow[NaNH_2/NH_3(l)]{\hspace{1cm}Br} \xrightarrow{H_2O} R-C\equiv C-CH_2CH_2CH_3$$

3）金属有机化合物的反应

4）活泼亚甲基化合物的反应

5）生成烯胺的碳烷基化和碳酰基化反应

6）Dieckmann 缩合反应

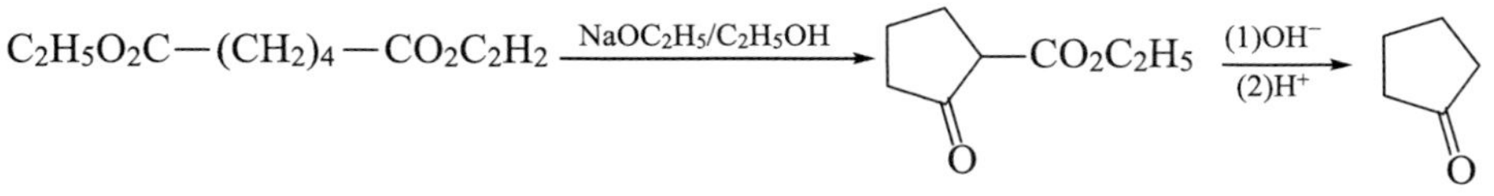

$$C_2H_5O_2C—(CH_2)_4—CO_2C_2H_2 \xrightarrow{NaOC_2H_5/C_2H_5OH}$$ $$\xrightarrow[(2)H^+]{(1)OH^-}$$

7）Michael 加成反应

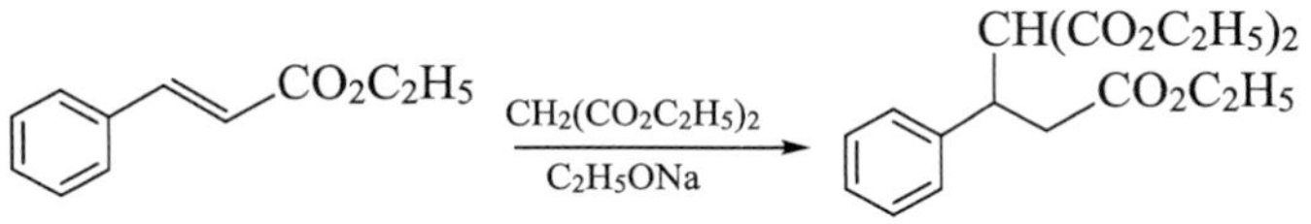

8）Pinacol 偶联反应

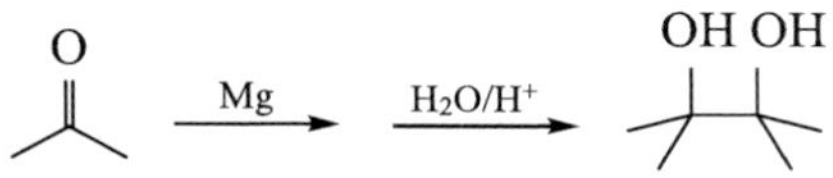

9）Mannich 反应

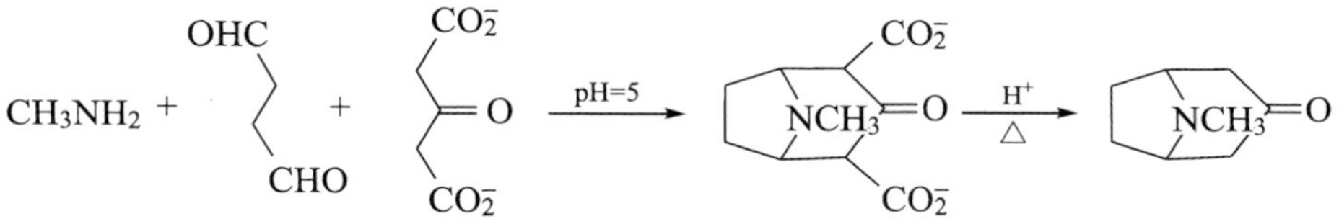

2.2 碳碳双键

碳碳重键包括碳碳双键和碳碳叁键,其合成方法在有机合成中非常重要,特别是合成复杂的有生理活性的天然产物。碳碳双键的类型有链状烯烃(通称烯烃)和环状烯烃(称为环烯烃)。下面列举一些重要的形成碳碳双键的有机合成反应路线。

1）消除反应

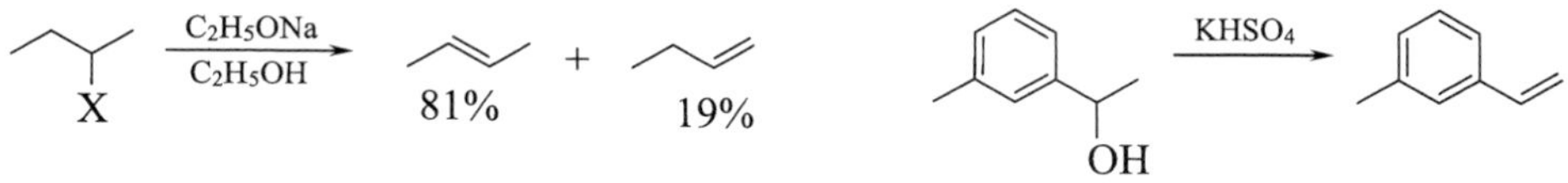

2）Wittig 反应

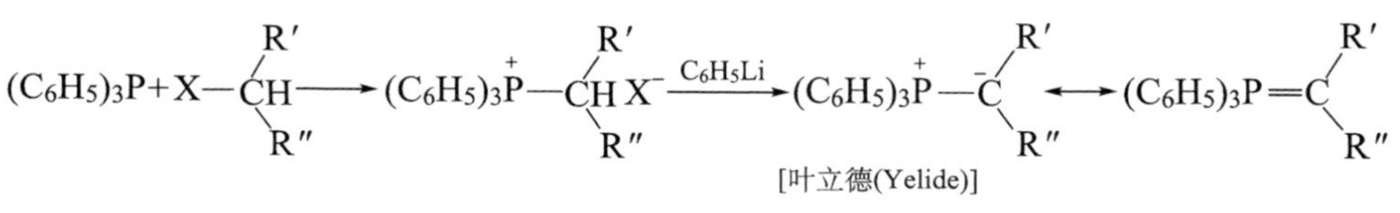

$$(C_6H_5)_3P+X—\overset{R'}{\underset{R''}{CH}} \longrightarrow (C_6H_5)_3\overset{+}{P}—\overset{R'}{\underset{R''}{CH}}X^- \xrightarrow{C_6H_5Li} (C_6H_5)_3\overset{+}{P}—\overset{R'}{\underset{R''}{C}} \longleftrightarrow (C_6H_5)_3P=\overset{R'}{\underset{R''}{C}}$$

[叶立德(Yelide)]

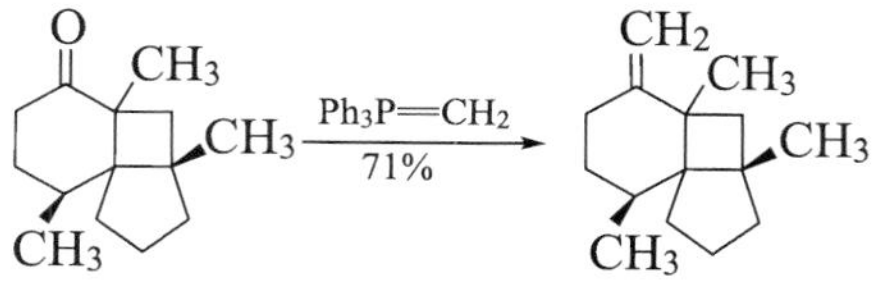

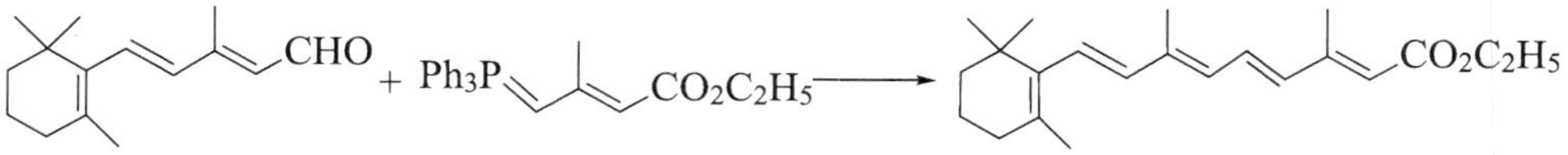

$$\text{(酮)} \xrightarrow[71\%]{Ph_3P=CH_2} \text{(亚甲基产物)}$$

3) 醛醇缩合反应

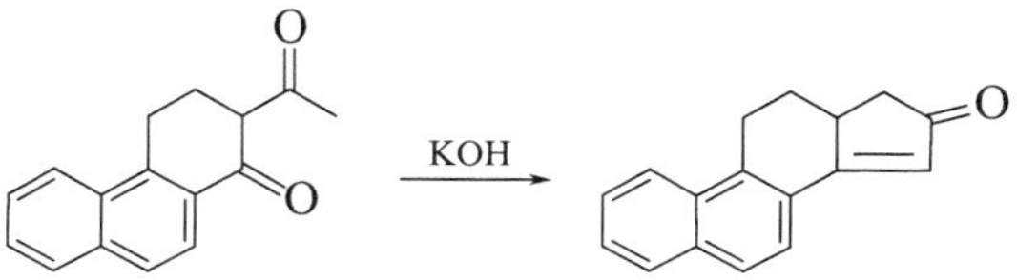

$$\xrightarrow{KOH}$$

4) Claisen-Schimidt 反应

$$\xrightarrow[15\sim30\ ℃]{NaOH/H_2O/C_2H_5OH}$$

85%

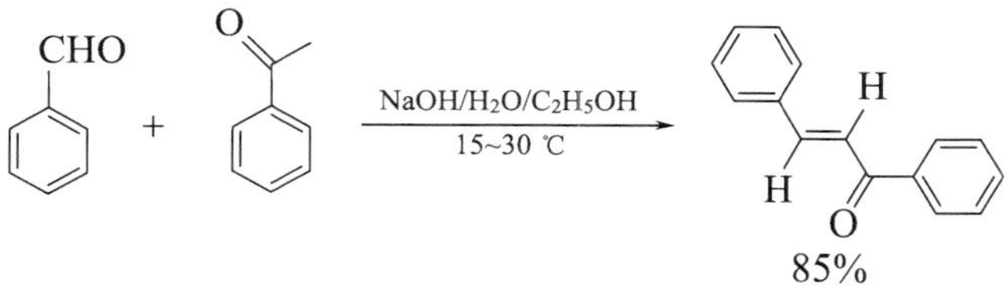

5) Knoevenagel 反应

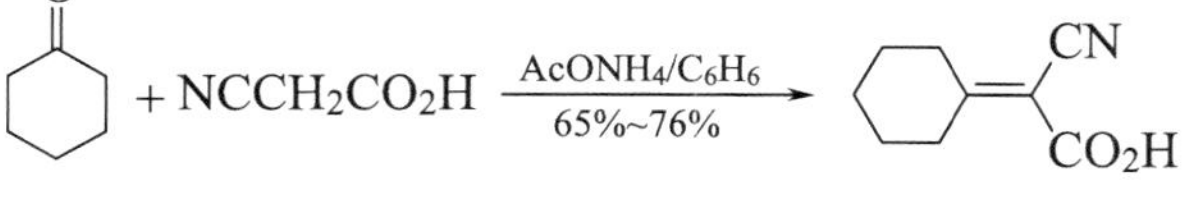

$$\text{(环己酮)} + NCCH_2CO_2H \xrightarrow[65\%\sim76\%]{AcONH_4/C_6H_6}$$

6) Stobbe 反应

$$(C_6H_5)_2C{=}O + \begin{matrix} CH_2CO_2C_2H_5 \\ CH_2CO_2C_2H_5 \end{matrix} \xrightarrow[(2)\ H^+]{(1)\ (CH_3)_3COK/(CH_3)_3COH,\triangle} (C_6H_5)_2C{=}\begin{matrix} CO_2C_2H_5 \\ CH_2CO_2H \end{matrix}$$

90%~94%

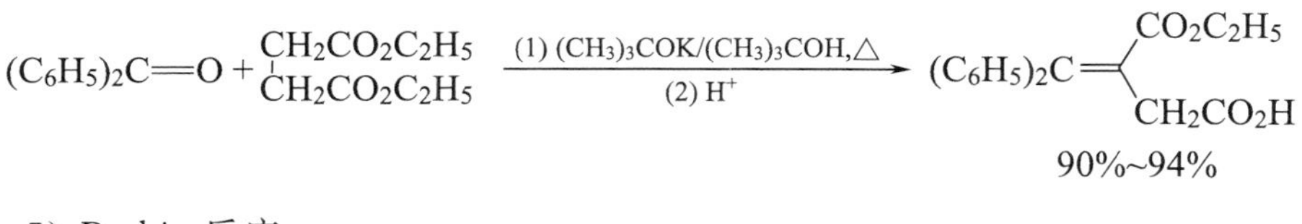

7) Perkin 反应

$$+ (CH_3CH_2CH_2CO)_2O \xrightarrow[(2)\ H_3O^+]{(1)\ C_3H_7CO_2Na \atop 135\sim140\ ℃,7\ h}$$

70%~75%

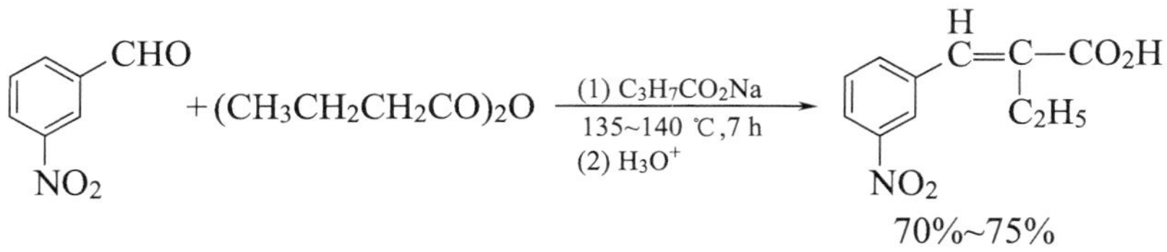

2.3　碳碳叁键

分子结构中引入叁键的方法相对碳碳双键来说少一些。其中,最主要的方法是由二卤代烃在碱的作用下脱去卤代烃,常用的碱性试剂有 KOH/ EtOH、RONa/EtOH、NaH、NaNH$_2$/NH$_3$ 等。另一种方法是 α-二酮在氮气的保护下与亚磷酸三己酯共热,脱氧生成炔烃。

1) 二卤代烃的消除反应

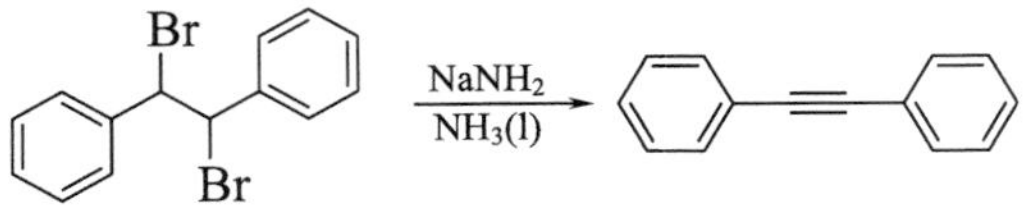

2) α-二酮的脱氧反应

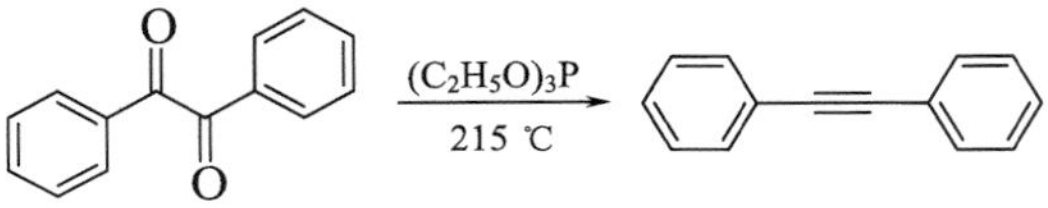

2.4　碳环的形成

根据碳环的结构可将碳环分为脂环和芳环两大类,每一类又可分为碳环和杂环、单环与多环等类型,脂环中根据成环原子数目不同又可分为三元环、四元环、五元环和六元环等。主要涉及的方法有环加成反应([4+2]和[2+2])、分子内酯缩合反应、酮醇缩合、分子内的醛醇缩合以及 Robinson 环化反应等。下面列举部分常见碳环的合成方法。

1. 环加成反应

1) Diels-Alder 反应

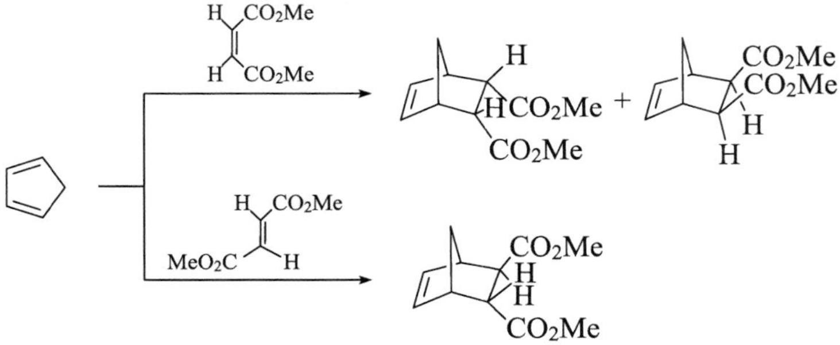

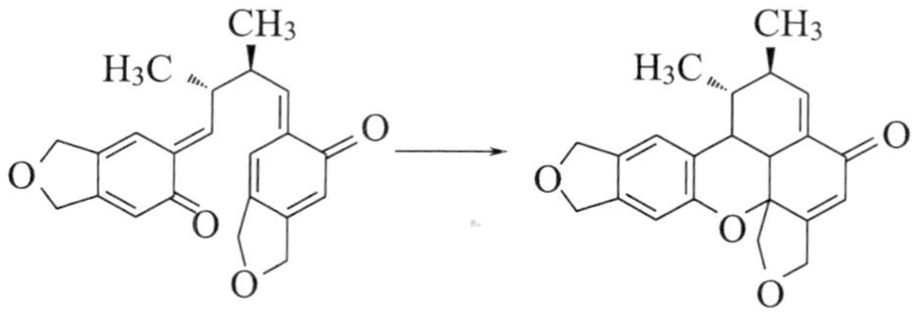

2）卡宾及类卡宾对烯烃的加成反应

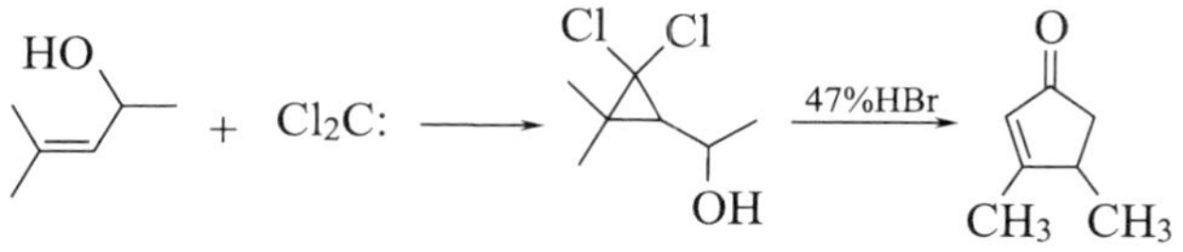

2. 缩合反应

1）Dieckmann 缩合反应

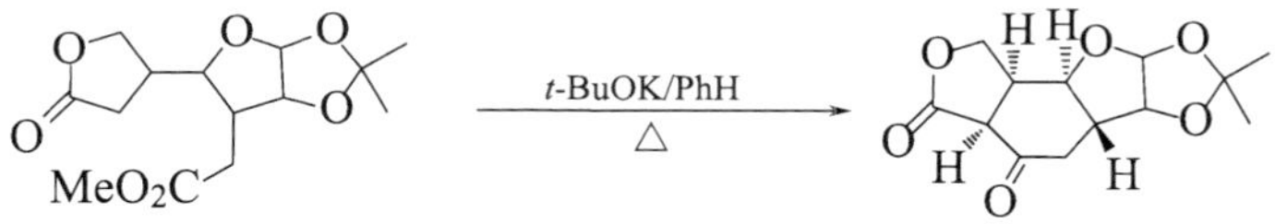

2）酮醇缩合反应

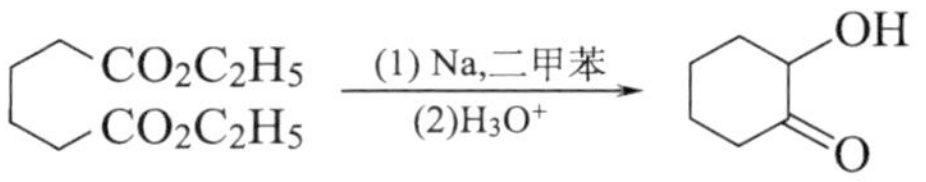

3）分子内的醛醇缩合反应

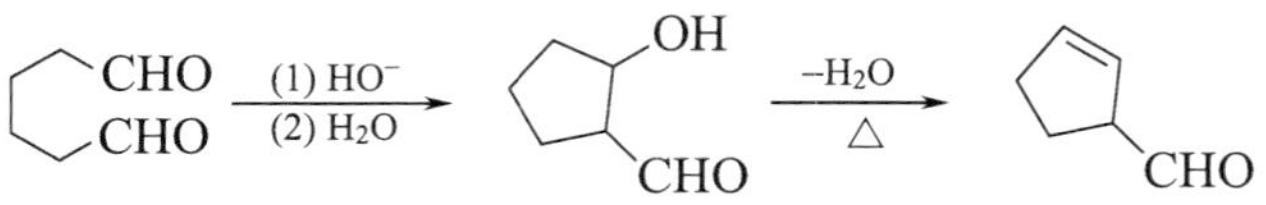

3. Robinson 环化反应

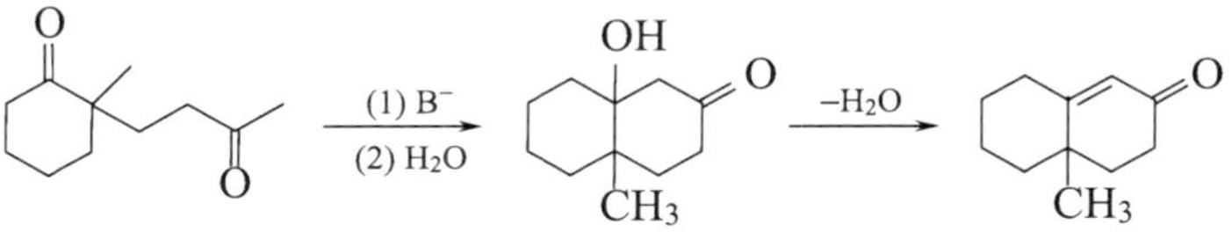

2.5　杂环的形成

　　杂环是许多化学药物、天然药物中常见的母体结构,有机合成常选择以杂环分子作为原料,当没有合适的杂环原料时,应考虑如何构建杂环骨架。杂环化合物种类繁多、数目极大,是有机化合物中数目最庞大的一类。杂环类化合物是一类具有药理活性的小分子化合物,许多研究人员以杂环类的小分子化合物及其衍生物为母体,筛选具有抗菌活性的药物。下面介绍几种重要的含 O、S、N 的五元环和六元环化合物的合成方法。

　　1. 含一个杂原子的五元杂环化合物的合成

　　1) Paal-Knorr 合成法

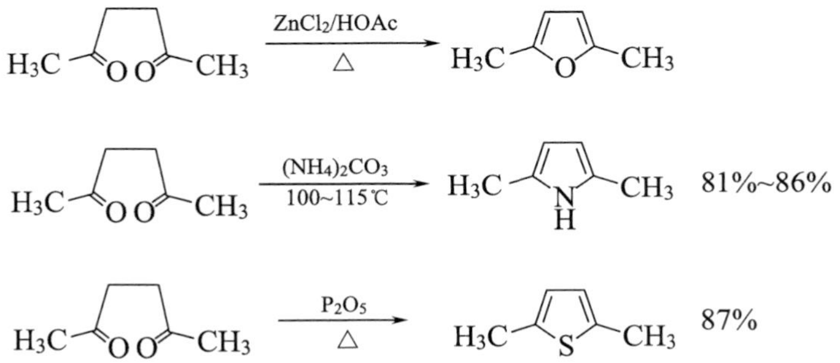

　　2) Knorr 合成法

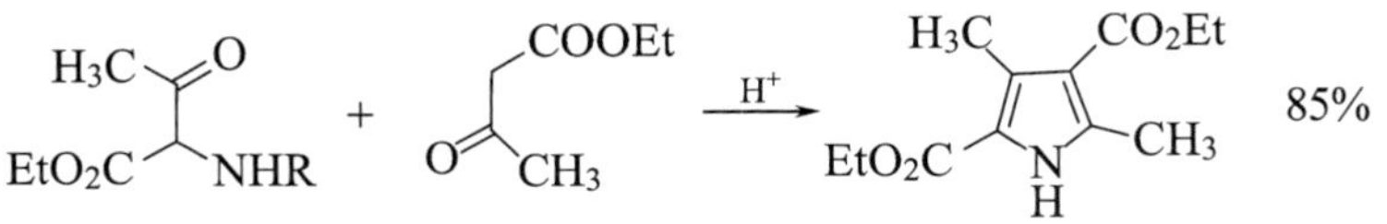

　　3) Hantzsch 合成法

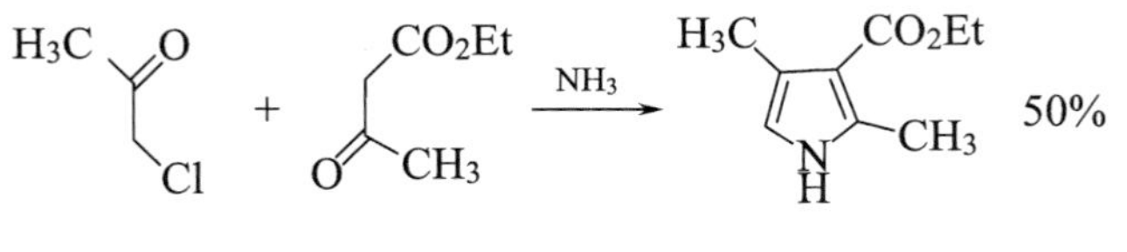

　　2. 含一个杂原子的六元杂环化合物的合成

　　Hantzsch 合成法:

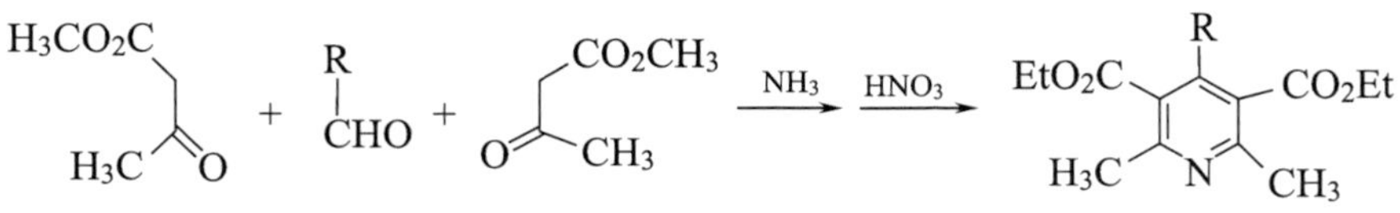

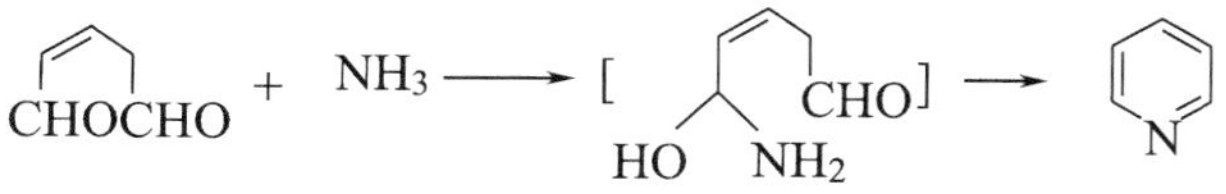

实验 4　苯乙酮的制备

苯乙酮是一种重要的有机化工中间体,氧化时可以生成苯甲酸,还原时可生成乙苯,完全加氢时生成乙基环己烷等。用于制香皂和香烟,也用作纤维素酯和树脂等的溶剂和塑料工业生产中的增塑剂。可由苯与乙酸酐反应制得,或由乙苯氧化制得,也可用乙酰氯与苯在三氯化铝作用下经 Friedel-Crafts 反应制得。

【外观与形状】无色或淡黄色的低挥发性、有水果香味的油状液体

【密度】$1.03\ g \cdot cm^{-3}$

【熔点】$19.7\ ℃$

【沸点】$202.3\ ℃$

【闪点】$82\ ℃$

【溶解性】不溶于水,易溶于多数有机溶剂,不溶于甘油

【折射率 n_D^{20}】1.5372

一、实验目的

(1) 学习和巩固 Friedel-Crafts 酰基化制备含氧碳碳单键的方法和反应原理。

(2) 巩固回流、萃取和蒸馏等基本实验技术。

二、实验原理

苯乙酮可由乙苯氧化、苯与乙酸酐或乙酰氯与苯在三氯化铝作用下经 Friedel-Crafts 反应制得。本实验采取苯与乙酸酐经 Friedel-Crafts 反应的技术路线合成苯乙酮,反应机理如下:

$$(CH_3CO)_2O + 2AlCl_3 \rightleftharpoons [CH_3CO]^{\oplus}[AlCl_4]^{\ominus} + CH_3CO_2AlCl_2$$

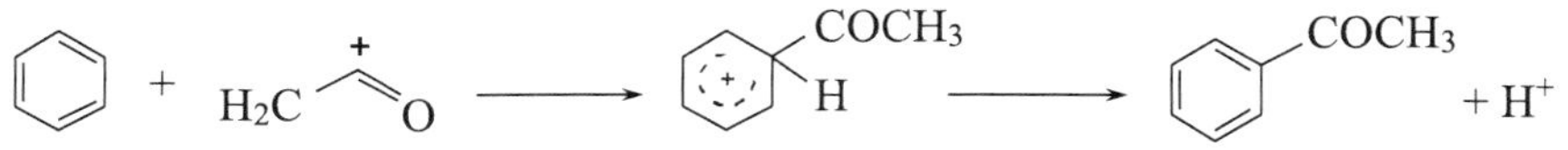

本实验约 6 学时。

三、实验仪器与试剂

仪器：三口烧瓶（19♯，100 mL）、回流冷凝管（19♯）、滴液漏斗（19♯）、干燥管（19♯）、温度计（0～300 ℃）、圆底烧瓶（19♯，100 mL）、直形冷凝管（19♯）、空气冷凝管（19♯）、接引管、锥形瓶（19♯，100 mL 2 个）、磁力搅拌器、电热套。

试剂：乙酸酐、苯、无水苯、浓盐酸、5％氢氧化钠溶液、无水三氯化铝、无水硫酸镁。

四、实验步骤

1) 苯乙酮的合成

本实验项目装置如图 2-2 所示。在 100 mL 三口烧瓶上安装滴液漏斗和回流冷凝管，冷凝管上端装氯化钙干燥管，干燥管再接氯化氢气体吸收装置。取无水三氯化铝（10 g，0.075 mol）和无水苯（15 mL，0.17 mol），依次加入三口烧瓶中，用滴液漏斗缓慢滴加乙酸酐（3.5 mL，0.037 mol），控制滴加速度，勿使反应过于剧烈（以三口烧瓶稍热为宜）。边滴加边摇荡三口烧瓶，10～15 min 滴加完毕。加完后，在沸水浴上回流 15～20 min，直至不再有氯化氢气体逸出为止。

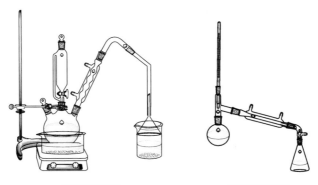

回流反应装置　　　　　　　简易蒸馏装置

图 2-2　实验 4 装置图

2) 苯乙酮的分离

反应完毕后将产物冷至室温，在搅拌下倒入盛有 25 mL 浓盐酸和 30 g 碎冰的混合溶液中进行分解（在通风橱进行）。固体完全溶解后，将混合物转入分液漏斗中，分出有机层，水层用苯（10 mL×2）萃取。合并有机层和苯萃取液，依次用等体积的 5％氢氧化钠溶液和水洗涤一次，用无水硫酸镁干燥有机相。

干燥后，过滤得粗产物，然后在水浴上蒸去苯，再在电热套上蒸去残余的苯，当温度上升至 140 ℃左右时，停止加热，稍冷却后直接换成空气冷凝管，连上接引管，收集 198～202 ℃馏分,产量 2～3 g。

　　3）结构和纯度分析

　　对产物进行红外光谱分析,初步确证产物的结构。

　　选择合适的氘代试剂进行^{1}H NMR 图谱分析,说明产品结构的正确性。

　　测定收集的苯乙酮的沸点并与标准数据对照。

五、思考题

　　(1) 水和潮气对本实验有何影响? 在仪器装置和操作中应注意哪些事项? 为什么要迅速称取无水三氯化铝?

　　(2) 反应完成后,为什么要加入浓盐酸和冰水混合液?

　　(3) 在烷基化和酰基化反应中,三氯化铝的用量有何不同? 为什么?

(惠永海)

实验 5　对二叔丁基苯的制备

　　对二叔丁基苯(1,4-di-tert-butylbenzene)是一种重要的有机合成中间体。

【外观与形状】无色针状或柱状结晶

【密度】0.985 g·cm^{-3}

【熔点】76～78 ℃

【沸点】236 ℃

【溶解性】溶于乙醇、乙醚,不溶于水

一、实验目的

　　(1) 用浓 H_2SO_4 代替传统的无水 $AlCl_3$ 作催化剂,合成对二叔丁基苯。

　　(2) 学会有刺激性气体生成的有机合成反应装置的安装和处理方法。

　　(3) 掌握和巩固分液漏斗的使用、重结晶的基本操作。

　　(4) 掌握 Friedel-Crafts 烷基化反应形成碳碳键的原理和实验技术。

二、实验原理

　　Friedel-Crafts 反应是在芳环上引入烷基和酰基最重要的方法,在合成上具有很大的实用价值。Friedel-Crafts 烷基化反应是向芳环引入烃基最重要的方法之一,实验室通常是用芳烃和卤代烷在无水三氯化铝等 Lewis 酸催化下进行反应。本实验用浓 H_2SO_4 代替传统的无水 $AlCl_3$ 作催化剂,合成对二叔丁基苯。反应原理如下:

$$(CH_3)_3CCl \longrightarrow \text{(碳正离子)} + Cl^\ominus \xrightarrow{H^\oplus} HCl \uparrow$$

本实验为 4～5 学时。

三、实验仪器与试剂

仪器:三口圆底烧瓶(19♯,50 mL)、恒压滴液漏斗(19♯)、分液漏斗、温度计(0～300 ℃)、玻璃棒、尾气吸收装置、磁力搅拌器、抽滤瓶、布氏漏斗。

试剂:叔丁基氯、无水苯(A.R.,干燥除去噻吩)、乙醚、乙醇、浓 H_2SO_4 (A.R.)、饱和 NaCl 溶液、无水硫酸镁。

四、实验步骤

1) 对二叔丁基苯的合成

本实验项目装置如图 2-3 所示。在 50 mL 三口圆底烧瓶上安装滴液漏斗和 HCl 吸收装置,依次将无水苯(1.5 mL, 0.017 mol)和叔丁基氯(4.16 g, 0.045 mol)加入三口烧瓶中,在搅拌下用滴液漏斗滴入 0.4 mL 浓 H_2SO_4,控制瓶内温度为 5～10 ℃。反应 20～30 min 后,瓶壁出现白色结晶,当有大量白色固体析出且无 HCl 气体放出时,停止搅拌。

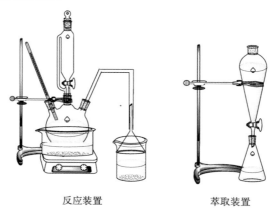

反应装置　　　　　　　萃取装置

图 2-3　实验 5 装置图

2) 对二叔丁基苯的分离

停止搅拌后,放置 10～20 min,将反应物倒入 10 mL 冰水中进行分解。然后转入分液漏斗中,用乙醚(10 mL×2)萃取反应产物,醚层用等体积饱和 NaCl 溶液洗涤后,加入无水硫酸镁干燥,过滤,蒸去溶剂,析出白色固体。用乙醇重结晶,干燥后称量约 2.5 g,产率为 77%。

3) 结构和纯度分析

对产物进行红外光谱分析,初步确证产物的结构。

选择合适的氘代试剂进行 ^{1}H NMR 图谱分析,说明产品结构的正确性。

测定收集的对二叔丁基苯的熔点并与标准数据对照(76～78 ℃)。

五、思考题

(1) 用无水 $AlCl_3$ 作催化剂合成对二叔丁基苯产率低,请分析原因。

(2) 反应中,反应温度为 5～10 ℃是最佳温度。反应温度过高,产品略显黑色,为什么?

（惠永海）

实验 6　肉桂酸的制备

肉桂酸(cinnamic acid)是从肉桂皮或安息香中分离出的有机酸,植物中的苯丙氨酸脱氨降解也可产生肉桂酸。主要用于香精香料、食品添加剂、医药工业、美容、农药、有机合成等方面。

【外观与形状】白色至淡黄色粉末,微有桂皮香气

【密度】1.245 g · cm^{-3}

【熔点】133 ℃

【沸点】300 ℃

【溶解性】不溶于水,溶于大多数有机溶剂

一、实验目的

(1) 学习形成碳碳双键的方法,熟悉 Perkin 反应的原理。

(2) 巩固回流、水蒸气蒸馏、重结晶和脱色等基本实验技术。

(3) 学习有机物的分离和结构鉴定。

二、实验原理

反应机理如下:

$$H_3C \overset{O}{\underset{}{\|}} O \overset{O}{\underset{}{\|}} CH_3 + CH_3CO_2K \rightleftharpoons \left[{}^-H_2C \overset{O}{\underset{}{\|}} O \overset{O}{\underset{}{\|}} CH_3 \longleftrightarrow H_2C \overset{O^-}{\underset{}{\|}} O \overset{O}{\underset{}{\|}} CH_3 \right]$$

$$\text{PhCHO} + {}^-H_2C \overset{O}{\underset{}{\|}} O \overset{O}{\underset{}{\|}} CH_3 \longrightarrow \text{Ph} \overset{O^-}{\underset{}{|}} \overset{O}{\underset{}{\|}} O \overset{O}{\underset{}{\|}} CH_3 \xrightarrow{\text{CH}_3\text{CO}_2\text{H}}$$

$$\text{Ph} \overset{OH}{\underset{}{|}} \overset{O}{\underset{}{\|}} O \overset{O}{\underset{}{\|}} CH_3 \xrightarrow{-H_2O} \text{Ph} \sim\!\!\sim\!\! \overset{O}{\underset{}{\|}} O \overset{O}{\underset{}{\|}} CH_3 \xrightarrow{H_2O} \text{Ph} \sim\!\!\sim\!\! CO_2H + CH_3CO_2H$$

本实验约 6 学时。

三、实验仪器与试剂

仪器：圆底烧瓶（19♯，250 mL）、圆底烧瓶（14♯，25 mL）、回流冷凝管（19♯）、回流冷凝管（14♯）、磁力搅拌器、玻璃棒、水蒸气蒸馏装置、抽滤瓶、显微熔点测定仪。

试剂：苯甲醛（新蒸）、乙酸酐（新蒸）、10％氢氧化钠溶液、盐酸（1∶1）、乙醇水溶液（体积比 3∶1）、无水碳酸钾、活性炭。

四、实验步骤

1）肉桂酸的合成

本实验项目装置如图 2-4 所示。在 250 mL 干燥的圆底烧瓶中依次加入无水碳酸钾（5.0 g，0.05 mol）、苯甲醛（5.3 g，0.05 mol）和乙酸酐（15.3 g，0.15 mol）

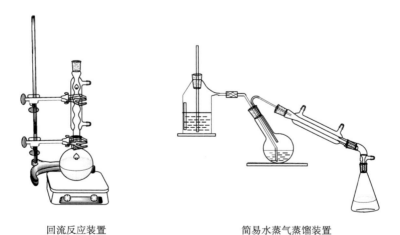

回流反应装置　　　　　　　　　简易水蒸气蒸馏装置

图 2-4　实验 6 装置图

（注意:本反应要求无水），在带磁力搅拌的油浴中加热回流 1 h(150～170 ℃,若加热过于激烈,易使乙酸酐蒸气从冷凝管中逸出)，冷却反应混合物。

2）肉桂酸的分离

在冷却的反应混合物中加入 40 mL 水，浸泡 10 min，并用玻璃棒捣碎圆底烧瓶中的固体，安装好简易的水蒸气蒸馏装置，进行水蒸气蒸馏，直至无油状物蒸出为止。待圆底烧瓶冷却后，加入 40 mL 10%氢氧化钠水溶液，搅拌使生成的肉桂酸钠盐尽量溶于水(pH=8)。再加入 90 mL 水和适量活性炭，加热煮沸脱色，趁热过滤。待滤液冷却至室温后，边搅拌边小心加入盐酸(1∶1)至溶液 pH=1～2，冷却结晶。抽滤，用少许冷水洗涤，烘干后称量得粗产品 3～5 g。粗产品用乙醇水溶液(体积比 3∶1)重结晶。

3）结构和纯度分析

对产物进行红外光谱分析，初步确证产物的结构。

选择合适的氘代试剂进行^{1}H NMR 图谱分析，说明产品结构的正确性。

用显微熔点测定仪测定肉桂酸的熔点，并与标准数据对照。

用薄层色谱法进行产品纯度分析。取适量肉桂酸精密称量，加甲醇制成每 1 mL 含 4 mg 肉桂酸的溶液，作为供试品溶液。按照薄层色谱法(《中华人民共和国药典》2000 年版一部附录 Ⅵ B)试验，分别吸取供试品溶液各 5 μL、15 μL 和 25 μL，分别点于同一以羧甲基纤维素钠为黏合剂的硅胶 GF_{254} 薄层板上，以石油醚(30～60 ℃)-甲酸乙酯-甲酸(体积比 15∶5∶1)混合溶液为展开剂展开，展开完成后取出，晾干，置紫外光灯(254 nm)下检视。供试品色谱中，在肉桂酸点样量分别为 20 μg、60 μg 及 100 μg 时，均未见杂质斑点，即为合格产品。

五、思考题

（1）具有何种结构的醛能进行 Perkin 反应?

（2）本实验中,水蒸气蒸馏蒸去的是什么物质?

（3）写出肉桂酸的立体异构体(顺反异构)。用^{1}H NMR 能否说明本实验中得到的肉桂酸是顺式、反式或是同时存在?请作分析。

（马学兵）

实验 7　环己烯的制备

环己烯(cyclohexene)是一种重要的有机合成原料，如合成萘氨酸、苯酚和环己醇等，还可用作催化剂溶剂、石油萃取剂和高辛烷值汽油稳定剂。

【外观与形状】无色液体，有特殊刺激性气味

【密度】0.81 g·cm^{-3}

【熔点】-103.7 ℃

【沸点】83 ℃

【折射率 n_D^{20}】1.4465

【闪点】<-20 ℃

【溶解性】溶于大多数有机溶剂,微溶于水

一、实验目的

(1)熟悉碳碳双键的制备方法:醇脱水和卤代烷脱卤化氢。

(2)掌握单分子消除反应 E1 和双分子消除反应 E2 的反应机理。

(3)掌握分液漏斗等的使用及基本操作。

二、实验原理

由环己醇与硫酸反应制得环己烯的反应机理如下:

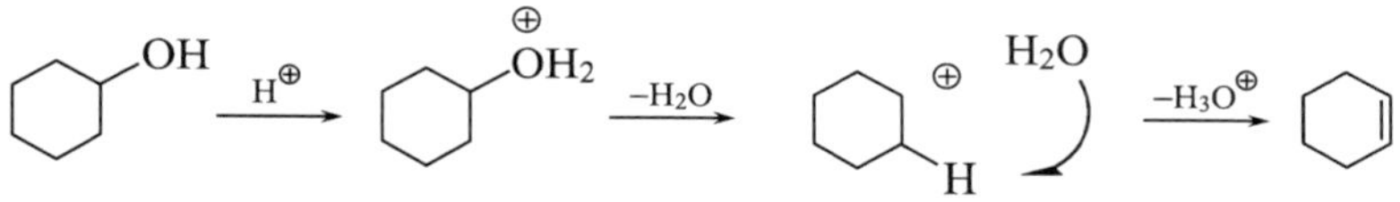

本实验约 6 学时。

三、实验仪器与试剂

仪器:圆底烧瓶(19♯,50 mL 2 个)、分馏柱(19♯)、直形冷凝管(19♯)、接引弯管、锥形瓶(19♯,50 mL 3 个)、分液漏斗、温度计(0～300 ℃)、电热套。

试剂:环己醇、浓硫酸、5%碳酸钠水溶液、氯化钠、无水氯化钙。

四、实验步骤

1)环己烯的合成

本实验项目装置如图 2-5 所示。在 50 mL 干燥圆底烧瓶中加入环己醇(10 g,10.4 mL, 0.10 mol)、浓硫酸(0.8 mL)和几粒沸石,充分摇振使之混合均匀。烧瓶上装一短的分馏柱,接上冷凝管,接收瓶浸在冷水中冷却。将烧瓶在电热套上缓缓加热至水沸腾,控制分馏柱顶部的馏出温度不超过 90 ℃,当烧瓶中只剩下少量残液并出现阵阵白雾时,即可停止蒸馏,约需 1 h。

2)环己烯的分离

馏出液中加入 15 mL 饱和氯化钠溶液,用 2～3 mL 5%的碳酸钠溶液中和微量的酸。将液体转入分液漏斗中,振荡后静置分层,分出有机相,用约 1 g 无水氯

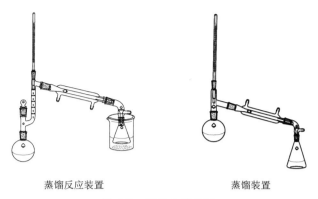

蒸馏反应装置　　　　　　　　　　　　　蒸馏装置

图 2-5　实验 7 装置图

化钙干燥有机相。待溶液清亮透明后过滤,水浴蒸馏,收集 80～85 ℃的馏分。若蒸出产品混浊,必须重新干燥后再蒸馏,产量约 5 g。

3）结构和纯度分析

对产物进行红外光谱分析,初步确证产物的结构。

选择合适的氘代试剂进行[1]H NMR 图谱分析,说明产品结构的正确性。

测定收集的环己烯的沸点并与标准数据对照。

五、思考题

（1）在粗制环己烯中加入食盐使水层饱和的目的是什么？

（2）在蒸馏终止前出现的阵阵白雾是什么？

（3）写出无水氯化钙吸水后的化学变化方程式。为什么蒸馏前一定要将它过滤掉？

（惠永海）

实验 8　苯亚甲基苯乙酮的制备

苯亚甲基苯乙酮又名查耳酮(chalcone),是一种重要的有机合成中间体,可用于香料和药物等精细化学品的合成。

【外观】淡黄色斜方或菱形结晶

【密度】1.071 g・cm^{-3}

【熔点】57～58 ℃

【沸点】208 ℃(25 mmHg)

【折射率 n_D^{62}】1.6458

【溶解性】易溶于醚、氯仿、二硫化碳和苯,微溶于醇,难溶于冷石油醚

一、实验目的

（1）学习通过酮醛缩合构建碳碳双键的方法。

（2）巩固恒压滴液漏斗的使用和重结晶等基本操作技术。

（3）学习有机物的分离和结构鉴定。

二、实验原理

苯甲醛与苯乙酮在 10% 氢氧化钠溶液催化下发生缩合,反应机理如下:

本实验约 6 学时。

三、实验仪器与试剂

仪器:三口烧瓶(19♯,100 mL)、滴液漏斗、温度计(0～300 ℃)、玻璃棒、磁力搅拌器、抽滤瓶、布氏漏斗。

试剂:苯甲醛、苯乙酮、乙醇、10% 氢氧化钠溶液。

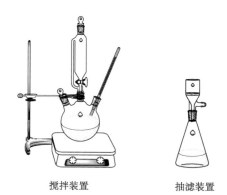

搅拌装置　　　　　抽滤装置

图 2-6　实验 8 装置图

四、实验步骤

1) 苯亚甲基苯乙酮的合成

本实验项目装置如图 2-6 所示。在 100 mL 三口烧瓶中,加入 10% 氢氧化钠溶液(12.5 mL)、乙醇(8 mL)和苯乙酮(3.0 mL,3.2 g,0.027 mol)。搅拌下由滴液漏斗滴加苯甲醛(2.8 mL,2.9 g,0.025 mol),控制滴加速度,保持反应温度为25～30 ℃(必要时用冷水浴冷却)。滴加完毕后,继续保持此温度搅拌 0.5 h。然后加入几粒苯亚甲

基苯乙酮作为晶种,室温下继续搅拌 1～1.5 h,即有固体析出。反应结束后将三口烧瓶置于冰水浴中冷却 15～30 min,使结晶完全。

2）苯亚甲基苯乙酮的分离

减压抽滤,用水充分洗涤至洗涤液对石蕊试纸显中性。然后用少量冷乙醇(2～3 mL)洗涤结晶,挤压抽干,得苯亚甲基苯乙酮粗品。粗产物用 95％乙醇重结晶(每克产物需 4～5 mL 溶剂),若溶液颜色较深可加少量活性炭脱色,得浅黄色片状结晶约 3 g。

3）结构和纯度分析

对产物进行红外光谱分析,初步确证产物的结构。

选择合适的氘代试剂进行 ^{1}H NMR 图谱分析,说明产品结构的正确性。

测定收集的苯亚甲基苯乙酮的熔点并与标准数据对照。

五、思考题

（1）在苯亚甲基苯乙酮合成反应中,若将稀碱换成浓碱可以吗？为什么？

（2）本合成反应中,先加苯甲醛,后加苯乙酮可以吗？为什么？

（3）在产品抽滤后,用水洗涤的目的是什么？

（4）本实验中可能会产生哪些副反应？实验中采取了哪些措施来避免副产物的生成？

（惠永海）

实验 9　反-1,2-二苯乙烯的制备

反-1,2-二苯乙烯（1,2-diphenylethylene）是一种有机合成原料,可制二苯乙炔,作闪烁试剂,也用于合成荧光增白剂及染料。

【外观】无色针状结晶

【密度】1.028 g·cm^{-3}

【熔点】124～125 ℃

【沸点】305～307 ℃（744 mmHg）

【折射率 n_D^{17}】1.6264

【溶解性】不溶于水,微溶于乙醇,可溶于醚和苯,能随水蒸气挥发

一、实验目的

（1）掌握 Wittig 反应合成烯烃的原理和方法。

（2）巩固分液操作等基本操作。

二、实验原理

本实验通过苄氯与三苯基膦作用,生成氯化苄基三苯基膦,再在碱存在下与苯甲醛作用,制备 1,2-二苯乙烯。第二步是两相反应,季磷盐起相转移催化剂和试剂的作用,反应可顺利进行,具有操作简便、反应时间短等优点。反应机理如下:

$$(C_6H_5)_3P + ClCH_2C_6H_5 \xrightarrow{\triangle} (C_6H_5)_3^+PCH_3C_6H_5^-Cl \xrightarrow{NaOH}$$

$$(C_6H_5)_3P = CHC_6H_5 \xrightarrow{C_6H_5CH=O} \begin{array}{c} C_6H_5 \quad H \\ \diagdown C=C \diagup \\ H \quad C_6H_5 \end{array} + (C_6H_5)_3PO$$

本实验约 9 学时。

三、实验仪器与试剂

仪器:圆底烧瓶(19♯,50 mL 2 个)、球形冷凝管(19♯)、直形冷凝管(19♯)、接引管、干燥管、抽滤瓶、布氏漏斗、锥形瓶(19♯,50 mL 3 个)、分液漏斗、温度计(0~300 ℃)、玻璃棒、磁力搅拌器、电热套。

试剂:苄氯、苯甲醛、氯仿、乙醚、二氯甲烷、三苯基膦、甲苯、二甲苯、95%乙醇、50%氢氧化钠溶液、无水硫酸镁。

四、实验步骤

1)氯化苄基三苯基膦的合成

本实验项目装置如图 2-7 所示。在 50 mL 圆底烧瓶中依次加入苄氯(3 g,2.8 mL,0.024 mol)、三苯基膦(6.2 g,0.024 mol)和氯仿(20 mL),装上带有干燥管的回流冷凝管,水浴上回流 2~3 h。反应完成后改为蒸馏装置,蒸出氯仿。

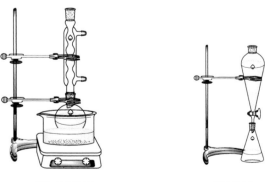

回流反应装置   萃取装置

图 2-7 实验 9 装置图

向烧瓶中加入二甲苯(5 mL),充分摇振混合,抽滤。用少量甲苯洗涤结晶,于110 ℃烘箱中干燥 1 h,得 7 g 季磷盐。产品为无色晶体,熔点 310~312 ℃,贮于干燥器中备用。

2) 反-1,2-二苯乙烯的合成与分离

在 50 mL 圆底烧瓶中加入氯化苄基三苯基膦(5.8 g)和苯甲醛(1.6 g,1.5 mL,0.015 mol),装上回流冷凝管。在磁力搅拌器的充分搅拌下,自冷凝管顶部滴入 50%氢氧化钠溶液(7.5 mL),约 15 min 滴完。加完后,继续搅拌 0.5 h。

将反应混合物转入分液漏斗,加入 10 mL 水和 10 mL 乙醚,摇振后分出有机层,水层用乙醚(10 mL×2)萃取,合并有机层和乙醚萃取液,用水(10 mL×3)洗涤、无水硫酸镁干燥。滤去干燥剂,在水浴上蒸去有机溶剂。残余物加入 95%乙醇加热溶解(约需 10 mL),然后置于冰浴中冷却,析出反-1,2-二苯乙烯结晶。抽滤,干燥后称量,产量约 1 g。进一步纯化可用甲醇-水重结晶。

3) 结构和纯度分析

对产物进行红外光谱分析,初步确证产物的结构。

选择合适的氘代试剂进行¹H NMR 图谱分析,说明产品结构的正确性。

测定收集的反-1,2-二苯乙烯的熔点并与标准数据对照。

五、思考题

(1) 三苯亚甲基膦能与水发生反应,三苯亚苄基膦则在水存在下可与苯甲醛反应,并主要生成烯烃,试比较两者的亲核活性并从结构上加以说明。

(2) 为什么 Wittig 反应中要除去苯甲醛中所含的苯甲酸?

(惠永海)

实验 10　3-(α-呋喃基)丙烯酸的制备

3-(α-呋喃基)丙烯酸[3-(2-furyl)acrylic acid]是治疗血吸虫病药物呋喃丙胺的中间体,还用于制取庚酮二酸、庚二酸、乙烯呋喃及其酯类等。

【外观】白色粉末或针状结晶

【熔点】140~143 ℃

【沸点】286 ℃（760 mmHg）

【溶解性】溶于乙醇、乙醚、苯和乙酸;1 g·(500 mL 水)⁻¹(15℃),不溶于二硫化碳

一、实验目的

（1）掌握用 Perkin 反应制备 α,β-不饱和芳香酸。

（2）巩固回流和重结晶等基本操作。

二、实验原理

芳香醛和酸酐在碱性催化剂的作用下发生类似羟醛缩合的反应,生成 α,β-不饱和芳香酸,这个反应称为 Perkin 反应。催化剂通常是相应酸酐的羧酸盐（钠或钾盐）,也可以用碳酸钾或叔胺。反应机理如下:

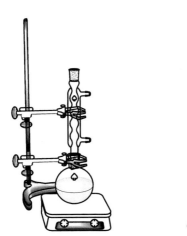

本实验约 6 学时。

三、实验仪器与试剂

仪器:圆底烧瓶（19♯,50 mL 2 个）、空气冷凝管（19♯）、烧杯（250 mL）、抽滤瓶、布氏漏斗、玻璃棒、磁力搅拌器、电热套。

试剂:呋喃甲醛、乙酸酐、浓盐酸、1∶3 乙醇水溶液、无水碳酸钾、碳酸钠、活性炭、广泛 pH 试纸。

四、实验步骤

1）3-(α-呋喃基)丙烯酸的合成

本实验项目装置如图 2-8 所示。在 50 mL 圆底烧瓶中依次加入呋喃甲醛

回流反应装置　　　　　抽滤装置

图 2-8　实验 10 装置图

(5 mL，0.060 mol)、乙酸酐(14 mL，0.15 mol)、无水碳酸钾(6 g，0.044 mol)，装上空气冷凝管，搅拌下加热回流 1.5 h(搅拌防止过度焦化)。反应开始时应控制加热速度(由于逸出二氧化碳，最初有泡沫出现)。

2）3-(α-呋喃基)丙烯酸的分离

用玻璃棒搅拌下趁热将反应物倒入盛有 100 mL 蒸馏水的烧杯中，用固体碳酸钠中和至弱碱性，加入活性炭后煮沸 5～10 min，趁热过滤。滤液在冰水浴中边搅拌边滴加 20％盐酸至 pH＝3，使 3-(α-呋喃基)丙烯酸完全析出，抽滤，用少量蒸馏水洗涤 2 次(体积尽量少)。粗产品用适量 1：3 乙醇水溶液重结晶，抽滤，洗涤，尽量抽干，烘干，得无色针状晶体，熔点137～138 ℃。

3）结构和纯度分析

对产物进行红外光谱分析，初步确证产物的结构。

选择合适的氘代试剂进行 ^{1}H NMR 和 IR 图谱分析，说明产品结构的正确性。

五、思考题

(1) 反应中为什么要使用无水碳酸钾？为什么在水溶液中加浓盐酸可使 3-(α-呋喃基)丙烯酸析出呢？

(2) 请查阅资料，列举碳氧双键转化为碳碳双键的方法。

(3) 用电热套长时间加热有机物时，为防止产品焦化严重，应该采取哪些措施？

（惠永海）

实验 11　二苯乙炔的制备(一)

二苯乙炔(diphenylacetylene)是取代茚和偶苯酰的合成前体，可以进行环加成反应。由于对称性和高度的平面性，二苯乙炔是非常好的 Lewis 酸，在金属有机化学中也是很好的配体。

【外观】无色固体

【密度】0.990 g·cm^{-3}

【熔点】62.5 ℃

【沸点】300 ℃（760 mmHg）

【溶解性】溶于热乙醇及乙醚，不溶于水

一、实验目的

(1) 掌握由二卤代烷制备炔的合成原理和操作方法。

（2）掌握烯烃加成和卤代烃消除的反应机理。

（3）巩固加热回流和萃取等基本操作。

二、实验原理

以 1,2-二苯乙烯为原料与溴加成得二卤化物,再在强碱条件下脱卤素制得,反应机理如下：

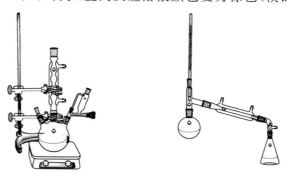

本实验约 6 学时。

三、实验仪器与试剂

仪器：三口烧瓶（19♯,100 mL）、圆底烧瓶（19♯,50 mL）、锥形瓶（19♯,50 mL 2 个）、回流冷凝管（19♯）、直形冷凝管（19♯）、接液管（19♯）、抽滤瓶、布氏漏斗、温度计、滴液漏斗、分液漏斗（250 mL）、磁力搅拌器、电热套。

试剂：二苯乙烯、乙醇、乙醚、30％双氧水、48％HBr、叔丁醇钾、四氢呋喃、碳酸氢钠、氯化钠、无水硫酸镁、广泛 pH 试纸。

四、实验步骤

1）1,2-二溴二苯乙烯的合成

本实验项目装置如图 2-9 所示。在三口烧瓶中加入二苯乙烯（3.0 mL, 16.8 mmol）和 60 mL 乙醇,搅拌均匀,在 80 ℃缓慢滴加 48％HBr（7.2 mL）,用时约30 min,再滴加 30％双氧水,直到反应溶液颜色变为棕色（溴的特征颜色）为止

回流反应装置　　　　　　　蒸馏装置

图 2-9　实验 11 装置图

（约需双氧水 4.8 mL）。继续搅拌，直到颜色消失。停止加热，冷却至室温，用 NaHCO₃ 水溶液调节 pH 为 6,得粗产物 1,2-二溴二苯乙烯,过滤,用水充分洗涤,并在空气中干燥。

2) 二苯乙炔的合成

在氮气保护下,在 100 mL 干燥的圆底烧瓶中加入上述二溴化物(2.23 g, 6.55 mmol)和 200 mL 无水四氢呋喃。当固体全部溶解后,加入 t-BuOK (1.62 g, 14.4 mmol),并将该混合物在室温下搅拌 30 min。然后将反应液倒入 200 mL 水中,搅拌均匀后将溶液倒入分液漏斗中,用 100 mL 乙醚萃取两次。合并乙醚萃取液,用氯化钠饱和,最后用无水硫酸镁干燥。过滤,蒸去乙醚,得到无色结晶固体 1.12 g(96%),测其熔点为 58～60 ℃。

3) 结构和纯度分析

对产物进行红外光谱分析,初步确证产物的结构。

选择合适的氘代试剂进行 ¹H NMR 和 IR 图谱分析,说明产品结构的正确性。

五、思考题

(1) 在 1,2-二溴二苯乙烯的合成中,滴加双氧水的作用是什么？ 为什么选择用 NaHCO₃ 水溶液调节 pH？

(2) 萃取的有机层为什么要用食盐饱和？

（惠永海）

实验 12　二苯乙炔的制备（二）

一、实验目的

(1) 熟悉用苯偶酰腙制备炔的合成方法,掌握碳碳叁键的化学性质。

(2) 掌握减压蒸馏操作。

二、实验原理

反应机理如下：

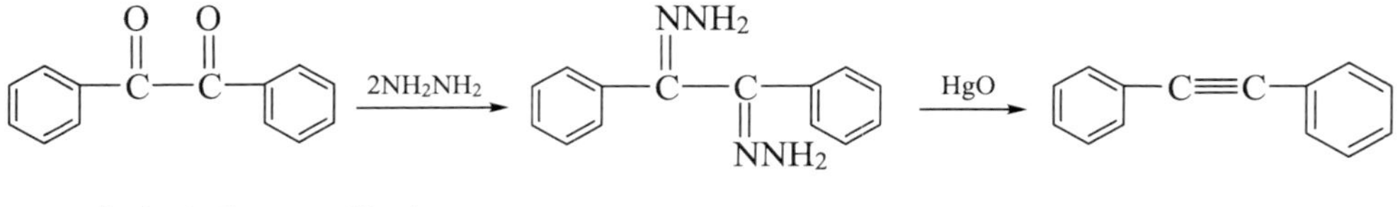

本实验需 7～8 学时。

三、实验仪器与试剂

仪器:圆底烧瓶(19♯,100 mL 4 个)、球形冷凝管(19♯)、直形冷凝管(19♯)、抽滤瓶、布氏漏斗、分液漏斗(250 mL)、减压蒸馏装置、磁力搅拌器、电热套。

试剂:二苯基乙二酮、正丙醇、85％水合肼、无水乙醇、95％乙醇、苯、氧化汞、无水硫酸钠。

四、实验步骤

1) 苯偶酰腙的合成

本实验项目装置如图 2-10 所示。在 100 mL 圆底烧瓶中加入二苯基乙二酮(10.5 g,0.05 mol)、正丙醇(32.5 mL)和 85％的水合肼(7.6 g,0.13 mol),装上回流冷凝管,用电热套加热回流 60 h。反应完毕后,冷却至室温,过滤,用 20 mL 冷的乙醇洗涤产品,空气干燥 1 h,得苯偶酰腙 10～10.6 g,收率83％～89％,熔点 150～151.5 ℃。

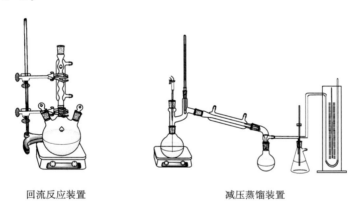

回流反应装置　　　　　　　　　　减压蒸馏装置

图 2-10　实验 12 装置图

2) 二苯乙炔的合成

在 100 mL 三口烧瓶中加入上述腙及 48 mL 苯,搅拌下加入氧化汞 0.2～0.4 g,稍稍加热,则有 N_2 逸出,反应物变灰,达到微沸,然后不断地加入小份 0.2～0.4 g 氧化汞,总共加入 24 g 氧化汞(0.11 mol),加完继续搅拌 1 h,放置过夜。过滤,将滤饼用 10 mL 苯洗涤,合并滤液和洗液,用无水硫酸钠干燥,减压蒸馏,收集 95～105 ℃/0.2～0.3 mmHg 的馏分,得产品 6～6.5 g,收率 67％～73％,产物可用 95％乙醇重结晶精制。

3）结构和纯度分析

对产物进行红外光谱分析,初步确证产物的结构。

选择合适的氘代试剂进行 ^{1}H NMR 和 IR 图谱分析,说明产品结构的正确性。

五、思考题

（1）在反应中,为什么加入氧化汞后反应物变灰？在加入氧化汞的过程中,为什么要分小份加入,而不能直接一次性加入氧化汞？

（2）此实验中应该采取哪些安全措施？

（惠永海）

实验 13　内型双环[2.2.1]-2-庚烯-5,6-二羧酸酐的制备

内型双环[2.2.1]-2-庚烯-5,6-二羧酸酐(endic anhydride)又名降冰片烯二酸酐。对皮肤黏膜有刺激作用,广泛用于清漆、磁漆、醇酸树脂涂料,农药原料,脲醛树脂、三聚氰胺树脂、松脂等的改性剂,橡胶硫化调节剂,树脂增塑剂,表面活性剂等。

【外观】白色柱状结晶

【密度】$1.417 \text{ g} \cdot \text{cm}^{-3}$

【熔点】$164 \sim 165 \text{ ℃}$

【溶解性】微溶于石油醚,溶于苯、甲苯等

一、实验目的

（1）熟悉周环反应,学会内型双环[2.2.1]-2-庚烯-5,6-二羧酸酐的合成方法。

（2）巩固重结晶等基本操作。

（3）了解双环[2.2.1]-2-庚烯-5,6-二羧酸酐的用途。

二、实验原理

反应机理如下:

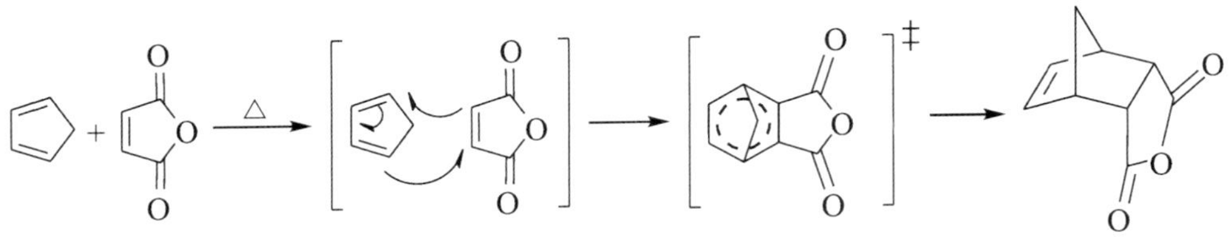

本实验约需 4 学时。

三、实验仪器与试剂

仪器：圆底烧瓶（19♯，50 mL）、球形冷凝管、玻璃棒、抽滤瓶、布氏漏斗。
试剂：环戊二烯、马来酸酐、乙酸乙酯、石油醚。

四、实验步骤

1）内型双环[2.2.1]-2-庚烯-5,6-二羧酸酐的合成

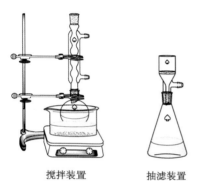

搅拌装置　　　　抽滤装置

图 2-11　实验 13 装置图

本实验项目装置如图 2-11 所示。在 50 mL 干燥的圆底烧瓶中加入马来酸酐（2 g，0.02 mol）和乙酸乙酯（7 mL），水浴上温热使之溶解。然后加入 7 mL 石油醚，混合均匀后将此溶液置于冰浴中冷却。随后再加入新蒸的环戊二烯（2 mL，0.024 mol），在冰水浴中振荡烧瓶，直至放热反应完成，析出白色结晶。将反应混合物在水浴上加热使固体重新溶解，再让其缓慢冷却，得到内型双环[2.2.1]-2-庚烯-5,6-二羧酸酐的白色针状结晶。抽滤，干燥后得产物约 2 g，熔点 163～164 ℃。

2）内型双环[2.2.1]-2-庚烯-5,6-二羧酸酐的纯化

取 1 g 酸酐置于锥形瓶中，加入 15 mL 水，加热至沸腾使固体和油状物完全溶解后，让其自然冷却，必要时用玻璃棒摩擦瓶壁促使结晶。得到白色棱状结晶 0.5 g 左右。

3）结构和纯度分析

对产物进行红外光谱分析，初步确证产物的结构。

选择合适的氘代试剂进行 ^{1}H NMR 图谱分析，说明产品结构的正确性。

测定收集的内型双环[2.2.1]-2-庚烯-5,6-二羧酸酐的熔点并与标准数据对照。

五、思考题

（1）环戊二烯为什么容易二聚和发生 Diels-Alder 反应？

（2）本实验对温度有什么要求？为什么？

（惠永海）

实验 14　2,5-二甲基吡咯的制备

2,5-二甲基吡咯(2,5-dimethylpyrrole)是一种天然等同香料和人造香料。

【外观】无色至带黄色油状液体,在空气中可成红色树脂状物

【密度】$0.935 \sim 0.945 \text{ g} \cdot \text{cm}^{-3}$

【沸点】165 ℃

【折射率 n_{D}^{20}】$1.503 \sim 1.5063$

【溶解性】混溶于乙醇和乙醚,极难溶于水

一、实验目的

(1)学习五元环杂环化合物的合成方法。

(2)巩固减压蒸馏等基本实验操作。

(3)学习反应中气体保护的实验技术。

二、实验原理

二甲基吡咯极易氧化,在整个反应中使用氮气保护,产品于深色瓶内低温保存。反应原理如下:

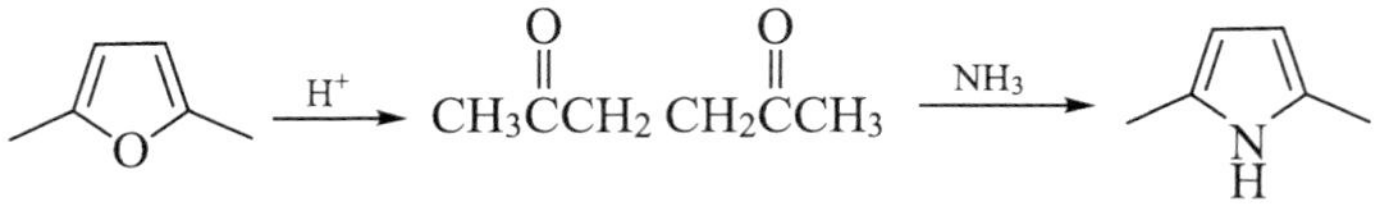

$$\text{（2,5-二甲基呋喃）} \xrightarrow{H^+} \underset{\text{O}}{CH_3CCH_2} \ \underset{\text{O}}{CH_2CCH_3} \xrightarrow{NH_3} \text{（2,5-二甲基吡咯）}$$

本实验约需 6 学时。

三、实验仪器与试剂

仪器:圆底烧瓶(19♯,50 mL)、空气冷凝管(19♯)、分液漏斗、温度计(0～300 ℃)、油浴锅、磁力搅拌器、电热套、常压蒸馏装置、减压蒸馏装置。

试剂:2,5-己二酮、氯仿、碳酸铵、无水氯化钙、氮气。

四、实验步骤

1)2,5-二甲基吡咯的合成

本实验项目装置如图 2-12 所示。在 50 mL 圆底烧瓶中,加入 2,5-己二酮(10 g, 0.088 mol)和碳酸铵(20 g, 0.18 mol),装上空气冷凝管,在 100 ℃油浴下加热搅拌,直到有气泡产生(1～1.5 h)。升温,于 115 ℃条件下回流 30 min(回流过程中碳酸铵有升华现象,用玻璃棒将碳酸铵推回反应瓶中),冷却。

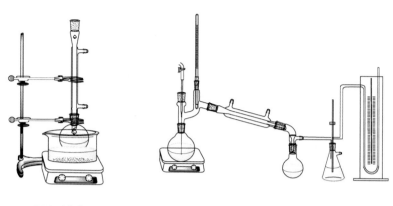

回流反应装置　　　　　　　　　　减压蒸馏装置

图 2-12　实验 14 装置图

2）2,5-二甲基吡咯的分离

冷却的反应液若因固体影响分离，可加入适量的水。分出上层有机层，下层用 15 mL 的氯仿萃取，合并有机层。有机层用氮气置换保护，无水氯化钙干燥。过滤除去干燥剂，氮气保护下常压蒸馏蒸去氯仿，然后减压蒸馏收集 51～53 ℃/8 mmHg馏分，得 6.8～7.2 g，收率 81%～86%。

3）结构和纯度分析

对产物进行红外光谱分析，初步确证产物的结构。

选择合适的氘代试剂进行¹H NMR 图谱分析，说明产品结构的正确性。

五、思考题

（1）为什么在油浴回流过程中反应瓶口会有白色固体生成？是什么物质？如何操作？

（2）整个反应操作中为什么要使用氮气保护？

（惠永海）

实验 15　1-苯基-3-甲基-5-吡唑啉酮的制备

1-苯基-3-甲基-5-吡唑啉酮（3-methyl-1-phenyl-2-pyrazolin-5-one）是制备吡唑啉酮染料和药物等的中间体。

【外观】浅黄色结晶粉末

【密度】1.17 g·cm⁻³

【熔点】127～131 ℃

【沸点】287 ℃（265 mmHg）

【溶解性】3 g・L^{-1}水（20 ℃）

一、实验目的

（1）学习五元环杂环化合物的合成方法。

（2）巩固回流、蒸馏和重结晶等基本实验操作。

二、实验原理

反应方程式如下：

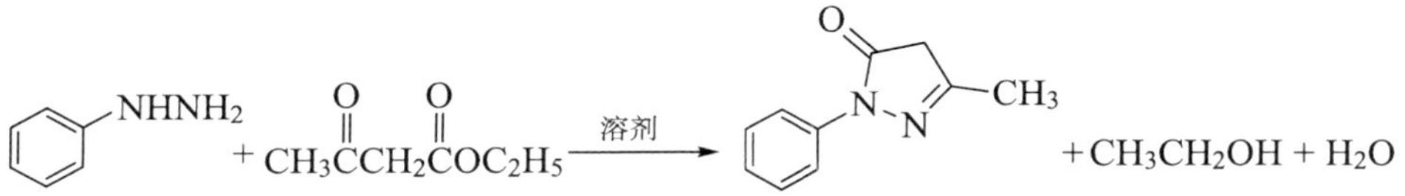

本实验约需 9 学时。

三、实验仪器与试剂

仪器：三口烧瓶（19♯，100 mL）、圆底烧瓶（19♯，50 mL）、球形冷凝管（19♯）、直形冷凝管（19♯）、滴液漏斗、温度计（0～300 ℃）、油浴锅、磁力搅拌器、烧杯（250 mL）、玻璃棒、常压蒸馏装置、布氏漏斗、抽滤瓶。

试剂：苯肼、乙酰乙酸乙酯、无水乙醇。

四、实验步骤

1）1-苯基-3-甲基-5-吡唑啉酮的合成

本实验项目装置如图 2-13 所示。在 100 mL 三口烧瓶中加入苯肼（16.2 g，0.15 mol）和无水乙醇（50 mL），装上回流冷凝管，磁力搅拌下加热至 60 ℃时，然后由滴液漏斗中滴加乙酰乙酸乙酯（20.5 g，0.158 mol），在 1.5 h 内滴加完毕（控制此时的反应温度为 60～75 ℃），滴完后继续搅拌回流 7 h。反应完毕，待反应液冷却后改为蒸馏装置，蒸出溶剂乙醇 25 mL，冷却，结晶，析出浅黄色固体。

2）1-苯基-3-甲基-5-吡唑啉酮的纯化

将粗产品用无水乙醇重结晶，烘干即得纯品，收率 80%～91%，熔点 127～128 ℃。

3）结构和纯度分析

对产物进行红外光谱分析，初步确证产物的结构。

选择合适的氘代试剂进行^{1}H NMR 图谱分析，说明产品结构的正确性。

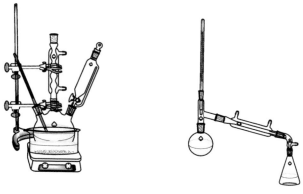

回流反应装置　　　　　　　　　常压蒸馏装置

图 2-13　实验 15 装置图

五、思考题

（1）乙酰乙酸乙酯在合成上有什么用途？

（2）为什么反应温度必须控制在 60～75 ℃？

（惠永海）

第3章 有机官能团的引入和转化

学习指导

官能团是决定有机化合物化学性质的原子或原子团,常见官能团有双键、羟基、羰基及羧基等,这些官能团决定了卤代烃、醇、醛、酮、胺类等化合物的化学性质。学习和掌握在分子结构中引入各类官能团的方法是合成某一分子结构的基础,从而制备出满足实际需求的有机化合物。请查阅资料,系统掌握在分子结构中引入各类有机官能团的方法。

官能团的转化是在不改变分子骨架结构和官能团位置的情况下,实现各类官能团之间的相互转化,涉及的有机化学反应多,所以要系统学习各类官能团间的转化规律,多理解、记忆一些经典的有机人名反应。

在具体实验项目中,要注重有机化合物的结构鉴定方法,说明合成化合物结构的正确性,特别是 ^{1}H NMR、IR 和 MS 的应用。

炔烃的转换

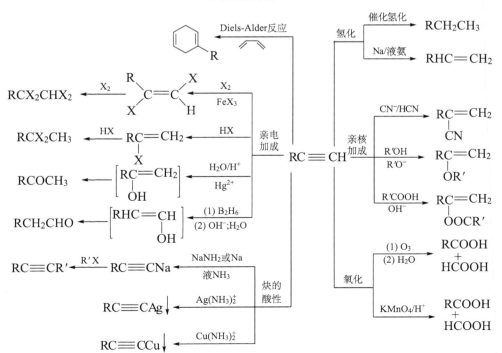

　　官能团是决定有机化合物物理性质和化学性质的关键,在学习中要善于从官能团的结构出发,分析和理解化合物的理化性质。官能团的引入与转换是有机合成的重要工作之一。下面以关系图的方式列举一些基本官能团的转换。

醇羟基的转换反应

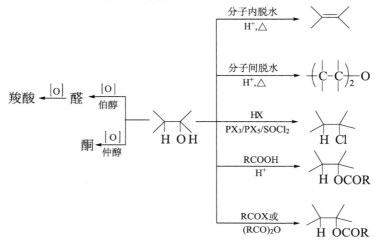

氨基的转换反应

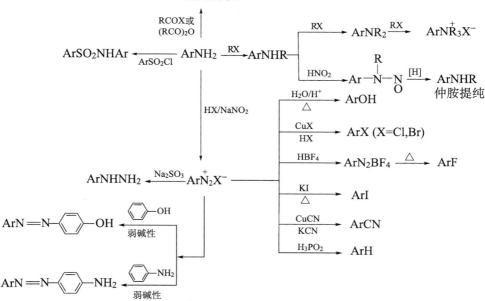

羧酸及其衍生物的转换反应

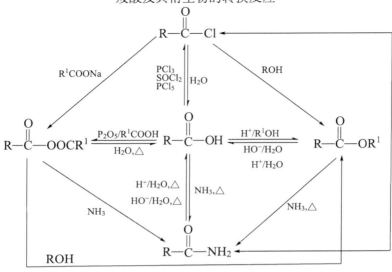

硝基的转换反应

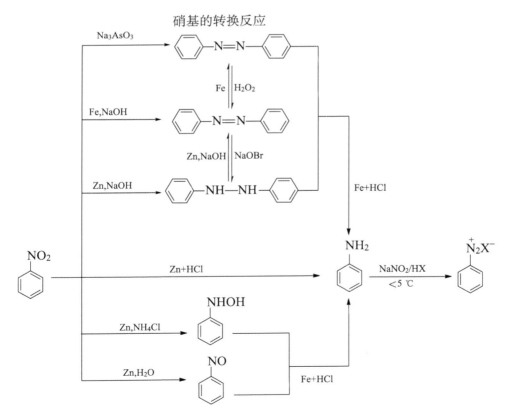

醛、酮羰基的转换反应

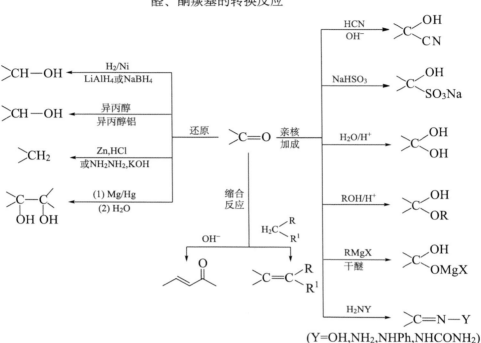

实验 16　正丁醚的制备

正丁醚(butyl ether)用作溶剂、电子清洗剂、有机合成的上游原料。

【外观】透明液体,具有类似水果的气味,微有刺激性

【密度】0.7704 g·cm^{-3}

【熔点】—98 ℃

【沸点】142 ℃

【溶解性】几乎不溶于水

一、实验目的

(1) 了解醚的制备方法,熟悉 Williamson 反应的原理。

(2) 学习分水器的实验操作,巩固萃取、蒸馏等基本实验技术。

(3) 掌握醇分子间脱水制备醚的反应原理和实验方法。

二、实验原理

醇分子间脱水生成醚是制备简单醚常用的方法。用硫酸作为催化剂,在不同

温度下正丁醇和硫酸作用生成的产物不同,主要是正丁醚和丁烯,反应要严格控制温度。反应原理如下:

主反应:

$$CH_3CH_2CH_2CH_2OH + H_2SO_4 \xrightarrow{135\ ℃} CH_3CH_2CH_2CH_2OCH_2CH_2CH_2CH_3 + H_2O$$

副反应:

$$CH_3CH_2CH_2CH_2OH + H_2SO_4 \xrightarrow{>140\ ℃} CH_3CH_2CH=CH_2 + CH_3CH=CHCH_3 + H_2O$$

本实验约需 6 学时。

三、实验仪器与试剂

仪器:三口烧瓶(19♯,50 mL)、圆底烧瓶(19♯,25 mL)、回流冷凝管(19♯)、分水器(19♯)、蒸馏装置、分液漏斗。

试剂:正丁醇(新蒸)、浓硫酸、无水氯化钙、5%氢氧化钠溶液、饱和氯化钙溶液。

四、实验步骤

1) 正丁醚的合成

本实验项目装置如图 3-1 所示。将 16 mL 正丁醇、2.5 mL 浓硫酸和沸石加入 50 mL 的三口烧瓶中,摇匀后按图安装仪器[1]。分水器内加水至支管后放去约 1.6 mL水[2]。开始小火加热,保持瓶内液体微沸回流,随着反应进行,回流液经冷凝管收集到分水器中,分液后水层在下层,上层有机相积至分水器支管时又流回烧瓶。当烧瓶内反应物温度上升到 135 ℃ 左右[3],分水器被水充满时,即可停止反应,大约 1.5 h。时间过长温度过高,则反应液变黑并有较多的副产物生成。

分水反应装置

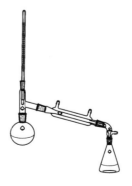
蒸馏装置

图 3-1　实验 16 装置图

2）正丁醚的分离

将冷却后的反应液倒入盛有 25 mL 水的分液漏斗中,充分振摇,静置分层后弃去水层,有机层依次用 13 mL 水、10 mL 5％的氢氧化钠溶液[4]、10 mL 水和 10 mL饱和氯化钙溶液洗涤,然后用 1 g 无水氯化钙干燥。

干燥后的产物滤入 25 mL 干燥蒸馏烧瓶中,蒸馏收集 140~144 ℃的馏分,产量 4~5 g。

3）结构和纯度分析

对产物进行红外光谱分析,初步确证产物的结构。

选择合适的氘代试剂进行[1]H NMR 图谱分析,说明产品结构的正确性。

【注释】

［1］加料时,正丁醇和浓硫酸应充分摇匀,否则硫酸局部过浓,加热后易使溶液变黑。

［2］按反应式计算,生成的水的量约为 1.6 mL,实际分出的水的体积略大于计算量,因为有单分子脱水得到的副产物。

［3］正丁醚制备实验的适宜温度是 130~145 ℃,但开始回流时很难达到这一温度,这是因为正丁醚、正丁醇和水之间可以形成共沸物。正丁醚和水可形成共沸物(沸点 94.1 ℃,含水 33.4％),正丁醚和正丁醇可形成共沸物(沸点 117.6 ℃,含正丁醇 82.5％),正丁醚还能和正丁醇、水形成三元共沸物(沸点 90.6 ℃,含水 29.9％,正丁醇 34.6％),正丁醇和水也能形成共沸物(沸点 93 ℃,含水 44.5％)。因此,反应温度应控制在 90~100 ℃比较合适,而实际操作时的温度为 100~115 ℃。

［4］在用碱洗过程中,不要剧烈地摇动分液漏斗,否则生成乳浊液使分离困难。

五、思考题

（1）如何知道该反应已经完成?

（2）使用分水器的目的是什么?

（3）本实验中理论计算应分出多少水?实际上往往超过理论值,为什么?

（4）反应结束后为什么要将反应物倒入水中?各步洗涤的目的是什么?

（解正峰）

实验 17　乙醚的制备

乙醚(ether)是一种优良溶剂,在医药工业上用作药物生产的萃取剂和医疗上的麻醉剂,在毛纺、棉纺工业上用作油污洁净剂,火药工业上用于制造无烟火药。

【外观与形状】无色透明液体,有特殊刺激气味,带甜味,极易挥发

【密度】0.7134 g·cm^{-3}

【熔点】-116.3 ℃

【沸点】34.6 ℃

【溶解性】溶于低碳醇、苯、氯仿、石油醚和油类,微溶于水

一、实验目的

(1) 学习形成碳氧碳键的方法,熟悉醇分子间脱水反应的原理。

(2) 巩固萃取、低沸点溶剂的蒸馏等基本实验技术。

二、实验原理

简单醚是通过酸催化下醇的分子间脱水反应制备的,反应原理如下:

主反应:

$$C_2H_5OH + H_2SO_4 \xrightleftharpoons{100\sim130\ ℃} C_2H_5OSO_2OH + H_2O$$

$$C_2H_5OSO_2OH + C_2H_5OH \xrightleftharpoons{135\sim145\ ℃} C_2H_5OC_2H_5 + H_2SO_4$$

副反应:

$$CH_3CH_2OH \begin{cases} \xrightarrow{170\ ℃} H_2C{=}CH_2 + H_2O \\ \xrightarrow{[O]} CH_3CHO + SO_2 + H_2O \end{cases}$$

本实验约需 4 学时。

三、实验仪器与试剂

仪器:三口烧瓶(19♯,100 mL)、圆底烧瓶(19♯,25 mL)、直形冷凝管(19♯)、蒸馏装置、长颈滴液漏斗、分液漏斗。

试剂:乙醇(95%)、浓硫酸、饱和食盐水、无水氯化钙、5%氢氧化钠溶液、饱和氯化钙。

四、实验步骤

1) 乙醚的合成

本实验项目装置如图 3-2 所示。在 100 mL 三口烧瓶中加入 13 mL 乙醇,把三口烧瓶浸入冰水浴中,缓慢加入 12.5 mL 浓硫酸,混合均匀,加入沸石。长颈滴液漏斗的末端浸入液面以下距瓶底 0.5~1 cm 处,接收瓶应浸入冰水浴中冷却,接引弯管支口接橡胶管通水槽。

　　在滴液漏斗中加入 25 mL 乙醇,使反应瓶中的温度上升到 140 ℃,开始缓慢滴加乙醇,控制滴加速度和馏出液速度大致相等[1],并保持反应温度在 140 ℃左右,30～40 min 滴加完毕,加完后继续加热,温度上升到 160 ℃时停止加热。

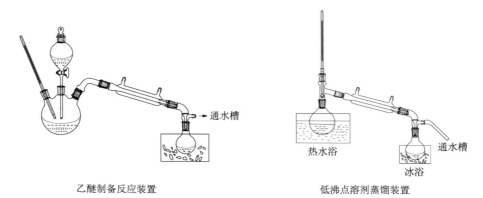

乙醚制备反应装置　　　　　　　低沸点溶剂蒸馏装置

图 3-2　实验 17 装置图

　　2)乙醚的分离

　　将馏出液转入分液漏斗,依次用 8 mL 5% 氢氧化钠溶液、8 mL 饱和氯化钠和 8 mL 饱和氯化钙各洗涤一次,再用 8 mL 饱和氯化钙洗涤后[2]分出醚层,用 1～2 g 无水氯化钙干燥 30 min,瓶中乙醚澄清,将乙醚滤入低沸点溶剂蒸馏装置的圆底烧瓶中,用热水浴(约 60 ℃)进行蒸馏[3],收集 33～38 ℃馏分,产量为 8～10 g。

　　3)结构和纯度分析

　　对产物进行红外光谱分析,初步确证产物的结构。

　　选择合适的氘代试剂进行^{1}H NMR 图谱分析,说明产品结构的正确性。

【注释】

　　[1]乙醇的滴加速度与乙醚的馏出速度相等,若滴加速度过快,乙醇未及时作用就被蒸出,使乙醚的产量降低。

　　[2]用氢氧化钠洗涤后,直接用氯化钙溶液洗涤时,将产生氢氧化钙的沉淀,故在氯化钙洗涤前先用饱和氯化钠溶液洗涤。饱和氯化钙的洗涤同时可以除去未反应的乙醇,因为氯化钙能够与乙醇作用生成配合物($CaCl_2 \cdot C_2H_5OH$)。

　　[3]乙醚是低沸点、易燃溶液,在蒸馏过程中不能见明火。

五、思考题

　　(1)制备乙醚时,为什么要将滴液漏斗的末端浸入反应液中?

　　(2)反应温度过低、过高或乙醇滴加速度过快有什么不好?

（3）反应中可能产生的副产物是什么？各步洗涤的目的是什么？

（4）蒸馏和使用乙醚时注意的事项是什么？为什么？

（解正峰）

实验 18　乙酸乙酯的制备

乙酸乙酯（ethyl acetate）常用作有机溶剂，也可作人造珍珠的黏结剂、药物和有机酸的萃取剂以及水果味香料的原料。

【外观与形状】无色透明液体，有水果香味，易挥发，对空气敏感

【密度】0.902 g·cm^{-3}

【熔点】－83 ℃

【沸点】77 ℃

【折射率 n_D^{20}】1.3719

【溶解性】能与氯仿、乙醇、丙酮和乙醚混溶，溶于水（0.1 mL·mL^{-1}）

一、实验目的

（1）学习羧酸与醇脱水制备酯的方法。

（2）巩固洗涤、萃取和蒸馏等基本实验操作。

（3）掌握控制可逆平衡反应的实验技术。

二、实验原理

为了提高酯的产量，本实验采取加入过量乙醇及不断把反应中生成的酯和水蒸出的方法。反应式如下：

$$CH_3COOH + CH_3CH_2OH \underset{110\sim120\ ℃}{\overset{H_2SO_4}{\rightleftharpoons}} CH_3COOC_2H_5 + H_2O$$

本实验约需 6 学时。

三、实验仪器与试剂

仪器：圆底烧瓶（19♯，50 mL）、回流冷凝管（19♯）、电热套、分液漏斗、锥形瓶（19♯，100 mL）、蒸馏装置。

试剂：冰醋酸、无水乙醇、浓硫酸、无水硫酸镁、饱和食盐水、饱和氯化钙、pH试纸。

四、实验步骤

1）乙酸乙酯的合成

本实验项目装置如图 3-3 所示。在 50 mL 圆底烧瓶中加入 7 mL 冰醋酸和 11 mL无水乙醇,在摇动下慢慢加入 4 mL 浓硫酸[1],混合均匀后加入沸石,装上回流冷凝管,在水浴上加热回流半小时[2]。

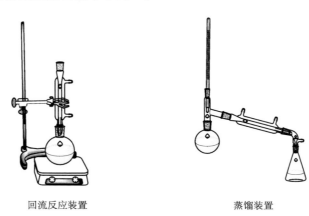

回流反应装置　　　　　　　　　　　蒸馏装置

图 3-3　实验 18 装置图

2）乙酸乙酯的分离

稍冷后改为蒸馏装置,在沸水浴上蒸馏至不再有馏出物为止,得到粗乙酸乙酯。在摇动下慢慢向粗乙酸乙酯中加入饱和碳酸钠水溶液,直至无气泡逸出,用 pH 试纸对有机相检测呈中性为止。将液体转入分液漏斗,振摇后静置分去水相,有机相用 15 mL 饱和食盐水洗涤,再用 5 mL 饱和氯化钙溶液洗涤两次。弃去水相,有机相用无水硫酸镁干燥[3]。干燥后的乙酸乙酯在水浴上进行蒸馏[4],收集 73～78 ℃馏分,产量 5～6 g。

3）结构和纯度分析

对产物进行红外光谱分析,初步确证产物的结构。

选择合适的氘代试剂进行 ^{1}H NMR 图谱分析,说明产品结构的正确性。

将产物做气相色谱分析,根据色谱图分析各组分及其含量。

【注释】

[1] 滴加浓硫酸时,要边加边摇晃以免局部炭化,必要时可用冷水冷却。

[2] 温度不宜过高,否则会增加副产物乙醚的含量。

[3] 由于水与乙醇、乙酸乙酯易形成共沸物,因此,在未干燥前已是清亮透明溶液,不能以产品是否透明作为干燥好的标准,应加入干燥剂后放置 30 min,其间

要不时摇动。若洗涤不净或干燥不够会使沸点降低,影响实验结果。

〔4〕乙酸乙酯与水或醇形成二元或三元共沸物的组成及沸点见表 3-1。

表 3-1　乙酸乙酯共沸物的沸点

沸点/℃	组成的质量分数/%		
	乙酸乙酯	乙醇	水
70.2	82.6	8.4	9.0
70.4	91.9		8.1
71.8	69.0	31.0	

五、思考题

（1）乙酸与乙醇在硫酸催化下脱水制备乙酸乙酯是一个可逆平衡反应,若不打破反应平衡,乙酸乙酯的产率不高。本实验采取加入过量乙醇及不断把反应中生成的酯和水蒸出的方法。分水器是分去反应体系中水的一种简单仪器,请问本实验可否使用分水器分去生成的水而打破平衡呢?

（2）在乙酸乙酯的后处理过程中,为什么用饱和氯化钙溶液洗涤?

（解正峰）

实验 19　乙酸正丁酯的制备

乙酸正丁酯(n-butyl acetate)常用作有机溶剂、香精(配制香蕉、树莓、草莓和奶油等香型香精)。

【外观与形状】无色透明液体,有果香

【密度】0.8825 g・cm^{-3}

【熔点】−77.9 ℃

【沸点】126.1 ℃

【折射率 n_D^{20}】1.3951

【闪点】33 ℃

【溶解性】能与乙醇和乙醚混溶,溶于大多数烃类化合物,25 ℃时约溶于 120 份水

一、实验目的

（1）学习酯类化合物的制备原理和方法。

（2）掌握带分水器的回流冷凝操作的基本实验技术。

二、实验原理

主反应：

$$CH_3CO_2H \xrightleftharpoons{H^+} [CH_3\overset{\oplus}{C}\overset{OH}{\underset{OH}{\|}} \longleftrightarrow CH_3\overset{OH}{\underset{\oplus}{C}}-OH] \xrightleftharpoons{CH_3CH_2CH_2CH_2OH}$$

$$CH_3\overset{OH}{\underset{OH}{C}}-\overset{\oplus}{O}CH_2CH_2CH_2CH_3 \rightleftharpoons CH_3\overset{OH}{\underset{\oplus}{C}}-OCH_2CH_2CH_2CH_3$$

$$\xrightleftharpoons{-H_2O} CH_3\overset{\oplus OH}{\underset{}{C}}-OCH_2CH_2CH_2CH_3 \xrightleftharpoons{-H^+} CH_3COOCH_2CH_2CH_3$$

副反应：

$$CH_3CH_2CH_2CH_2OH \xrightarrow{H^+,回流} CH_3CH_2CH_2CH_2OCH_2CH_2CH_2CH_3 + CH_3CH_2CH=CH_2$$

本实验约需 4 学时。

三、实验仪器与试剂

仪器：三口烧瓶（19♯,100 mL）、回流冷凝管（19♯）、分水器、分液漏斗、蒸馏装置。

试剂：正丁醇、冰醋酸、硫酸氢钾、10％碳酸钠、无水硫酸镁。

四、实验步骤

1) 乙酸正丁酯的制备

本实验项目装置如图 3-4 所示。在 100 mL 圆底烧瓶中,加入 23 mL 正丁醇、16.5 mL 冰醋酸[1]和 1 g 硫酸氢钾,混合均匀。接上回流冷凝管和分水器,并在分水器中预先加入水至稍低于支管口(约 2.6 mL)[2],回流至不再有水生成,约 40 min。

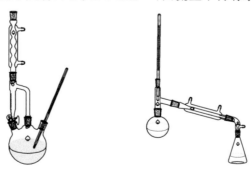

分水反应装置　　　　　　蒸馏装置

图 3-4　实验 19 装置图

2) 乙酸正丁酯的分离

将反应液分别用 10 mL 水、10 mL 10%碳酸钠溶液(洗至中性)、10 mL 水洗后,用无水硫酸镁干燥。将干燥好的乙酸正丁酯滤入 50 mL 圆底烧瓶中,蒸馏收集 124～126 ℃的馏分[3],产量 3～4 g。

3) 结构和纯度分析

对产物进行红外光谱分析,初步确证产物的结构。

选择合适的氘代试剂进行 ^{1}H NMR 图谱分析,说明产品结构的正确性。

【注释】

[1] 冰醋酸在低温时凝结成固体(熔点 16.6 ℃),取用时可用温水浴加热使其液化后量取,并注意不要触及皮肤,防止烫伤。

[2] 根据分出的总水量,可以粗略地估计酯化反应完成的程度。

[3] 本实验利用共沸混合物除去酯化反应中生成的水,见表 3-2。

表 3-2　正丁醇、乙酸正丁酯和水形成的共沸混合物

恒沸混合物		沸点/℃	组成的质量分数/%		
			乙酸正丁酯	正丁醇	水
二元	乙酸正丁酯-水	90.7	72.9		
	正丁醇-水	93		55.5	27.1
	乙酸正丁酯-正丁醇	117.6	32.8	67.2	
三元	乙酸正丁酯-正丁醇-水	90.7	63	8	29

含水的恒沸混合物冷凝为液体时分为两层,上层为含少量水的酯和醇,下层主要是水。

五、思考题

(1) 酯化反应有哪些特点? 本实验中如何提高产品收率?

(2) 在提纯粗产品的过程中,用碳酸钠溶液洗涤主要除去哪些杂质? 如改用氢氧化钠溶液是否可以? 为什么?

(解正峰)

实验 20　邻苯二甲酸二丁酯的制备

邻苯二甲酸二丁酯(dibutyl phthalate)是广泛应用于乙烯型塑料的增塑剂,商

品名 DBP,是一种能增强塑料柔韧性和可塑性的有机化合物。

【外观与形状】无色油状液体,可燃,有芳香气味

【密度】1.043 g · cm^{-3}

【熔点】−35 ℃

【沸点】340 ℃

【折射率 n_D^{20}】1.491～1.493

【闪点】188 ℃

【溶解性】水中溶解度 0.04％（25 ℃）,易溶于乙醇、丙酮和苯,溶于大多数有机溶剂

一、实验目的

（1）学习制备二元酯的原理和方法。

（2）熟悉分水器和减压蒸馏等基本实验操作与技能。

二、实验原理

邻苯二甲酸二丁酯是由酸酐和醇在强酸催化下反应得到的。反应经过两个阶段：第一阶段是生成单酯,第二阶段是单酯与醇酯化得到二酯。反应原理如下：

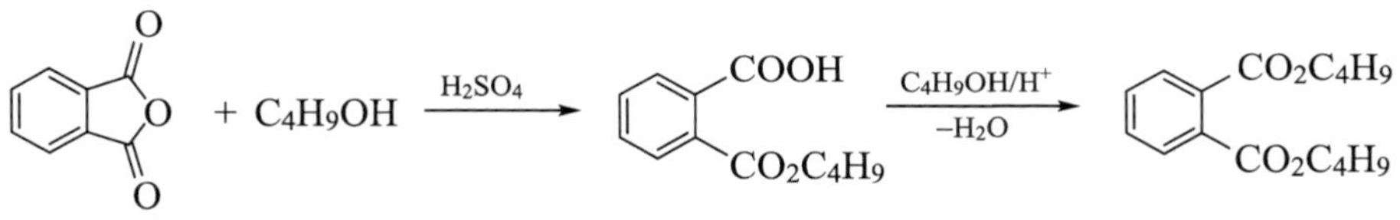

本实验约需 6 学时。

三、实验仪器与试剂

仪器：三口烧瓶（19♯,50 mL）、机械搅拌器、分水器、回流冷凝管（19♯）、分液漏斗（100 mL）、减压蒸馏装置、真空油泵。

试剂：邻苯二甲酸酐、正丁醇、5％碳酸钠溶液、浓硫酸、饱和食盐水、无水硫酸钠。

四、实验步骤

1）邻苯二甲酸二丁酯的制备

本实验项目装置如图 3-5 所示。在干燥的 50 mL 三口烧瓶中依次加入 13 mL 正丁醇、6 g 邻苯二甲酸酐、5 滴浓硫酸和沸石,摇匀后,按装置图搭好仪器,先在分水器中加入水至支管口,放出 2 mL 水。用小火加热[1],待邻苯二甲酸酐固体溶解

后(约 15 min),继续加热,此时逐渐将正丁醇和水的共沸物蒸出,当反应温度缓慢上升至 150 ℃时,停止加热(通常为 1.5～2 h)[2]。

搅拌分水反应装置　　　　　　　　　　减压蒸馏装置

图 3-5　实验 20 装置图

2)邻苯二甲酸二丁酯的分离

待反应瓶中液体温度降到 50 ℃以下时,反应液用 20 mL 5％碳酸钠溶液中和后[3],分出水层,有机层用温热的等体积饱和食盐水洗涤 2 次(至中性)[4],彻底分去水层。有机层用无水硫酸钠干燥后,用水泵蒸去正丁醇,再用油泵减压蒸馏,收集 180～190 ℃/1.3 kPa(10 mmHg)的馏分,见表 3-3,产量 6～7 g。

表 3-3　邻苯二甲酸二丁酯的沸点与压力之间的关系

压力/mmHg	760	20	10	5	2
沸点/℃	340	200～210	180～190	175～180	165～170

3)结构和纯度分析

对产物进行红外光谱分析,初步确证产物的结构。

选择合适的氘代试剂进行 ^{1}H NMR 图谱分析,说明产品结构的正确性。

【注释】

[1] 开始时必须缓慢加热,待邻苯二甲酸酐固体消失后,方可提高加热速度,否则,邻苯二甲酸酐遇高温会升华而附着在瓶壁上,造成原料损失而影响收率。若加热至 140 ℃后升温很慢,则可补加 1 滴浓硫酸加速反应。

[2] 如果分水器中无水滴出现,则可判断反应结束。

[3] 在 70 ℃以上时酯在碱液中易发生皂化反应,因此,洗涤时的温度和碱液浓度不宜过高。

[4] 有机层如未洗到中性,在蒸馏过程中产物将会分解,在冷凝管口可观察到针状的邻苯二甲酸酐结晶。

五、思考题

反应温度为什么不宜过高？

（解正峰）

实验 21　乙酰乙酸乙酯的制备

乙酰乙酸乙酯是一种重要的有机合成原料,在医药上用于合成氨基吡啶、维生素 B 等,染料工业上用于偶氮黄色染料的制备,还用于调和苹果香精及其他果香香精,在农药生产上是合成有机磷杀虫剂蝇毒磷、α-氯代乙酰乙酸乙酯、嘧啶氧磷等的中间体。

【外观与形状】无色或微黄色透明液体,有苹果香气

【密度】$1.03\ g \cdot cm^{-3}$

【熔点】$-45\ ℃$

【沸点】$180.8\ ℃$

【折射率 n_D^{20}】$1.418 \sim 1.421$

【闪点】$84\ ℃$

【溶解性】易溶于水,可混溶于多数有机溶剂

一、实验目的

(1) 了解 Claisen 酯缩合的原理和方法。

(2) 巩固减压蒸馏的操作技术。

(3) 掌握钠制备钠砂的方法。

二、实验原理

含 α-活泼氢的酯在碱性催化剂存在下,能与另一分子酯发生 Claisen 酯缩合反应,生成 β-羰基酸酯。反应机理如下:

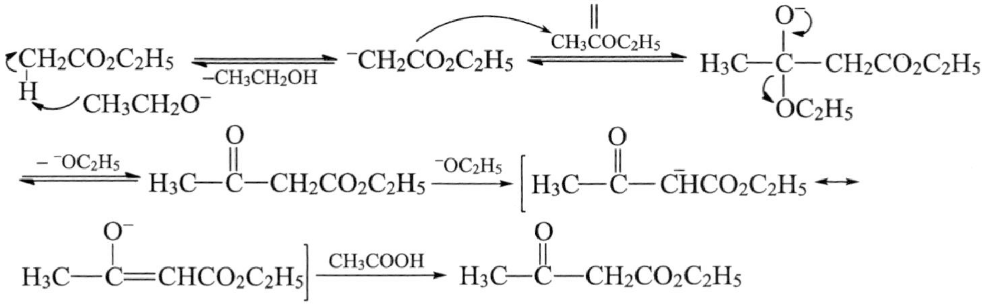

本实验约需 9 学时。

三、实验仪器与试剂

仪器:圆底烧瓶(19♯,100 mL)、回流冷凝管(19♯)、干燥管、蒸馏装置、减压蒸馏装置。

试剂:乙酸乙酯、金属钠、二甲苯、无水硫酸钠、乙酸、饱和氯化钠溶液。

四、实验步骤

1) 乙酰乙酸乙酯的合成

本实验项目装置如图 3-6 所示。快速将 2.5 g 金属钠和 12.5 mL 干燥的二甲苯加入 100 mL 干燥的圆底烧瓶中[1],装上冷凝管,在石棉网上小心加热使钠完全熔融后,立即拆去冷凝管,用橡胶塞塞紧圆底烧瓶,再用厚棉布包住后用力上下摇动,得到细沙状钠珠[2]。然后将二甲苯滗出[3],迅速将 27.5 mL 乙酸乙酯加入圆底烧瓶中[4],装上带有干燥管的回流冷凝管。小心用小火加热,保持溶液微沸状态,约 1.5 h 后钠反应完全。待反应液稍冷后,慢慢加入 50% 的乙酸溶液[5],直至反应液呈弱酸性为止,约需 15 mL。所有的固体物质溶解。

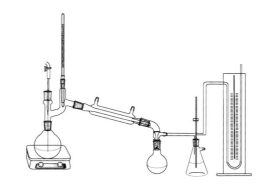

回流反应装置　　　　　　　　　　减压蒸馏装置

图 3-6　实验 21 装置图

2) 乙酰乙酸乙酯的分离

将反应液转入分液漏斗中,加入等体积的饱和氯化钠溶液,用力振摇后,静置,分出有机层,用无水硫酸钠干燥。将干燥好的溶液滤入蒸馏装置的圆底烧瓶中,用少量乙酸乙酯洗涤脱脂棉上的干燥剂。在沸水浴上蒸去乙酸乙酯后,将装置改为减压蒸馏装置,缓慢加热蒸出低沸点化合物,升高温度,收集 80～84 ℃/2.66 kPa(20 mmHg)的馏分,见表 3-4,产量约 6 g。

表 3-4　乙酰乙酸乙酯沸点与压力的关系

压力/mmHg	760	80	60	40	30	20	18	14	12
沸点/℃	181	100	97	92	88	82	78	74	71

3）结构和纯度分析

对产物进行红外光谱分析，初步确证产物的结构。

选择合适的氘代试剂进行^{1}H NMR 图谱分析，说明产品结构的正确性。

【注释】

[1] 所用试剂及仪器必须干燥。

[2] 钠珠的大小直接影响反应的时间。

[3] 滗出的二甲苯应倒入公用回收瓶中，切勿倒入水槽、废液缸或垃圾桶，以免着火。

[4] 乙酸乙酯应是干燥过的。金属钠遇水会立即燃烧、爆炸，在称量过程中应迅速并应十分小心。

[5] 乙酸中和时开始会有固体出现，随着酸的加入及振荡，固体会逐渐溶解，最后成为澄清液体。如有少量固体未溶解，可以加入少量水使其溶解，应避免加入过量乙酸，否则会增加乙酰乙酸乙酯在水中的溶解度而使产量降低。

五、思考题

（1）本实验中 Claisen 酯缩合反应的催化剂是什么？

（2）在制备细钠珠时，为什么使用二甲苯作为溶剂，而不用苯或甲苯？

（3）为什么用乙酸酸化，而不用稀盐酸或稀硫酸酸化？为什么要调到弱酸性，而不是中性？

（解正峰）

实验 22　呋喃甲醇和呋喃甲酸的制备

呋喃甲酸（2-furoic acid）是第一种能够治疗人类疾病的抗生素。呋喃甲醇（furfuryl alcohol）用于有机合成、呋喃型树脂、合成纤维和橡胶等，有特殊的苦辣气味，对人体健康有危害。

呋喃甲酸：

【外观与形状】白色单斜长棱形结晶

【密度】1.322 g·cm^{-3}

呋喃甲醇：

【外观与形状】无色易流动液体

【密度】1.1296 g·cm^{-3}

【熔点】129～133 ℃　　　　　　　　　　【熔点】−31 ℃

【沸点】230～232 ℃　　　　　　　　　　【沸点】171 ℃

【溶解性】1g/4mL 沸水　　　　　　　　　　【折射率 n_D^{20}】1.4869

一、实验目的

(1) 学习醛的歧化反应,熟悉 Cannizzaro 反应的原理。

(2) 巩固低沸点和高沸点溶剂的蒸馏、重结晶和脱色等基本实验技术。

(3) 学习有机物的分离和结构鉴定。

二、实验原理

无 α-活泼氢的醛与浓的强碱溶液作用时,发生自身氧化还原反应,一分子醛被氧化成酸,一分子被还原成醇,此反应称为 Cannizzaro 反应。反应机理如下:

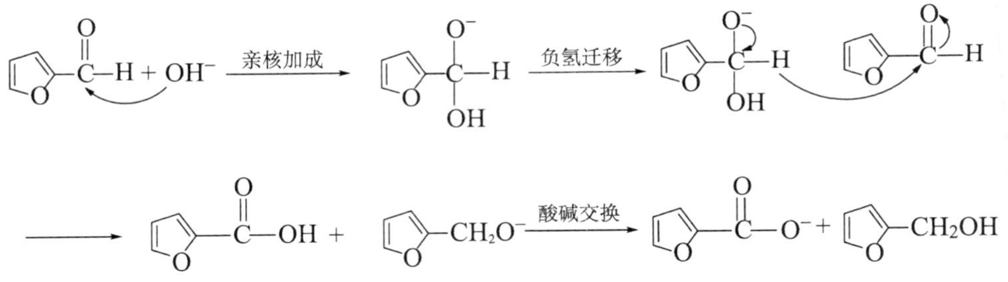

本实验约需 6 学时。

三、实验仪器与试剂

仪器:圆底烧瓶(50 mL、25 mL)、磁力搅拌器、分液漏斗(100 mL)、圆底烧瓶(19♯,25 mL)、空气冷凝管(19♯)、蒸馏装置、抽滤瓶、布氏漏斗。

试剂:呋喃甲醛(新蒸)、氢氧化钠、乙醚、无水碳酸钾、浓盐酸。

四、实验步骤

1) 呋喃甲醇和呋喃甲酸的合成

本实验项目装置如图 3-7 所示。取 4 g 氢氧化钠溶于 6 mL 水中,冰水浴冷却。再将 8.2 mL 呋喃甲醛[1]加入浸于冰水浴的圆底烧瓶中。在搅拌下,用滴管将氢氧化钠溶液缓慢滴加到呋喃甲醛中,滴加过程必须保持反应温度在 8～12 ℃[2]。滴加完成后,保持此温度继续搅拌 1 h,得浅黄色浆状物。

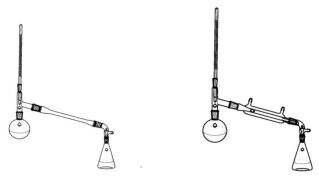

高沸点溶剂蒸馏装置　　　　　　　　蒸馏装置

图 3-7　实验 22 装置图

2）呋喃甲醇和呋喃甲酸的分离

在搅拌下向反应物中加入适量的水，使固体完全溶解[3]。用乙醚萃取 4 次，每次 8 mL。合并乙醚萃取液，用无水碳酸钾干燥。将干燥后的乙醚溶液在水浴上蒸馏，先蒸去乙醚，然后再蒸出呋喃甲醇，收集 169～172 ℃的馏分，产量约 3 g。

用浓盐酸（约 2.5 mL）酸化乙醚萃取后的水溶液，使刚果红试纸变蓝[4]。冷却使呋喃甲酸析出完全，抽滤，粗产物用水重结晶[5]，得白色针状呋喃甲酸 3～4 g。

3）结构和纯度分析

对产物进行红外光谱分析，初步确证产物的结构。

选择合适的氘代试剂进行[1]H NMR 图谱分析，说明产品结构的正确性。

用显微熔点测定仪测定呋喃甲酸的熔点并与标准数据对照。

【注释】

［1］呋喃甲醛存放过久会变成棕褐色甚至黑色，同时含有水分，因此使用前需重新蒸馏提纯，收集 155～162 ℃馏分，最好在减压下蒸馏，收集 54～55 ℃/2.27 kPa（17 mmHg）馏分。新蒸的呋喃甲醛为无色或淡黄色液体。

［2］若反应温度高于 12 ℃，则反应物温度极易升高而难以控制，致使反应物变成深红色；若反应温度低于 8 ℃，则反应过慢，会积累一些氢氧化钠，一旦发生反应，则反应过于猛烈，易使温度迅速升高，增加副反应，影响产量及纯度。此外，自身氧化还原反应是在两相间进行的，因此必须充分搅拌。

［3］加水过多会导致部分产品损失。

［4］酸化时酸要加够，保证 pH＝3，使呋喃甲酸充分游离出来。酸化是决定呋喃甲酸收率的关键。

［5］如长时间的加热回流，呋喃甲酸会被分解，出现焦油状物。

五、思考题

（1）试比较 Cannizzaro 反应与羟醛缩合反应在醛的结构上有何不同？

（2）本实验中呋喃甲醇和呋喃甲酸是根据什么原理分离和提纯的？

（3）用浓盐酸将乙醚萃取后的呋喃甲酸水溶液酸化到中性是否适当？为什么？若不用刚果红试纸，怎样判断酸化是否恰当？

（解正峰）

实验 23　苯甲醇和苯甲酸的制备

苯甲酸（benzoic acid）用于医药、染料载体、增塑剂、香料和食品防腐剂等。苯甲醇（benzyl alcohol）又名苄醇，在工业化学品生产中用途广泛，用作溶剂、增塑剂、防腐剂、香料、肥皂、药物和染料等的制造。

苯甲酸：

【外观与形状】鳞片状或针状结晶

【密度】1.2659 g·cm^{-3}

【熔点】122.1 ℃

【沸点】249 ℃

【溶解性】微溶于水，易溶于有机溶剂

苯甲醇：

【外观与形状】无色液体，有芳香味

【密度】1.0419 g·cm^{-3}

【熔点】−15.3 ℃

【沸点】205.7 ℃

【折射率 n_D^{20}】1.5396

一、实验目的

（1）巩固 Cannizzaro 反应的原理。

（2）巩固低沸点和高沸点溶剂的蒸馏、重结晶和脱色等基本实验技术。

（3）巩固有机物的分离和结构鉴定。

二、实验原理

芳醛和其他无 α-活泼氢的醛（如甲醛、三甲基乙醛等）与浓的强碱溶液作用时，发生自身氧化还原反应，一分子醛被氧化成酸，一分子被还原成醇，此反应称为 Cannizzaro 反应。反应机理如下：

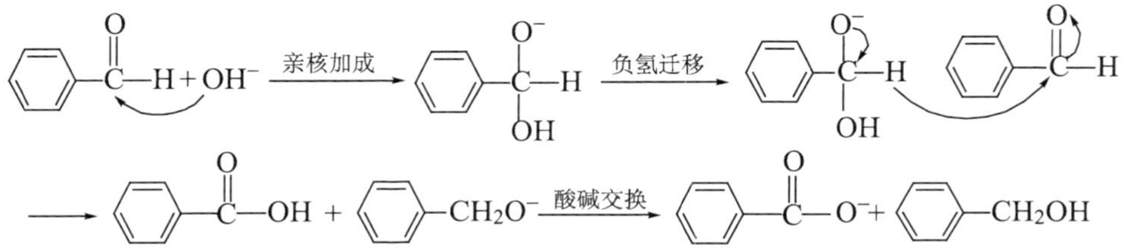

本实验约需 6 学时。

三、实验仪器与试剂

仪器:锥形瓶(19♯,250 mL)、分液漏斗、蒸馏装置、抽滤瓶、布氏漏斗。

试剂:苯甲醛(新蒸)、氢氧化钾、乙醚、无水碳酸钾、无水硫酸镁、饱和亚硫酸氢钠、10%碳酸钠溶液、浓盐酸。

四、实验步骤

1) 苯甲醇和苯甲酸的合成

本实验项目装置如图 3-8 所示。在锥形瓶中加入 9 g 氢氧化钾和 9 mL 水,冷至室温后,加入 10 mL 新蒸的苯甲醛,用橡胶塞塞紧瓶口,振荡锥形瓶使反应物充分混合,最后成为白色糊状物,放置 24 h 以上[1]。

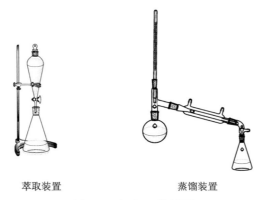

萃取装置　　　　　　　　　　蒸馏装置

图 3-8　实验 23 装置图

2) 苯甲醇和苯甲酸的分离

向已固化的反应混合物中加入 30 mL 水,用玻璃棒捣碎固体,使其全部溶解。将溶液倒入分液漏斗,用乙醚萃取三次,每次 10 mL。合并乙醚萃取液,依次用 3 mL 饱和亚硫酸氢钠溶液、3 mL 10%碳酸钠溶液及 5 mL 水洗涤,最后用无水硫酸镁或无水碳酸钾干燥。将干燥后的乙醚溶液先蒸去乙醚[2],再蒸出苯甲醇,收集 204~206 ℃的馏分,产量 3~4 g。

用浓盐酸酸化乙醚萃取后的水溶液至刚果红试纸变蓝。充分冷却使苯甲酸完全析出,抽滤,粗产物用水重结晶,得苯甲酸约 4 g。

3) 结构和纯度分析

对产物进行红外光谱分析,初步确证产物的结构。

选择合适的氘代试剂进行 ^{1}H NMR 图谱分析,说明产品结构的正确性。

用显微熔点测定仪测定苯甲酸的熔点并与标准数据对照。

【注释】

　［1］充分振荡是反应成功的关键。如混合充分，放置 24 h 后混合物通常在瓶内固化，苯甲醛气味消失。

　［2］实验中用乙醚萃取，使用过程中应注意必须不能有任何明火。蒸馏乙醚时用热水浴加热，接收瓶用冷水浴冷却。

五、思考题

　（1）本实验中两种产物是根据什么原理分离提纯的？

　（2）实验中每步洗涤的目的是什么？

　（3）用浓盐酸酸化乙醚萃取后的水溶液至中性是否最适当？为什么？不用试纸或试剂检查，如何知道酸化已经适当？

（解正峰）

实验 24　2-甲基-2-己醇的合成

2-甲基-2-己醇（2-methyl-2-hexanol）是一种有机合成中间体。

【外观与形状】无色液体，具特殊气味

【密度】0.8119 g·cm^{-3}

【沸点】141～142 ℃

【折射率 n_D^{20}】1.4175

【闪点】84 ℃

【溶解性】微溶于水，易溶于醚、酮溶剂中

一、实验目的

　（1）了解并掌握制备 Grignard 试剂的原理、方法。

　（2）学习并掌握无水操作的实验技术。

　（3）学习机械搅拌机的安装和使用方法，掌握回流、萃取和蒸馏等基本操作技能。

二、实验原理

　Grignard 试剂与羰基化合物反应是实验室制备醇的常用合成方法，尤其是合成一些结构上比较复杂的醇，该方法更有它的独到之处。制备 Grignard 试剂必须在无水、无氧条件下进行。反应如下：

$$n\text{-}C_4H_9Br \xrightarrow[\text{无水乙醚}]{Mg} n\text{-}C_4H_9MgBr \xrightarrow[\text{无水乙醚}]{\overset{\displaystyle O}{CH_3CCH_3}} n\text{-}C_4H_9\underset{OMgBr}{\overset{\displaystyle }{C(CH_3)_2}} \xrightarrow{H^+} n\text{-}C_4H_9\underset{OH}{\overset{\displaystyle }{C(CH_3)_2}}$$

本实验约需 6 学时。

三、实验仪器与试剂

仪器：三口烧瓶（19♯,100 mL）、机械搅拌器、回流冷凝管（19♯）、恒压滴液漏斗、干燥管、蒸馏装置。

试剂：正溴丁烷、镁屑、碘、丙酮、无水碳酸钾、无水乙醚、10％硫酸溶液、5％碳酸钠溶液。

四、实验步骤

1）正丁基溴化镁的制备

按图 3-9 安装好反应装置，在冷凝管的上口装置氯化钙干燥管[1]。称取 1.5 g 镁屑放入三口烧瓶内，再加入一小粒碘和 10 mL 无水乙醚。在恒压滴液漏斗中混合 6.5 mL 正溴丁烷和 15 mL 无水乙醚后，向三口烧瓶中加入少量（约 3 mL）混合液，反应液呈微沸状态，碘的颜色消失[2]。若不发生反应，可用温水浴加热；若反应剧烈，必要时可用冷水浴冷却。等反应缓和后，继续从恒压滴液漏斗中滴加正溴丁烷乙醚混合溶液，维持反应液呈微沸状态。滴加完毕后，水浴回流使镁屑反应完全（约 30 min）。

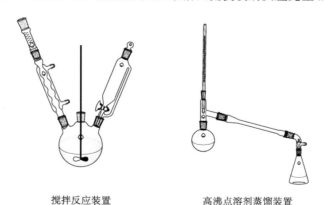

　　　搅拌反应装置　　　　　　　　　高沸点溶剂蒸馏装置

图 3-9　实验 24 装置图

2）2-甲基-2-己醇的合成

将上步制备好的正丁基溴化镁试剂置于冷水浴中，在搅拌下滴入 5 mL 丙酮和 10 mL 无水乙醚的混合液,控制滴加速度使反应平稳[3]。滴加完毕后,在室温下继续搅拌 15 min,溶液中可能出现白色黏稠状固体。继续用冰水浴冷却反应瓶,从恒压滴液漏斗中分批加入 45 mL 10％硫酸溶液,滴加速度先慢后快,产物分解。待分解完全后,用分液漏斗分出乙醚层,水层用乙醚萃取两次,每次 12 mL,合并乙醚层,用 15 mL 5％碳酸钠溶液洗涤后,用无水碳酸钾干燥。

将干燥后的粗产物滤入 50 mL 蒸馏烧瓶中,先用水浴蒸去乙醚,再蒸出产物,收集 137～141 ℃的馏分,产量 3～4 g。

3) 结构和纯度分析

对产物进行红外光谱分析,初步确证产物的结构。

选择合适的氘代试剂进行 ^{1}H NMR 图谱分析,说明产品结构的正确性。

【注释】

[1] 所用的仪器和试剂必须经过无水处理。正溴丁烷用无水氯化钙干燥并蒸馏纯化,丙酮用无水碳酸钾干燥并蒸馏纯化。

[2] 反应不可过于剧烈,否则乙醚会从冷凝管口冲出。

[3] 注意控制加料速度和反应温度,使用和蒸馏低沸点溶剂乙醚时,要远离火源,防止外泄。

五、思考题

(1) 实验中正溴丁烷如一次加入有什么不好?

(2) 如何避免本实验可能的副反应?

(3) 实验在将 Grignard 试剂加成物水解前的各步中,为什么使用的药品仪器均要绝对干燥? 采取了什么措施?

(解正峰)

实验 25　三苯甲醇的制备

三苯甲醇(triphenylmethanol)用作有机合成中间体。

【外观与形状】片状晶体

【密度】1.199 g · cm^{-3}

【熔点】164.2 ℃

【沸点】380 ℃

【溶解性】不溶于水和石油醚,溶于乙醇、乙醚、丙酮、苯,溶于浓硫酸显黄色

一、实验目的

（1）巩固无水操作的实验技能和 Grignard 反应的原理。

（2）巩固水蒸气蒸馏、低沸点溶剂蒸馏等基本实验操作。

（3）学习三苯甲醇的合成方法。

二、实验原理

反应原理如下：

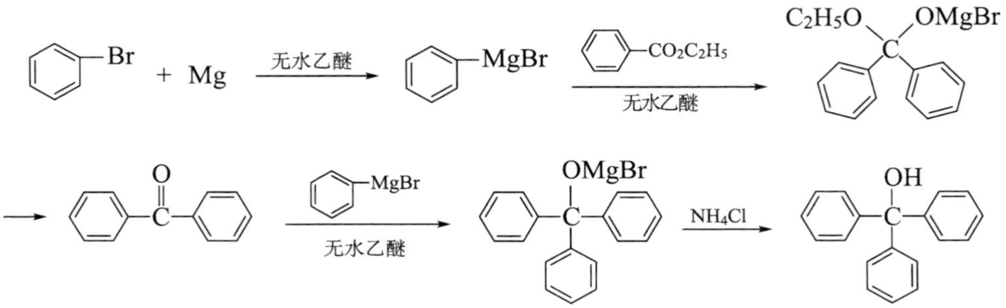

本实验约需 9 学时。

三、实验仪器与试剂

仪器：三口烧瓶（19#，250 mL）、机械搅拌器、回流冷凝管（19#）、恒压滴液漏斗、干燥管、水蒸气蒸馏装置。

试剂：溴苯（新蒸）、镁屑、无水氯化钙、苯甲酸乙酯、无水乙醚、乙醇、氯化铵。

四、实验步骤

1）苯基溴化镁的制备

按图 3-10 安装好仪器，在回流冷凝管上装置氯化钙干燥管，向 250 mL 三口烧瓶中加入 0.75 g 镁屑、一小粒碘和 10 mL 无水乙醚，向恒压滴液漏斗中加入 5 g 溴苯和 15 mL 无水乙醚[1]。先将三分之一的混合溶液加入三口烧瓶中，片刻后镁屑表面有气泡产生，溶液稍有浑浊，碘逐渐消失。如不反应，也可用手掌或水浴温热。待反应开始后进行搅拌，缓慢滴入剩余的溴苯和乙醚的混合溶液[2]，控制滴加速度以保持溶液呈微沸状态[3]。滴加完毕后，在水浴上继续回流约 30 min 使镁屑反应完全。

2）三苯甲醇的合成

将制备好的苯基溴化镁试剂立刻置于冰水浴中，搅拌下慢慢滴入 1.9 mL 苯甲酸乙酯和 8 mL 无水乙醚的混合溶液。滴加完后将反应物在水浴上回流 0.5 h，

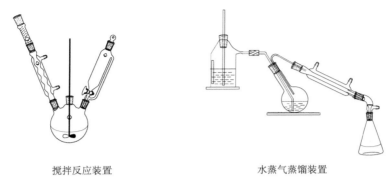

搅拌反应装置　　　　　　　　　　水蒸气蒸馏装置

图 3-10　实验 25 装置图

使反应进行完全(反应物明显分为两层)。再将反应物在冰水浴下冷却,搅拌下慢慢滴加由 3.8 g 氯化铵与 15 mL 水配成的饱和溶液,分解加成产物。

将装置改为蒸馏装置,先在水浴上蒸去乙醚,再将剩余物进行水蒸气蒸馏,除去未反应的溴苯及联苯等副产物。瓶中剩余的白色或浅黄色固体为粗三苯甲醇,抽滤收集后,用 80% 的乙醇进行重结晶,干燥,产量约 2 g,熔点 161～162 ℃。

3) 结构和纯度分析

对所得化合物进行红外分析,说明化合物特征吸收峰。

选择合适的氘代试剂进行[1] H NMR 图谱分析,说明产品结构的正确性。

用显微熔点测定仪测定三苯甲醇的熔点并与标准数据对照。

【注释】

[1] Grignard 试剂非常活泼,操作中应严格控制水气进入反应体系,反应中所用的仪器和试剂必须经过无水处理。

[2] 反应中溴苯的浓度不宜过高,否则副产物联苯的量较多。所以,应在反应开始后再将大部分溴苯在搅拌下缓慢滴入反应瓶。

[3] 反应不可过于剧烈,否则乙醚会从冷凝管口冲出。

五、思考题

(1) 本实验中溴苯加入太快或一次加入有什么不妥?

(2) 本实验可能的副反应有哪些? 应如何避免?

(3) 实验在将 Grignard 试剂加成物水解前的各步中,为什么使用的药品仪器均要绝对干燥? 采取了什么措施?

(解正峰)

实验 26　苯乙醇的制备

苯乙醇(phenylethyl alcohol)存在于许多天然的精油中,目前主要通过有机合成或从天然产物中萃取得到。具有玫瑰风味,是清酒和葡萄酒等酒精饮料中的重要风味化合物,并被广泛用于化妆品。

【外观与形状】无色液体,有花香味

【密度】1.02 g·cm^{-3}

【熔点】-27 ℃

【沸点】219.5～221 ℃

【溶解性】溶于水,可混溶于醇、醚,溶于甘油

一、实验目的

(1) 学习用硼氢化钠还原酮制备醇的原理和方法。

(2) 巩固减压蒸馏、萃取及低沸物的蒸馏等基本操作。

二、实验原理

硼氢化钠是比较温和的还原剂,它对醛、酮的还原效果比较好。常用溶剂是醇、四氢呋喃、二甲基甲酰胺和水等。一般不还原酯基、羧基和酰胺,但在高浓度、高温再配合合适溶剂或用路易斯酸催化时,可以还原酯基等比较弱的羰基。反应机理如下:

本实验约需 6 学时。

三、实验仪器与试剂

仪器:圆底烧瓶(19♯,100 mL)、电加热磁力搅拌器、滴液漏斗、蒸馏装置、分液漏斗、减压蒸馏装置。

试剂:苯乙酮、95％乙醇、硼氢化钠、3 mol·L^{-1}盐酸、乙醚、无水硫酸镁、无水碳酸钾。

四、实验步骤

1) 苯乙醇的制备

按图 3-11 安装仪器,在 100 mL 圆底烧瓶中加入 15 mL 95％乙醇和 0.1 g 硼氢化钠并搅匀,在搅拌过程中将 8 mL 苯乙酮滴加到圆底烧瓶中,控制温度在 48～50 ℃[1],滴加完毕后室温放置 15 min[2]。然后继续在搅拌下滴入 6 mL 3 mol·L^{-1}盐酸。

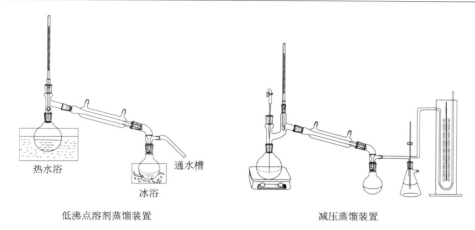

低沸点溶剂蒸馏装置　　　　　　　　　　　　　减压蒸馏装置

图 3-11　实验 26 装置图

2）苯乙醇的分离

在水浴上蒸出大部分乙醇后，溶液分层，加入 10 mL 乙醚萃取，水层再用 10 mL乙醚萃取，合并有机相，用无水硫酸镁干燥，将干燥的有机相滤入已搭置好的蒸馏装置的圆底烧瓶中，并加入 0.6 g 无水碳酸钾[3]，在水浴上除去乙醚后，改为减压蒸馏装置，收集 102～104 ℃/19 mmHg 的馏分，产量 4～5 g。

3）结构和纯度分析

对产物进行红外光谱分析，初步确证产物的结构。

选择合适的氘代试剂进行[1]H NMR 图谱分析，说明产品结构的正确性。

【注释】

［1］滴加苯乙酮时要使反应温度控制在 48～50 ℃。

［2］反应过程中有氢气产生，严禁明火。

［3］有机层如未洗到中性，在蒸馏过程中产物将会分解。

五、思考题

（1）实验中加碳酸钾的作用是什么？

（2）滴加苯乙酮时为什么要将反应体系控制在 48～50 ℃？

（解正峰）

实验 27　乙酰水杨酸的制备

乙酰水杨酸（acetylsalicylic acid）通常称为阿司匹林（Aspirin），是用水杨酸和乙酸酐合成的。早在 18 世纪,人们就知道从柳树皮中提取水杨酸,并将它用作止痛、退热和抗炎药,但水杨酸对肠胃刺激作用较大。乙酰水杨酸是 19 世纪末人类合成的可以替代水杨酸的有效药物。目前,阿司匹林仍然是一个广泛使用的具有解热止痛作用的治疗感冒的药物,并被发现有抑制诱发心脏病、防止血栓症和中风等新的功能。

【外观与形状】白色针状或板状结晶(粉末)

【密度】1.35 g·cm^{-3}

【熔点】135～136 ℃

【溶解性】微溶于水,在乙醇中易溶,在乙醚和氯仿中溶解

一、实验目的

(1) 学习酯化反应制备乙酰水杨酸的原理和方法。

(2) 巩固混合溶剂重结晶的方法。

二、实验原理

主反应:

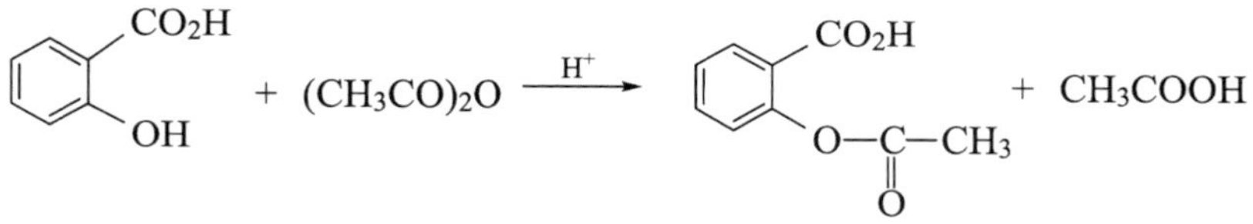

副反应:

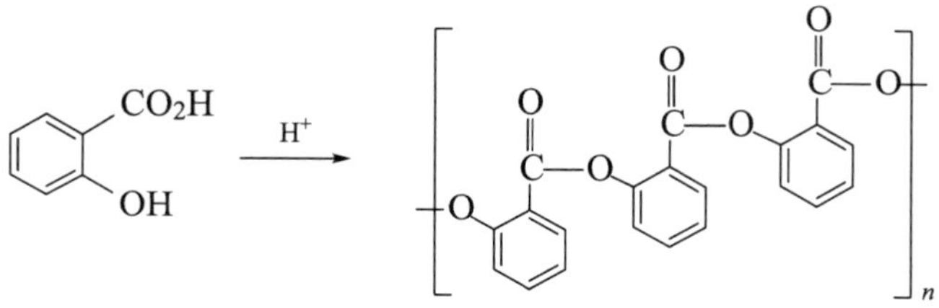

本实验约需 4 学时。

三、实验仪器与试剂

仪器:锥形瓶(50 mL)、烧杯(100 mL)、玻璃棒、抽滤瓶、布氏漏斗。

试剂:水杨酸、乙酸酐、饱和碳酸氢钠溶液、1％三氯化铁溶液、乙酸乙酯、浓硫酸、浓盐酸。

四、实验步骤

1) 乙酰水杨酸的制备

在 50 mL 锥形瓶中加入 2.1 g 水杨酸、3 mL 乙酸酐[1]和 3 滴浓硫酸,摇动锥

形瓶使水杨酸完全溶解后,在水浴上加热 20 min,控制温度为 75～85 ℃[2]。待反应物稍微冷却后,在搅拌下倒入 30 mL 冷水中,在冰水浴中冷却使结晶完全。抽滤,用滤液淋洗锥形瓶,将所有产品收集。再用少量冷水洗涤晶体两次,抽干,自然晾干,称量,粗产物约 2 g。

2) 乙酰水杨酸的纯化

将粗产物移至 100 mL 烧杯中,搅拌下加入 20 mL 饱和碳酸氢钠溶液,加完继续搅拌数分钟,无二氧化碳气泡产生即可。抽滤,用 10 mL 水洗涤漏斗上的白色黏性固体,合并滤液,倒入盛有 3 mL 浓盐酸和 10 mL 水配成溶液的烧杯中,搅拌即有白色乙酰水杨酸固体析出。将烧杯在冰浴下冷却,使结晶完全,抽滤,用少许冷水洗涤两次,得乙酰水杨酸晶体,干燥后得产物约 1.5 g。

3) 结构和纯度分析

对产物进行红外光谱分析,初步确证产物的结构。

选择合适的氘代试剂进行 ^{1}H NMR 图谱分析,说明产品结构的正确性。

用显微熔点测定仪测定乙酰水杨酸粗品和纯品的熔点[3],并与标准数据对照。

【注释】

[1] 乙酸酐要求是新蒸的。

[2] 反应时要注意水浴温度不要过高,并要及时摇动。反应温度过高将增加副产物的生成。

[3] 乙酰水杨酸受热易分解,其分解温度为 128～135 ℃,因此测熔点时不易观察,测试时应先将载体加热至 120 ℃左右,然后再放入样品测定。

五、思考题

(1) 反应中浓硫酸的作用是什么?

(2) 制备过程中的副反应是什么? 如何除去?

(3) 阿司匹林在水中受热分解得到一种溶液,此溶液对三氯化铁呈阳性实验,试解释并写出反应方程式。

(解正峰)

实验 28　己二酸的制备

己二酸(hexanedioic acid)是合成尼龙-66 的主要原料,同时在低温润滑油、合成纤维、油漆、聚亚胺酯树脂及食品添加剂的制备等方面也有重要用途,目前己二酸的世界年产量已达 220 万吨。经典制备法主要用浓 HNO_3 氧化环己醇或环己酮制己二酸。过氧化氢也是一种理想的清洁氧化剂,反应的预期副产物是水,产品易于提纯,同时过氧化氢的价格相对低廉,氧化成本低。

【外观和形状】白色结晶体

【密度】1.360 g·cm^{-3}

【熔点】153 ℃

【沸点】332.7 ℃

【溶解性】微溶于水,易溶于乙醇、乙醚等大多数有机溶剂

一、实验目的

(1) 学习环己醇氧化制备己二酸的基本原理和方法。

(2) 巩固浓缩、过滤、重结晶等基本操作。

二、实验原理

制备羧酸最常用的方法是烯、醇或醛的氧化,常用的氧化剂有硝酸、重铬酸钾、高锰酸钾、过氧化氢等。本实验采用环己醇在高锰酸钾的酸性条件下氧化制备己二酸。反应机理如下:

本实验约需 4 学时。

三、实验仪器与试剂

仪器:三口烧瓶(19♯,100 mL)、回流冷凝管、移液器、温度计、布氏漏斗。

试剂:环己醇、高锰酸钾、氢氧化钠、亚硫酸氢钠、活性炭、浓盐酸。

四、实验步骤

1) 己二酸的制备

按图 3-12 安装好反应装置,在 100 mL 三口烧瓶中加入 1 g 氢氧化钠和50 mL水,在搅拌下加入 6 g 高锰酸钾,搅拌加热至 35 ℃溶解,停止加热。用滴管慢慢加入 3 mL 的环己醇[1],控制滴加速度,将反应温度控制在 45 ℃

机械搅拌装置　　　抽滤装置

图 3-12　实验 28 装置图

左右[2],滴加完毕后若温度低于 40 ℃,在 50 ℃水浴中继续加热至溶液中高锰酸钾的颜色褪去。在沸水浴上加热几分钟后有大量的二氧化锰沉淀凝结为止。用玻璃棒蘸反应物点到滤纸上,如出现紫色,可加入少量固体亚硫酸氢钠除去未反应的高锰酸钾。

2)己二酸的分离

趁热抽滤,用少量热水洗涤滤渣 3 次,合并洗涤液和滤液于烧杯中,加入少量活性炭脱色,热过滤,将滤液浓缩至 8 mL 左右,冷却后用浓盐酸酸化至 pH 为 2~4。抽滤,干燥,得产物 2.2~2.8 g。

3)结构和纯度分析

对产物进行红外光谱分析,初步确证产物的结构。

选择合适的氘代试剂进行[1]H NMR 图谱分析,说明产品结构的正确性。

显微熔点测定仪测定己二酸的熔点,并与标准对照。

【注释】

[1] 环己醇较黏稠,滴加时可加入少量水稀释。

[2] 羧酸的制备通常是放热反应并在较强的氧化条件下进行,应严格控制反应温度。

五、思考题

(1)制备羧酸常用的方法有哪些?

(2)为什么要控制氧化反应的温度?

(解正峰)

实验 29　对硝基乙酰苯胺的合成

对硝基乙酰苯胺[N-(4-nitrophenyl)acetamide]主要用作染料、药物中间体和有机合成试剂。

【外观和形状】无色晶体

【熔点】213~215 ℃

【沸点】100 ℃(1.06×10⁻³ kPa)

【溶解性】溶于热水、醇、醚,几乎不溶于冷水

一、实验目的

(1)掌握对硝基乙酰苯胺的制备方法及原理。

（2）掌握低温反应的操作，巩固分馏、重结晶、抽滤等基本操作。

二、实验原理

芳胺的酰化是降低芳胺对氧化剂的敏感性和氨基的活化能力的重要方法，也是保护氨基的有效措施。芳胺可用酰氯、酸酐或冰醋酸进行酰化。硝化反应是制备芳香族硝基化合物的主要方法，是重要的亲电取代反应之一。反应原理如下：

主反应：

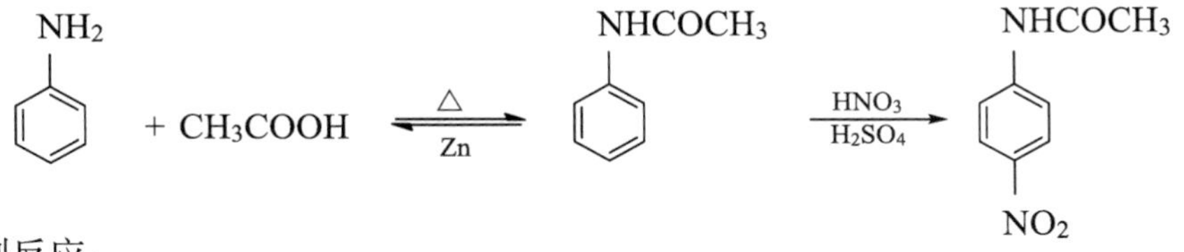

副反应：

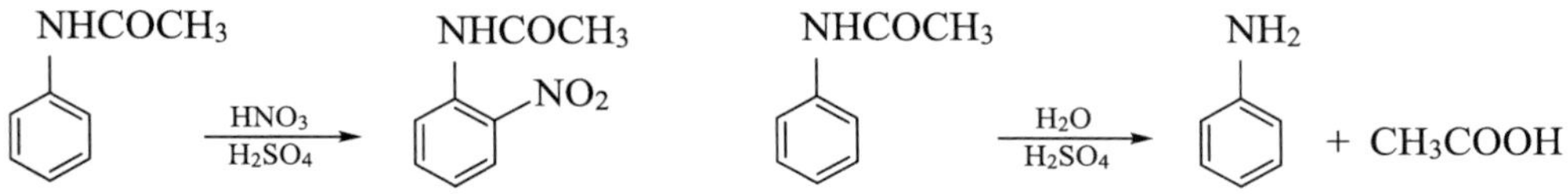

本实验约需 9 学时。

三、实验仪器与试剂

仪器：圆底烧瓶（50 mL）、刺形分馏柱、直形冷凝管、接液管、量筒（10 mL）、温度计（200 ℃）、烧杯（250 mL）、吸滤瓶、布氏漏斗、电热套、锥形瓶、三口烧瓶（100 mL）、球形冷凝管、恒压滴液漏斗。

试剂：苯胺、锌粉、冰醋酸、浓硝酸、浓硫酸、氢氧化钾醇溶液。

四、实验步骤

1）乙酰苯胺的制备

本实验项目装置如图 3-13 所示。在 50 mL 圆底烧瓶中，加入 5 mL 苯胺[1]、7.5 mL 冰醋酸和 0.05 g 锌粉。装上刺形分馏柱，在上端安装温度计，接收瓶用冰水浴冷却。用电热套缓慢加热至反应物保持微沸约 15 min。调节电压，当温度升至约 105 ℃时开始蒸馏。维持温度在 105 ℃左右约 90 min，这时反应所生成的水和大部分乙酸基本蒸出。当温度计的读数不断下降时，则反应达到终点，即可停止加热。搅拌下趁热将反应物倒入 100 mL 冰水中[2]，此时有固体析出。冷却后抽滤，并用少量冷水洗涤固体，得到白色或带黄色的乙酰苯胺粗品。粗乙酰苯胺用水重结晶，产量 4～5 g，熔点 113～114 ℃。

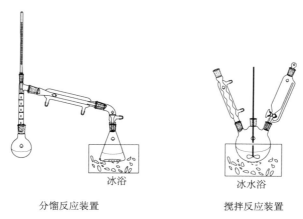

冰浴　　　　　　　　　　　冰水浴

分馏反应装置　　　　　　　　搅拌反应装置

图 3-13　实验 29 装置图

2）对硝基乙酰苯胺的制备

在 100 mL 的三口烧瓶上搭置搅拌器、回流冷凝器及滴液漏斗,将所制备的乙酰苯胺 4.5 g 及冰醋酸 4.5 mL 加入三口烧瓶中,在冷水浴冷却下搅拌并滴加浓硫酸 9 mL[3],滴加过程中保持反应温度不超过 30 ℃,冰盐浴冷却此反应液至 0 ℃,滴加配制好的混酸(由浓硫酸 2 mL 和浓硝酸 2.3 mL 配制而成)[4],滴加过程中严格控制滴加速度,使反应温度不超过 10 ℃[5],滴加完毕,于室温下放置 1 h。

3）对硝基乙酰苯胺的分离

将反应混合物在搅拌下倒入装有 50 g 碎冰的烧杯中,即有黄色的对硝基乙酰苯胺沉淀析出,待碎冰全部融化后抽滤,冰水洗涤滤饼至洗水呈中性,抽干得粗品。将该粗品用 50 mL 乙醇重结晶[6],得对硝基乙酰苯胺 3～4 g。

4）结构和纯度分析

对产物进行红外光谱分析,初步确证产物的结构。

选择合适的氘代试剂进行[1]H NMR 图谱分析,说明产品结构的正确性。

用显微熔点测定仪测定对硝基乙酰苯胺的熔点并与标准数据对照。

【注释】

[1] 久置的苯胺因为氧化而颜色较深,使用前要重新蒸馏。因为苯胺的沸点较高,蒸馏时选用空气冷凝管冷凝或采用减压蒸馏。

[2] 若让反应液冷却,则乙酰苯胺固体析出,沾在烧瓶壁上不易倒出。

[3] 加入浓硫酸时剧烈放热,因此需缓慢加入,此时反应液应为澄清液。

[4] 配制混酸时放热,要在冷却及搅拌条件下配制,要将硫酸逐滴加到硝酸中去。

　　[5] 乙酰苯胺与混酸在 5 ℃下作用,主要产物是对硝基乙酰苯胺;在 40 ℃作用,则生成约 25% 的邻硝基乙酰苯胺。

　　[6] 利用邻硝基乙酰苯胺和对硝基乙酰苯胺在乙醇中溶解度的不同,在乙醇中进行重结晶,可除去溶解度较大的邻硝基乙酰苯胺。

五、思考题

　　如何除去对硝基乙酰苯胺粗产物中的邻硝基乙酰苯胺?

(解正峰)

实验 30　正溴丁烷的制备

　　正溴丁烷(1-bromobutane)可用作溶剂及有机合成时的烷基化剂及中间体。

【外观和形状】无色透明液体

【熔点】−112 ℃

【密度】1.270~1.277 g·cm^{-3}

【折射率 n_D^{20}】1.4385~1.4395

【沸点】101.6 ℃

【溶解性】不溶于水,易溶于醇和醚等有机溶剂

一、实验目的

　　(1)掌握由醇制备卤代烃的原理和方法。

　　(2)巩固回流、蒸馏等基本实验技术。

二、实验原理

　　烷烃的自由基卤化和烯烃与氢卤酸的亲电加成反应制备卤代烷,因产生异构体的混合物而难以分离。实验室制备卤代烷最常用的方法是将结构对应的醇通过亲核取代反应转变为卤代烷,常用的试剂有氢卤酸、三卤化磷和氯化亚砜等。反应机理如下:

$$CH_3CH_2CH_2CH_2OH + H^+ \longrightarrow CH_3CH_2CH_2CH_2 \overset{+}{O}H_2 \overset{Br^-}{\longrightarrow} CH_3CH_2CH_2CH_2Br + H_2O$$

　　本实验约需 6 学时。

三、实验仪器与试剂

仪器:圆底烧瓶(19♯,50 mL)、回流冷凝管(19♯)、气体吸收装置、分液漏斗(100 mL)、蒸馏装置。

试剂:正丁醇、溴化钠、浓硫酸、饱和碳酸氢钠、无水氯化钙。

四、实验步骤

1) 正溴丁烷的合成

按图 3-14 左搭好装置,并用 5% 的氢氧化钠溶液作气体吸收剂。在圆底烧瓶中加入 7 mL 水,并小心地加入 10 mL 浓硫酸[1],混合均匀后冷至室温。再依次加入 6.0 mL 正丁醇和 9 g 溴化钠,充分振摇后加入一粒沸石,连接气体吸收装置。将烧瓶置于石棉网上用小火加热至沸腾,使反应物保持沸腾而又平稳地回流,并经常摇动烧瓶使反应完成,约需 1.5 h。待反应液冷却后,移去回流冷凝管,改为蒸馏装置,将所有正溴丁烷蒸出。

气体吸收的回流反应装置　　　　　　　　　　　蒸馏装置

图 3-14　实验 30 装置图

2) 正溴丁烷的纯化

将馏出液移至分液漏斗中,分液后加入 7 mL 水洗涤[2]。粗产物转入另一干燥的分液漏斗中,用 7 mL 浓硫酸洗涤,尽量分去硫酸层[3]。有机相依次用 7 mL水、7 mL 饱和碳酸氢钠溶液和 7 mL 水洗涤后,再用 1 g 无水氯化钙干燥 1～2 h。将干燥好的正溴丁烷溶液过滤到蒸馏烧瓶中,蒸馏,收集 99～103 ℃的馏分,产量约 5 g。

3) 结构和纯度分析

对产物进行红外光谱分析,初步确证产物的结构。

选择合适的氘代试剂进行[1]H NMR 图谱分析,说明产品结构的正确性。

【注释】

[1] 加浓硫酸时要慢,并及时振摇,以免局部过热造成炭化。

[2] 尽量把水分除干净。

[3] 浓硫酸能溶解存在于粗产物中的少量未反应的正丁醇和副产物正丁醚等杂质。正丁醇和正溴丁烷能形成共沸物(沸点 98.6 ℃,含正丁醇 13%)而难以除去。

五、思考题

(1)本实验中浓硫酸的作用是什么?硫酸用量过大或过小有什么影响?

(2)粗产物中含有哪些杂质?各步洗涤的目的何在?

(3)用分液漏斗洗涤产物时,在不知道产物密度时,可用哪种简便的方法加以判断?

(4)为什么用饱和碳酸氢钠溶液洗涤前先要用水洗涤一次?

(5)分液漏斗洗涤产物时,为什么摇动后要及时放气?应该如何操作?

(解正峰)

第 4 章　有机官能团保护

（1）常见的官能团如双键、羟基、羰基和氨基等都具有活泼的化学反应性，它们在复杂的化学反应环境中可能发生不预期的化学反应，所以，要使反应只发生在某一个或几个特定的官能团上，普遍的合成策略是进行官能团的保护。通过本章的学习，要建立起有机合成反应中"官能团保护"这一重要的概念，掌握常见官能团如羟基、羰基、氨基和羧基等的保护方法。

（2）同上面章节一样，在具体实验项目中，要巩固有机化合物的结构鉴定方法，用 NMR、IR 和 MS 等现代物理方法验证化合物结构的正确性。

在复杂化合物的合成中，由于活性官能团较多，要使反应只发生在某一个或几个特定的官能团上，普遍的合成策略是进行官能团的保护。有机官能团保护就是在不希望反应的官能团上引入一个能够改变原来官能团电性或空间效应的官能团或保护基，形成特定不敏感的衍生物，待其他反应完成之后，再去除保护基，使被保护的官能团复原。

保护基应满足以下三个条件：

（1）容易引入所需要保护的官能团中，且反应简单、收率高和无毒。

（2）与被保护官能团形成的结构能够承受住后续反应的反应条件。

（3）其他反应完成后，在保持分子结构中其他结构不损坏的前提下，能高收率地去除。

4.1　氨基的保护

氨基是一个化学性质活泼的基团，易发生氧化、酰化和烃基化等反应，为使氨基在进行其他反应时结构保持不变，必须对氨基进行保护。氨基的保护主要有以下四类。

1. 烷氧羰基氨基保护

常见的烷氧羰基类氨基保护基有苄氧羰基（Cbz）、叔丁氧羰基（Boc）、笏甲氧羰基（Fmoc）等。以叔丁氧羰基为例。

保护基的引入：碱性介质中稳定。

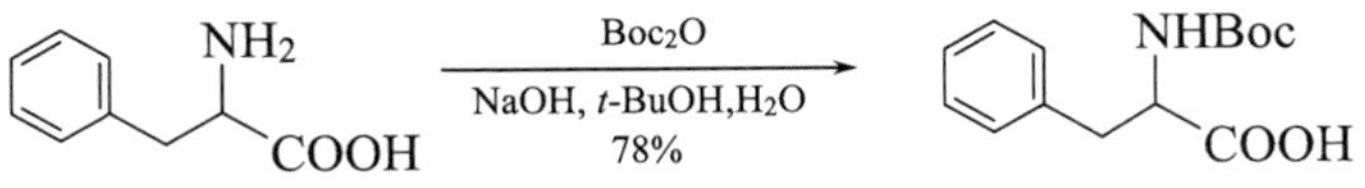

脱去保护基：Boc 的脱除一般用三氟乙酸（TFA）或 50％TFA（TFA 与 CH_2Cl_2 体积比为 1∶1）。

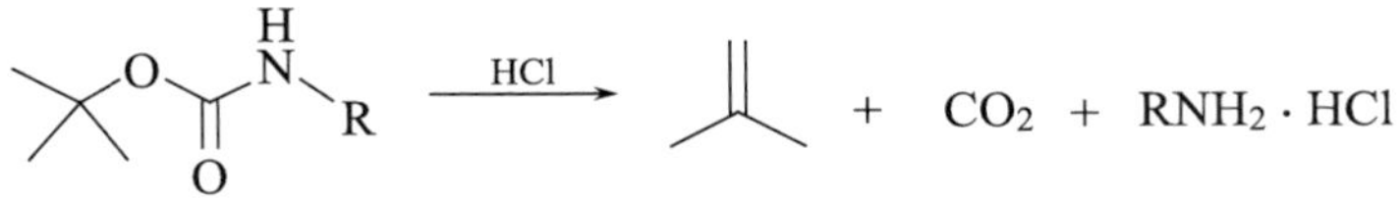

2. 酰基类氨基保护基

酰基类氨基保护基与氨基反应生成酰胺、磺酰胺或酰亚胺。常见的酰基类氨基保护基有邻苯二甲酰基（Pht）、对甲苯磺酰基（Ts）等。以邻苯二甲酰基为例。

保护基的引入：保护基对催化氢解、HBr/HOAc 处理以及 Na/NH_3（液）还原等均稳定。

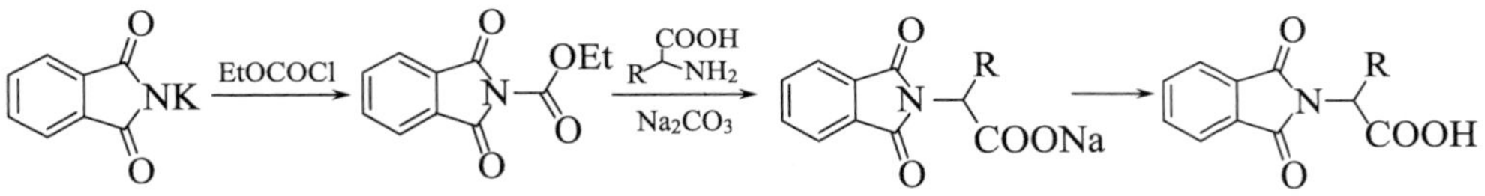

脱去保护基：容易用肼处理脱去。

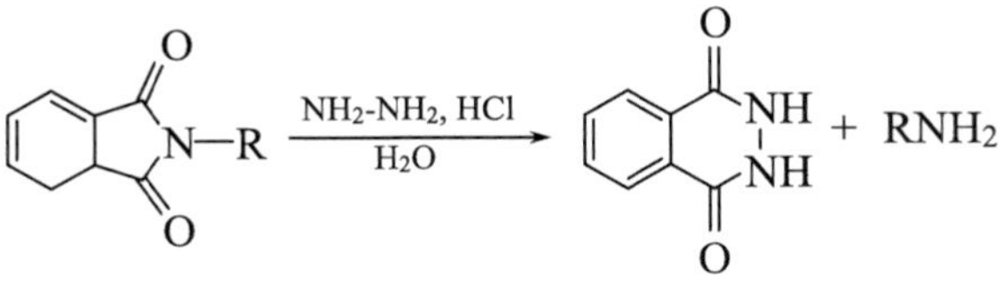

3. 烷基类氨基保护基

常见的烷基类氨基保护基有三苯甲基（Trt）、对甲氧基苄基（PMB）、苄基（Bn）等。以苄基为例。

保护基的引入：对酸、碱、Grignard 试剂和大多数反应都稳定。

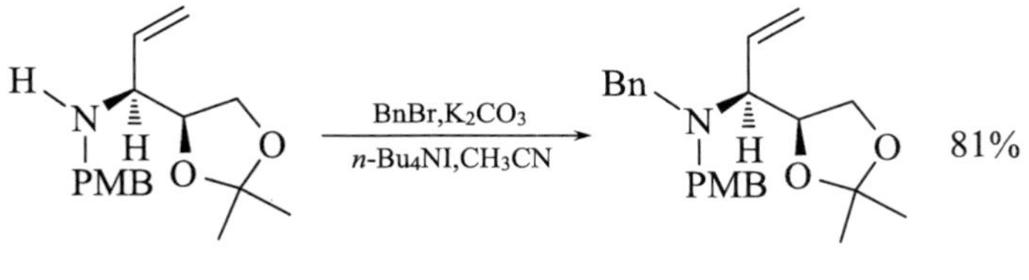

脱去保护基:常用催化氢解脱去。

4. 成盐保护

在有机溶剂中,氨基与酸形成胺盐(主要是盐酸或硫酸)。胺盐对氧化剂如 $KMnO_4$、Na_2CrO_7 等稳定。在碱性条件下,中和胺盐通常可以得到游离的胺。

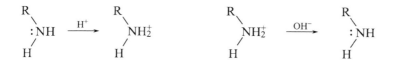

4.2 醇羟基的保护

羟基广泛存在于生物活性化合物中,如核苷、碳水化合物、甾族化合物、大环内酯类化合物等。另外,羟基也是有机合成中一个很重要的官能基,羟基可转变为卤素、氨基、羰基、酸基等多种官能团。因此,在化合物的氧化、酰基化、卤化、脱水等反应过程中,常需要将羟基保护起来。醇的保护主要分为以下四类。

1. 成醚法

(1)保护基的引入:醇羟基可以通过形成醚(苄基醚、三苯甲基醚)来进行保护,醚化是保护醇羟基最常用的方法。苄基醚对氧化剂(高碘酸盐、四乙酸铅)、氢化铝锂和弱酸都相当稳定;三苯甲基醚可选择性保护伯醇(由于其体积大,空间效应突出)。

(2)保护基的脱去:在酸性水解或催化氢化的条件下可将醇羟基还原出来。

2. 成酯法

(1)保护基的引入:形成乙酸酯是很常见的保护羟基的方式,醇的乙酰化通常使用乙酸酐在吡啶溶液中反应。乙酸酯对氧化剂如三氧化铬/吡啶稳定。

(2)脱去保护基:乙酸酯最常用的除去方法是在甲醇中用氨进行氨解,以及用 CH_3OH/K_2CO_3 或 CH_3ONa 进行醇解。

3. 硅醚法

(1)保护基的引入:醇羟基可通过形成硅醚来保护。常见的保护基有三甲基硅基(TMS)和叔丁基二苯基硅基(TBDPS)等。

$$ROH + Me_3SiCl \xrightarrow{prydine} ROSiMe_3$$

(2)保护基的脱去:硅醚对酸碱不稳定,可以选择性地酸碱脱保护,或者可以用 Bu₄NF 脱除。由于电子效应影响,烷基硅醚在酸性条件下易去保护,酚基硅醚在碱性条件下易去保护。

4. 混合型缩醛法

(1) 保护基的引入:醇与 3,4-二氢吡喃在无水酸(对甲基苯磺酸)催化下反应形成缩醛(四氢吡喃醚)进行保护。四氢吡喃醚对碱、氧化剂、还原剂、金属氢化物、Grignard 试剂等稳定,但对酸不稳定。

$$R\text{—}OH \; + \; \underset{O}{\bigcirc}\!\!\!\!\! \xrightarrow{\text{TsOH,Et}_2\text{O}} \; RO\!\!\!\!\underset{O}{\bigcirc}$$

(2) 保护基的脱去:在酸性条件下水解四氢吡喃醚即可恢复醇羟基。

$$RO\!\!\!\!\underset{O}{\bigcirc} \xrightarrow{\text{H}_2\text{O,H}^+,\text{r.t.}} R\text{—}OH \; + \; HO\!\!\!\!\underset{O}{\bigcirc}$$

4.3　羧基的保护

(1) 保护基的引入:羧酸能发生很多反应,与碱成盐、受热脱羧、与醇生成酯等。羧基一般通过与醇成酯或通过酰卤、酸酐的醇解及酯交换形成酯来进行保护。

(2) 保护基的脱去:简单烷基酯一般是在碱性条件下水解;叔丁酯、四氢吡喃酯、2,4,6-三甲氧基苄酯、二苯甲基酯等在酸性条件下水解;苄基酯催化氢解。

4.4　醛、酮羰基的保护

(1) 保护基的引入:醛和酮常通过形成缩醛或缩酮来进行保护。醛、酮能与多种试剂反应,甚至在仅有碱存在时发生自身缩合,形成缩醛及缩酮。缩醛及缩酮对碱、氧化剂(碱性)、还原剂(Na + 液氨、Na + ROH)、金属氢化物(LiAlH₄、NaBH₄)、催化氢化、Grignard 试剂、亲核试剂等稳定,但对酸不稳定。

$$\underset{}{\bigcirc}\!\!=\!O \; + HO\text{——}OH \; \xrightarrow{\text{H}^+} \; \underset{}{\bigcirc}$$

(2) 保护基的脱去:缩醛及缩酮采用稀酸脱保护,甚至很弱的草酸、酒石酸或离子交换树脂都能有效地使其脱保护基。

实验 31　1H-吲唑-1-羧酸叔丁酯的制备

吲唑作为吲哚的生物电子等排体,日益受到药物研究者的重视,吲唑类衍生物具有抗精子生成、抗关节炎和镇吐等药物活性,如氯尼达明、苄达明、盐酸格雷司琼、YC-1、7-硝基吲唑及 DY-9760e 等。

【外观】淡黄色油状液体

【密度】1.14 g·cm^{-3}

【沸点】327.3 ℃(20 ℃,760 Torr)

【溶解性】溶于水(12 g·L^{-1},25 ℃),易溶于甲醇、乙醚、氯仿、丙酮、苯和石油醚

一、实验目的

(1) 学习 Boc 保护氨基的原理和制备方法。

(2) 巩固蒸馏、萃取、洗涤等基本实验技术。

二、实验原理

由于吲唑氮上的氢有一定的反应活性,因此常需要将其保护起来。较温和的保护试剂是叔丁氧酸酐,其合成路线如下:

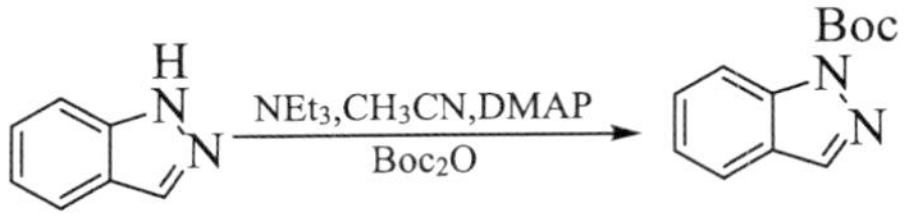

本实验约需 4 学时。

三、实验仪器与试剂

仪器:二口圆底烧瓶(50 mL)、圆底烧瓶(25 mL)、回流冷凝管、蒸馏装置、回流冷凝管、磁力搅拌器、玻璃棒、温度计。

试剂:吲唑、乙腈、三乙胺、N,N-二甲基-4-氨基吡啶(DMAP)、叔丁氧酸酐(Boc$_2$O)、5% 碳酸钠溶液、乙酸乙酯、无水硫酸钠。

四、实验步骤

1) 1H-吲唑-1-羧酸叔丁酯的合成

本实验项目装置如图 4-1 所示。在 50 mL 二口圆底烧瓶中加入吲唑(1.2 g, 10 mmol)、乙腈 20 mL、三乙胺 3.0 mL 以及催化量的 N,N-二甲基-4-氨基吡啶

(50 mg)，在室温下搅拌 10 min，在水冷却下将叔丁氧酸酐(2.3 g,11 mmol)加入上述溶液中。再在室温下搅拌反应约 1 h(用 TLC 跟踪反应进程至反应完成)。

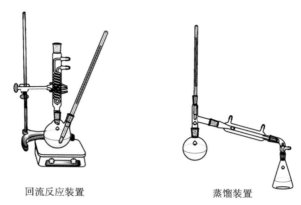

回流反应装置　　　　　　　　　　　　蒸馏装置

图 4-1　实验 31 装置图

2）1H-吲唑-1-羧酸叔丁酯的分离

改用蒸馏装置,蒸去乙腈和三乙胺,剩余物加入 10 mL 乙酸乙酯,用 5% 碳酸钠溶液(5 mL)洗涤一次,再用饱和食盐水洗涤两次,每次 5 mL,用无水 Na_2SO_4 干燥,去除干燥剂,蒸馏除去乙酸乙酯,剩余油状物加 10 mL 石油醚,冰水冷却,结晶,过滤,压干,称量。

将粗产品用 1:5 的乙酸乙酯-石油醚混合溶剂重结晶。

3）结构和纯度分析

用 IR 和^{1}H NMR 分析合成的 1H-吲唑-1-羧酸叔丁酯的结构。

五、思考题

（1）Boc 保护的氨基引入 Boc 的方法有哪些？

（2）本实验中,可否用 NaOH 代替三乙胺？为什么？

（3）如何脱去吲唑保护 N 上的 Boc？

（龚成斌）

实验 32　乙酰苯胺的制备

乙酰苯胺（N-phenylacetamide）是磺胺类药物的原料,可用作止痛剂、退热剂（俗称"退热冰"）、防腐剂和染料中间体。在空气中稳定,遇酸或碱性水溶液易分解成苯胺及乙酸。

【外观】白色有光泽片状结晶或白色结晶粉末

【相对密度】$1.2190(d_4^{15})$

【熔点】114.3 ℃

【沸点】304 ℃

【溶解性】微溶于冷水,溶于热水、甲醇、乙醚、氯仿、丙酮和苯等,不溶于石油醚

一、实验目的

(1) 了解酰化反应的原理和酰化剂的使用。

(2) 学习重结晶提纯固体有机化合物的原理和方法,巩固分馏操作技术。

二、实验原理

胺的酰化在有机合成中有着重要的作用。作为一种保护措施,一级和二级芳胺在合成中通常被转化为它们的乙酰基衍生物以降低胺对氧化降解的敏感性,使其不被反应试剂破坏。同时,氨基酰化后降低了氨基在亲电取代反应(特别是卤化)中的活化能力,使其由很强的第Ⅰ类定位基变为中等强度的第Ⅰ类定位基,使反应由多元取代变为有用的一元取代,由于乙酰基的空间位阻,衍生物往往选择性地生成对位取代物。

苯胺($C_6H_5NH_2$)与乙酰基化试剂如酰氯、酸酐或冰醋酸等反应可制得乙酰苯胺。苯胺与酰氯反应速率最快,酸酐次之,冰醋酸最慢。但冰醋酸价格便宜,操作方便,适合于规模较大的制备,因此常用作乙酰基化试剂。其反应方程式为

$$\text{C}_6\text{H}_5\text{NH}_2 + \text{CH}_3\text{COOH} \underset{\text{Zn}}{\overset{\text{NaOAc}}{\rightleftharpoons}} \text{C}_6\text{H}_5\text{NHCOCH}_3 + \text{H}_2\text{O}$$

本反应为可逆反应,在实验中使冰醋酸过量,并随时将生成的水蒸出,以使苯胺完全反应,提高反应收率。

本实验约需 5 学时。

三、实验仪器与试剂

仪器:圆底烧瓶(50 mL 或 100 mL)、分馏柱、蒸馏头、温度计套管、水银温度计(150 ℃)、接引管、量筒、锥形瓶(50 mL)、烧杯(200 mL)、抽滤瓶、布氏漏斗、循环水泵(公用)。

试剂:苯胺 5.1 g (5.0 mL)、冰醋酸 7.8 g (7.4 mL)、锌粉、活性炭。

四、实验步骤

1) 乙酰苯胺的合成

按照反应装置图 4-2 安装仪器。在 50 mL 圆底烧瓶中,加入新蒸馏过的苯胺 5.0 mL[1]、冰醋酸 7.4 mL、锌粉 0.2 g[2],用小火加热,使反应溶液在微沸状态下回流,温度控制在 100～110 ℃[3],反应 40 min 后,生成的水及少量乙酸被蒸出,当温度计读数上下波动或烧瓶内出现白色雾状物时,反应基本完成,停止加热。

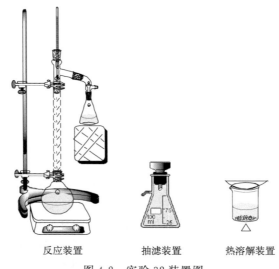

反应装置　　　　　　抽滤装置　　　　　热溶解装置

图 4-2　实验 32 装置图

2) 乙酰苯胺的分离

在搅拌下,趁热将烧瓶中的反应液以细流状倒入盛有 100 mL 冰水的烧杯中[4],剧烈搅拌,有细粒状固体粗乙酰苯胺结晶析出,冷却后抽滤。用玻璃瓶塞将滤饼压干,再用 5～10 mL 冷水洗涤,再抽干,得到白色或带黄色的乙酰苯胺粗品。

将粗产品放入盛有 100 mL 热水的烧杯中[5],加热,使粗乙酰苯胺溶解,观察沸腾时是否有未溶解的油珠,如有则补加热水,直至油珠消失为止。稍冷后,加入约 0.2 g 活性炭[6],在搅拌下加热煮沸 2 min,趁热用保温漏斗过滤或用预先加热好的布氏漏斗减压过滤,将滤液慢慢冷至室温,待结晶完全后析出乙酰苯胺的白色晶体[7],抽滤,粘在瓶壁的固体用母液完全转移至漏斗,尽量压干滤饼。产品放在干净的表面皿中晾干,称量,计算收率。

3) 结构和纯度分析

选择合适的氘代试剂进行[1]H NMR 图谱分析,说明产品结构的正确性。

用显微熔点测定仪测定乙酰苯胺的熔点并与纯乙酰苯胺的熔点对照。

【注释】

[1] 久置的苯胺颜色加深,含有杂质(暴露于空气中或日光下变为棕色),会影响乙酰苯胺的质量,故最好选用新蒸的苯胺和乙酸酐。苯胺有毒,有强致癌作用,使用时要注意安全,有伤口的同学注意不要与伤口接触。

[2] 加锌粉的目的是防止苯胺在反应过程中被氧化,生成有色的杂质。通常加入锌粉后反应液颜色会从黄色变为无色。但不宜加得过多,因为锌被氧化生成的氢氧化锌为絮状物质会吸收产品。

[3] 保持分馏柱顶温度不超过 105 ℃。开始时要缓慢加热,待有水生成后,调节反应温度,以保持生成水的速度与分出水的速度之间的平衡。切忌开始就强烈加热。

[4] 因乙酰苯胺熔点较高,稍冷即会固化,故反应结束后应立即倒入事先准备好的冷水中。否则产物凝固在烧瓶中难以转移出来。

[5] 重结晶时水的用量要合适。乙酰苯胺于不同温度在 100 g 水中的溶解度分别为 0.56 g(25 ℃)、3.5 g(80 ℃)、5.5 g(100 ℃)。乙酰苯胺在水中的含量为 5.2% 时,重结晶效果好,乙酰苯胺重结晶收率最大。在体系中的含量稍低于 5.2%,加热到 83.2 ℃ 时不会出现油相,水相又接近饱和溶液,继续加热到 100 ℃,进行热过滤除去不溶性杂质和脱色用的活性炭,滤液冷却,乙酰苯胺开始结晶,继续冷却至室温(20 ℃),过滤得到的晶体乙酰苯胺纯度很高,可溶性杂质留在母液中。通常的办法是按操作步骤进行,所得粗产品约 5.0 g,估计需水量为 100 mL,加热至 83.2 ℃ 后,如果有油珠,补加热水,直至油珠溶完为止。个别同学加水过量,可蒸发部分水,直至出现油珠,再补加少量水即可。

[6] 不应将活性炭加入沸腾的溶液中,否则会引起暴沸,使溶液溢出容器。

[7] 结晶时让溶液静置,使之慢慢地生成完整的大晶体,若在冷却过程中不断搅拌则得较小的结晶。若冷却后仍无结晶析出,可用下列方法使晶体析出:① 用玻璃棒摩擦容器内壁;② 投入晶种;③ 用冰水或其他冷冻溶液冷却,如果不析出晶体而得油状物时,可将混合物加热到澄清后,让其自然冷却至开始有油状物析出时,立即用玻璃棒剧烈搅拌,使油状物分散在溶液中,搅拌至油状物消失为止,或加入少许晶种。

五、思考题

(1) 乙酰苯胺制备实验为什么加入锌粉? 锌粉加入量对操作有什么影响?

(2) 合成乙酰苯胺时,柱顶温度为什么要控制在 105 ℃ 左右?

(3) 乙酰苯胺重结晶时,制备乙酰苯胺热的饱和溶液过程中出现的油珠是什么？它的存在对重结晶质量有何影响？应如何处理？

（4）在合成乙酰苯胺的步骤中，为什么采用刺形分馏柱，而不采用普通的蒸馏柱？

（5）重结晶时，加热溶解乙酰苯胺的粗产物时，为何先加入比计算量少的溶剂，然后渐渐添加至刚好溶解，最后再多加少量溶剂？

（唐　倩）

实验 33　四氢吡喃苯甲醚的制备

四氢吡喃醚是广泛使用的羟基保护基团之一。四氢吡喃醚对强碱、Grignard试剂和烷基锂、氢化铝锂、烷化和酰化试剂以及氧化和还原条件都较稳定，且易于形成、裂解和转化成其他基团。它作为保护基曾广泛地用于炔醇类、甾醇类、甘油酯、环多醇、核苷酸、糖及肽类中羟基的保护。

【外观】无色澄清液体，有芳香气味

【密度】1.04 g·cm^{-3}（20 ℃，760 Torr）

【沸点】284.6 ℃（760 Torr），105 ℃（4 Torr）

【溶解性】微溶于水（1.4 g·L^{-1}），易溶解于大多数有机溶剂

一、实验目的

（1）学习醚化反应保护羟基的原理和方法。

（2）巩固薄层色谱、柱色谱等基本实验技术。

二、实验原理

羟基的保护与脱保护在有机合成中是一个重要的过程，由于四氢吡喃醚在许多条件下对强碱、Grignard试剂、氢化铝锂、金属氢化物烷基化和酰基化试剂都很稳定，易于在温和条件下脱除，产生了一种应用最广泛的保护试剂——二氢吡喃（DHP），它可与醇、酚羟基催化加成得到四氢吡喃醚，其合成路线如下：

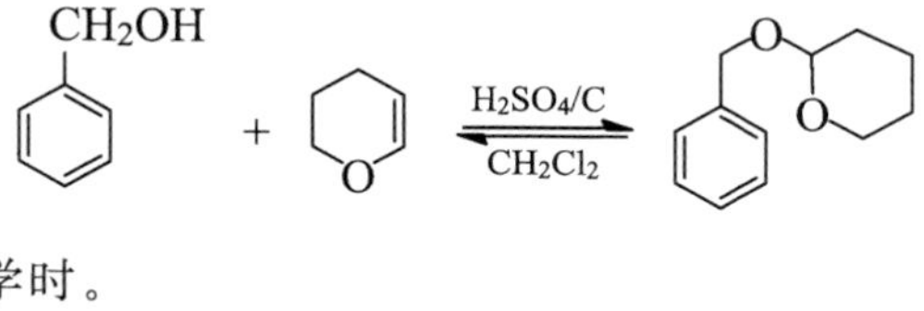

本实验约需 6 学时。

三、实验仪器与试剂

仪器:圆底烧瓶(19♯,50 mL)、圆底烧瓶(25 mL)、回流冷凝管(19♯)、蒸馏装置、磁力搅拌器、分液漏斗、锥形瓶、烧杯、玻璃棒、柱层析装置、硅胶 GF_{254} 薄板。

试剂:苯甲醇、二氢吡喃、二氯甲烷、浓硫酸、乙醚、无水硫酸镁、活性炭。

四、实验步骤

1) 四氢吡喃苯甲醚的合成

在 50 mL 圆底烧瓶中按比例加入苯甲醇(1.1 g,10 mmol)、10 mL CH_2Cl_2、H_2SO_4/活性炭 0.65 g[1],搅拌下滴加二氢吡喃(1.7 g,20 mmol)的 5.0 mL CH_2Cl_2 溶液,滴加完毕后,回流反应 2 h(TLC 跟踪反应),冷却。反应装置见图 4-3。

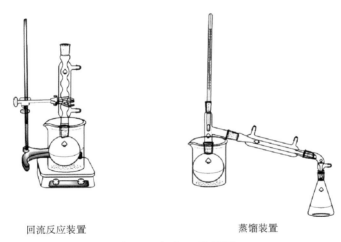

回流反应装置　　　　　　　　　　　蒸馏装置

图 4-3　实验 33 装置图

2) 四氢吡喃苯甲醚的分离

混合物过滤,滤饼(催化剂)用乙醚洗涤回收,滤液经乙醚萃取,萃取液依次用水和饱和食盐水洗涤,无水硫酸镁干燥,浓缩,残余液经快速硅胶柱层析(淋洗液配比为 $V_{石油醚}$：$V_{无水乙醚}$＝8：1)分离,蒸去溶剂得淡黄色产品,称量,计算收率。

3) 结构和纯度分析

选择合适的氘代试剂进行 ^{1}H NMR 图谱分析,说明产品结构的正确性。

【注释】

[1] 催化剂 H_2SO_4/活性炭的制备:在反应瓶中加入 100 mL 浓 H_2SO_4,搅拌

下加入活性炭 2.5 g,于室温反应 45 min 后抽滤,滤饼用蒸馏水反复洗至 pH 为中性,即制得 H_2SO_4/活性炭,置烘箱中于 80 ℃烘干备用。

五、思考题

(1) 本实验反应结束后,为什么不用 Na_2CO_3 溶液来中和酸,而是直接过滤洗涤就可以了?

(2) 本实验中,不加溶剂二氯甲烷,直接用苯甲醇与二氢吡喃反应可否? 为什么?

（唐　倩）

实验 34　苯甲酸乙酯的制备

苯甲酸乙酯($C_9H_{10}O_2$)稍有水果气味,用于配制香水香精和人造精油,也大量用于食品中,还可用作有机合成中间体、溶剂(如纤维素酯、纤维素醚、树脂)等。

【外观】无色澄清液体,有芳香气味

【密度】1.0458 g·cm^{-3}

【熔点】－34.6 ℃

【沸点】212 ℃

【闪点】93 ℃

【折射率 n_D^{20}】1.5001

一、实验目的

(1) 学习用酯化反应保护羟基的方法。

(2) 掌握苯甲酸乙酯的合成方法和原理。

(3) 掌握分水器的使用及液体有机化合物的精制方法。

二、实验原理

酸催化直接酯化法是工业和实验室制备羧酸酯最重要的方法,需用的催化剂有硫酸、盐酸和甲苯磺酸等。酸的作用是使羰基质子化,从而提高羰基的反应活性,反应是可逆的。为了使反应向有利于生成酯的方向移动,通常采用过量的羧酸或醇,或者除去反应中生成的酯或水,或者二者同时采用。制备苯甲酸乙酯的反应方程式如下:

$$\underset{\text{COOH}}{\text{苯环}} \quad + \quad CH_3CH_2OH \quad \underset{}{\overset{H_2SO_4}{\rightleftharpoons}} \quad \underset{\text{COOC}_2H_5}{\text{苯环}} \quad + \quad H_2O$$

本实验约需 5 学时。

三、实验仪器与试剂

仪器:三口圆底烧瓶(19♯,50 mL)、球形冷凝管(19♯)、油水分离器(19♯)、空气冷凝管、分液漏斗、磁力搅拌器、玻璃棒、蒸馏装置、显微熔点测定仪。

试剂:苯甲酸、无水乙醇、浓硫酸、Na_2CO_3、无水 $CaCl_2$、环己烷、乙醚。

四、实验步骤

1) 苯甲酸乙酯的合成

本实验项目装置如图 4-4 所示。在 50 mL 圆底烧瓶中加入苯甲酸(4.0 g,33 mmol)、10.0 mL 无水乙醇、15.0 mL 环己烷和 2.0 mL 浓硫酸,摇匀,加沸石,再装上分水器,从分水器上端小心加环己烷至分水器支管处,分水器上端接球形冷凝管。将烧瓶放在水浴上回流,开始时回流速度要慢,随着回流的进行,分水器中出现了上、下两层液体,且下层液体越来越多,当下层液体约 3.0 mL 时即可停止加热(约 2 h)。继续用水浴加热,使多余的环己烷和乙醇蒸至分水器中(当充满时,由分水器的活塞放出),然后关掉加热源。

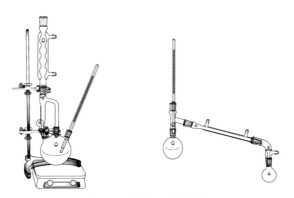

图 4-4　实验 34 装置图

2) 苯甲酸乙酯的分离

加冷水 20.0 mL,在搅拌下分批加入碳酸钠粉末,中和至产物呈中性(除去硫酸和苯甲酸)。分液,水层用 10.0 mL 乙醚萃取。合并有机层,用无水氯化钙干燥。水浴蒸出乙醚,改为电热套加热,收集 211～213 ℃的馏分。称量,计算收率。

3) 结构和纯度分析

选择合适的氘代试剂进行¹H NMR 图谱分析,说明产品结构的正确性。

五、思考题

(1) 本实验采用何种措施提高酯的收率? 为什么采用分水器除水?

(2) 何种原料过量? 为什么? 为什么要加环己烷?

(3) 为什么用水浴加热回流?

(4) 在萃取和分液时,两相之间有时出现絮状物或乳浊液,难以分层,如何解决?

(龚成斌)

实验 35　环己酮乙二醇缩酮的制备

缩酮(醛)是重要的化工中间体,通常用于保护羰基或作为有机合成中间体,同时是一类用途广泛的香料,常用于酒类、软饮料、冰淇淋、化妆品等的调香和定香。由于缩酮有母体羰基化合物的花香和果香,因此可作为新型香精。

【外观】无色透明液体,有果香味

【密度】0.980 g·cm^{-3}

【沸点】184.0 ℃

【闪点】68.9 ℃

【溶解性】溶于水(24 g·L^{-1})

一、实验目的

(1) 学习缩酮保护羰基的制备方法。

(2) 巩固回流、蒸馏、空气冷凝等基本实验技术。

二、实验原理

环己酮乙二醇缩酮又称 1,4-二氧杂螺癸烷,为缩酮类化合物,是重要的化工中间体,可作为特殊的反应溶剂,也可用作有机溶剂和有机合成中间体。缩醛、缩酮为醚类化合物,碱性条件下稳定,酸性水溶液中加热又逆反应生成醛、酮,可用来保护羰基或羟基。常用的酸有干 HCl 或对甲苯磺酸(p-CH$_3$C$_6$H$_4$SO$_3$H/C$_6$H$_6$)。反应机理如下:

（反应式图）

本实验约需 4 学时。

三、实验仪器与药品

仪器：三口圆底烧瓶（19♯，100 mL）、圆底烧瓶（50 mL 2 个）、回流冷凝管（19♯）、油水分离器、空气冷凝管（19♯）、分液漏斗、磁力搅拌器、玻璃棒、蒸馏装置、显微熔点测定仪。

药品：环己酮、乙二醇、对甲苯磺酸、环己烷、活性炭、无水硫酸镁。

四、实验步骤

1）环己酮乙二醇缩酮的合成

在 100 mL 三口烧瓶中，加入环己酮 10.4 mL、乙二醇 10.1 mL、带水剂（环己烷）20 mL 和对甲苯磺酸 0.5 g，装上油水分离器和回流冷凝管，加热反应并回流分水，至几乎无水分出时，再延长 10～20 min，约 90 min，稍冷后，放出油水分离器中的水层。实验装置见图 4-5。

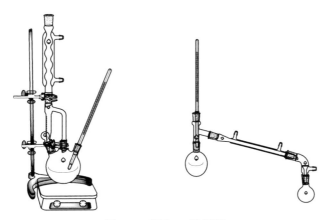

图 4-5 实验 35 装置图

2）环己酮乙二醇缩酮的分离

将三口烧瓶与油水分离器中的有机层合并后用适量盐水洗涤两次,再经无水硫酸镁干燥后进行常压蒸馏,收集前馏分,当温度达到 140 ℃后,将液体冷凝管换成空气冷凝管,再收集沸程为 178～182 ℃的馏分,即得无色透明、具有果香味的液体产品。

3）结构和纯度分析

选择合适的氘代试剂进行¹H NMR 图谱分析,说明产品结构的正确性。

测定产品折光率和红外光谱。

五、思考题

（1）本实验中对甲苯磺酸如何除去？可否用浓硫酸代替对甲苯磺酸？

（2）本实验蒸馏过程中,假如不用空气冷凝管冷凝会产生什么后果？

（龚成斌）

第 5 章　有机合成中选择性控制方法

学习指导

　　有机合成极富创造性,在于其合成反应的化学选择性、区域选择性和立体选择性,从而建构了精彩、绝妙的人工分子或合成药物的"化学珍品"。有机合成为材料科学、生命科学、环境科学的研究以及有机化学的发展和应用领域的拓展注入了正能量。学习本章,首先要区分选择性的几个基本概念;其次,要学习立体异构体的鉴别手段与方法,特别是对映异构体;最后,熟悉柱色谱在分离和纯化合成产物中的应用。

　　有机合成指的是从简单化合物出发,经过化学反应合成有机物,或者将复杂原料降解为简单化合物的过程。有机合成中的选择性为构建有机化合物的结构多样性和性质多样性提供了强大的手段。有机合成选择性问题即是在底物分子特定的位置或官能团上进行特定的反应。对于复杂分子的合成,反应选择性起着非常重要的作用,选择性专一的反应生成唯一的产物,可避免化合物难分离的困难。有机反应的选择性包括化学选择性、区域选择性和立体选择性。反应选择性与产物的收率密切相关,并且产物立体化学结构会直接影响化合物的活性。因此有机反应尤其是不对称有机反应的选择性问题,一直是有机化学关注的热点问题。

5.1　有机合成中的选择性

5.1.1　化学选择性

　　化学选择性(chemoselectivity)是指不使用保护或活化等有机合成方法,反应试剂对不同的官能团或处于不同化学环境的相同官能团进行的选择性反应,或一个官能团在同一反应体系中可能生成不同官能团产物的控制情况。例如,同时具有羰基和酯基官能团的化合物用 $LiAlH_4$ 或 $NaBH_4$ 处理发生还原反应时,因羰基和酯基官能团的反应性不同,羰基优先被还原成醇。

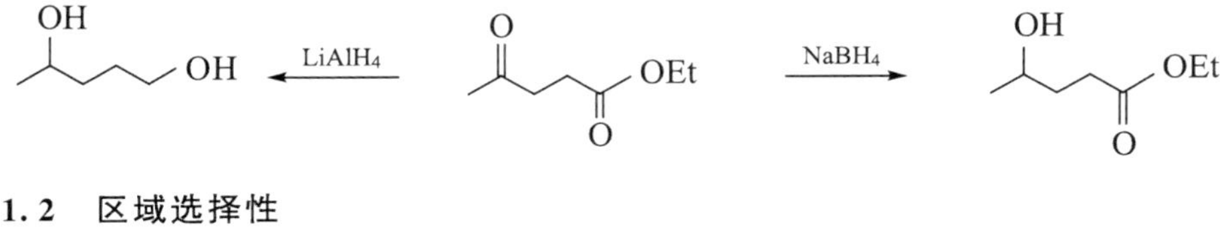

5.1.2　区域选择性

　　区域选择性(regioselectivity)指的是相同官能团在同一分子的不同位置上发

生反应时,试剂只能与分子的某一特定位置作用,而不与其他位置上相同的官能团作用。例如,β-酮酸乙酯与苯乙基溴反应,由于两个吸电子基团的作用,两个羰基之间的亚甲基的酸性比较强,在化学计量的碱的作用下,与苯乙基溴发生的烷基化反应主要在这个位置;但当在 2 mol 的碱作用下,两个位置都能被剥离一个质子成为双负离子,这样的情况下,与 1 mol 苯乙基溴的反应主要发生在和苯基相连的亚甲基碳上,这是因为该位置亲核性更强。

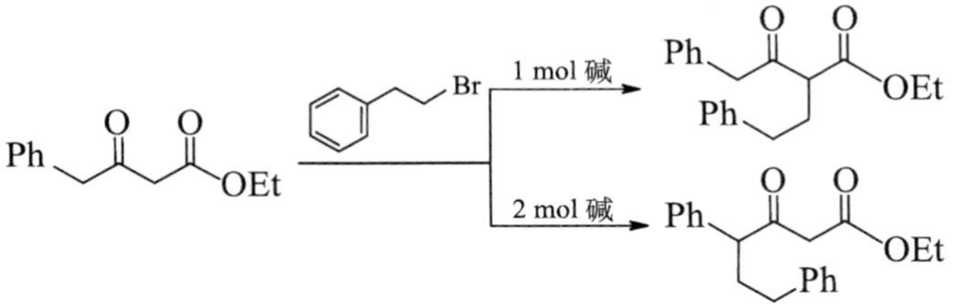

5.1.3 立体选择性与专一性

立体选择性(stereoselectivity)指的是化学反应在可能生成多种立体异构体时的选择情况。立体选择性包括顺反异构、对映异构、非对映异构选择性。如果一个反应可以生成几种立体异构体,其中一种立体异构体优先生成,在反应产物中的比例相对较高,则该反应是立体选择性的。例如,非对称卤代烷烃在碱性条件下发生消除反应时,不仅具有前述的区域选择性,形成的烯烃还可能存在顺反异构现象,并以反式为主。

顺反异构:

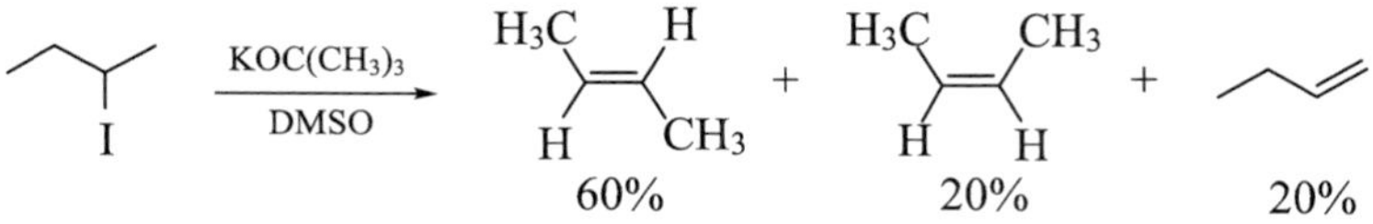

非对映选择性和对映选择性:

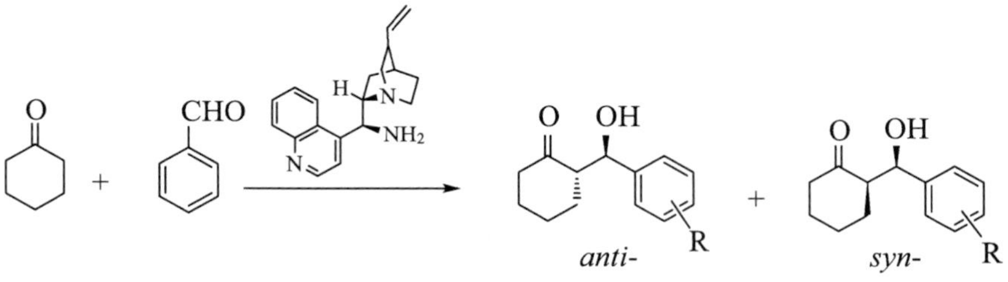

如果反应只生成其中一种异构体,这个反应就是立体专一性反应。

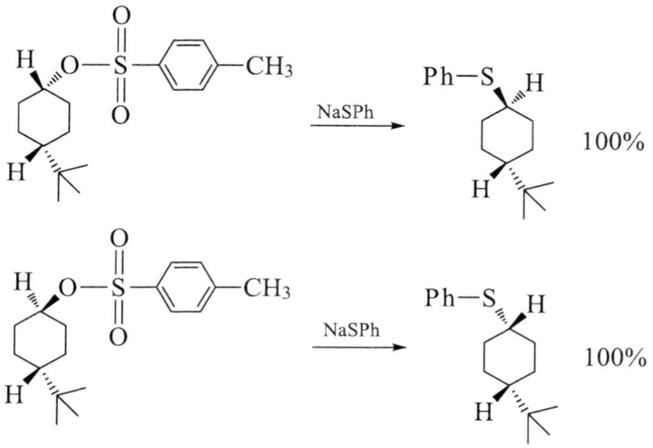

有机分子的合成常涉及上述三种选择性问题。反应物一般含有多官能团,而目标化合物又具有特定构型。选择性反应的实现,首先取决于反应底物的结构情况。因此,最好的办法就是开发和使用高选择性的反应,并通过试剂和反应条件的选择实现选择性的控制,这是现代有机合成方法学研究的重要课题。

5.2　不对称合成

手性是自然界的基本属性之一,是指物质具有类似"左手和右手互为镜像,但不能完全重叠"的性质。例如,乳酸存在两种空间构型,二者互为镜像关系,但在空间上不能完全重叠。手性化合物对于人类健康和社会生活具有重要的意义。具有不同手性构型的药物分子在生物体内能够体现出相同、不同甚至相反的药理活性,因此,手性化合物的获取显得十分重要。手性化合物的获得可以通过手性合成子和不对称合成实现。其中,不对称合成(手性合成)是获得手性化合物的最佳途径。不对称合成是将潜手性单元转化成手性单元,并产生不等量立体异构体的过程。近几十年,"手性药物"工程、手性精细化学品、手性材料等都对化合物提出了"手性"要求,使得不对称合成成为了当代有机化学研究的热点和前沿。

不对称合成大概经历了以下四个阶段。

5.2.1　底物控制法

底物控制法也称第一代不对称合成,即反应物 S*(substrate)中已有的手性单元经过分子内手性传递,诱导产物 P*(product)中产生新的手性单元。例如,(S)-2-羟基丁酸二乙酯在二异丙基氨基锂(LDA)的作用下,可以与苄溴发生烷基化反应。由于反应物中已有手性单元的影响,产物中新生成的手性中心主要为 R 构型。该方法的缺陷是需要预先合成手性底物。

$$S^* \xrightarrow{R} P^*$$

CH₃CH₂OOC—(OH)—COOCH₂CH₃ 的结构式

$$\text{CH}_3\text{CH}_2\text{OOC}\overset{\text{OH}}{\underset{}{\diagup}}\text{COOCH}_2\text{CH}_3 \xrightarrow[\text{PhCH}_2\text{Br}]{\text{2LDA}} \text{CH}_3\text{CH}_2\text{OOC}\overset{\text{OH}}{\underset{\text{CH}_2\text{Ph}}{\diagup}}\text{COOCH}_2\text{CH}_3$$

anti/syn>91:9

5.2.2　辅基控制法

辅基控制法是第二代不对称合成,即在反应物 S 中引入手性辅助基团 A*(auxiliary),在反应过程中,通过分子内手性传递,诱导产物 P* 中产生新的手性单元。与底物控制法不同的是,手性辅基 A* 在完成反应后可以从产物中脱除,有的可以回收并重复利用。该方法的缺陷是在手性辅基的引入和脱除时需要额外增加合成步骤。例如,将手性噁唑酮(Evans 手性辅基)引入到丙酸中,形成的酰亚胺在 LDA 作用下与苄溴发生烷基化反应。手性辅基中的手性经过分子内传递到羰基 α-位,诱导产物优先生成 R 构型的手性中心,随后在碱性条件下醇解生成手性酯。

$$S + A^* \xrightarrow{R} P\text{-}A^* \xrightarrow{-A^*} P^*$$

反应式图

5.2.3　手性试剂控制法

手性试剂控制法是第三代不对称合成,即通过手性试剂与反应物的分子间相互作用,将手性试剂的手性经由分子间传递,诱导产物中产生新的手性单元。在这种方法中,需要使用化学计量的手性试剂来控制产物的立体选择性。例如,(R,R)-1,2-二苯基乙二胺衍生的手性双磺酰胺溴化硼可以很好地促进 3-戊酮与苯甲醛的不对称羟醛缩合反应(Aldol 反应)。该手性试剂一方面与酮作用,促进 3-戊酮的烯醇化,以增加其亲核性,另一方面与醛作用,增加醛的亲电性,从而促进该反应的进行。手性试剂中的手性通过分子间的传递,诱导生成具有 (S,S) 构型的 β-羟基羰基化合物。

$$S \xrightarrow{R^*} P^*$$

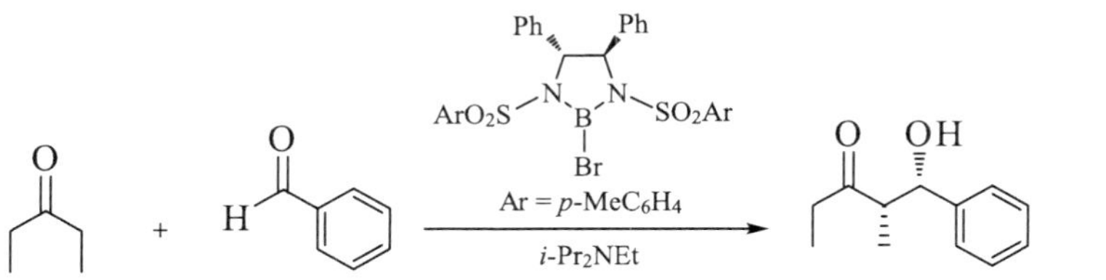

95%收率;*syn/anti*=94:6
97%ee

5.2.4 不对称催化

不对称催化是第四代不对称合成,即在催化量手性试剂的作用下,催化剂的手性经过分子间或临时分子内的传递,诱导产物中产生新的手性单元。在这种方法中,只需催化量的手性化合物,因此在不对称合成中具有重要的研究价值和广阔的应用前景。催化剂可以预先制备,也可以在反应体系中通过手性配体(L*)与活性催化中心配位原位形成。例如,在(S)-脯氨酸的催化作用下,丙酮与对硝基苯甲醛的羟醛缩合反应得以顺利进行。催化剂中的手性在反应过程中通过分子间的方式传递到产物中,形成具有 R 构型的 β-羟基羰基化合物。

$$S \xrightarrow{Cat^*} P^* \qquad\qquad S \xrightarrow{Cat/L^*} P^*$$

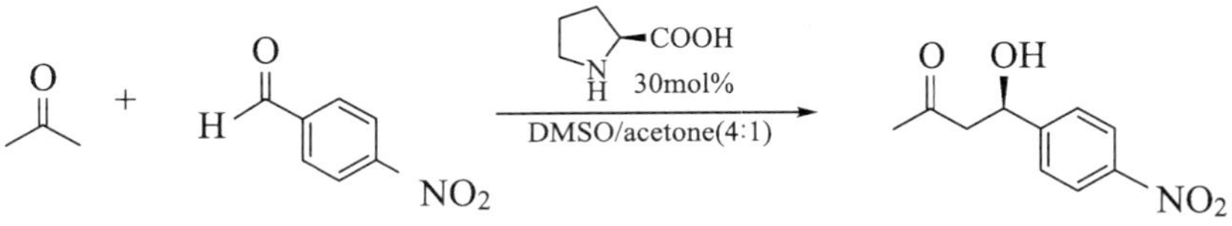

68%,76%ee

5.3 对映体组成的测定

手性分子的每对对映体都能把偏振光旋转到一定的角度,其数值相等但方向相反,因此,如果一个对映体的量超过另一个,手性化合物就是光学活性的。获得对映体的组成,对于研究立体化学特别是不对称合成十分重要,因为化学家必须得到对映体组成,以便对他们的不对称诱导反应进行评价。

样品的对映体组成可用术语对映体过量(enantiomeric excess)表示,常写作％ee,它表示一个对映体对另一个对映体的过量,通常用百分数表示。相应的,样品的非对映体组成可描述为非对映体过量或%de，它表示一个非对映体对另一个非对映体的过量。对映体过量和非对映体过量表示如下：

$$\%ee=\frac{[R]-[S]}{[R]+[S]}\times100\%\qquad \%de=\frac{[SS+RR]-[SR+RS]}{[SS+RR]+[SR+RS]}\times100\%$$

5.3.1　色谱法

　　为了测定一个对映体对另一个对映体过量的多少，可以使用高效液相色谱（HPLC）和气相色谱（GC）为基础的分析方法。对映体在手性固定相上直接分离已被广泛用于对映体组成的测定，这种用于液相色谱和气相色谱的手性固定相手性柱已是成熟的商品化产品。气相色谱仅限于挥发性和热稳定化合物，这一局限可通过使用手性固定相的液相色谱得到弥补（图 5-1）。近 10 年来，用于对映体纯度测定的快捷简便的液相色谱法得到广泛的应用。

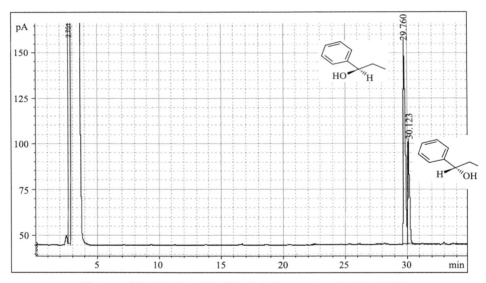

图 5-1　手性固定相气相色谱法分离（R）和（S）-1-苯基丙醇谱图

5.3.2　比旋光度的测量

　　比旋光度（$[\alpha]_D^{20}$）可以通过测定的旋光度值来计算：

$$[\alpha]_D^{20}=\frac{\alpha}{Lc}\times100$$

式中，α 为测定的旋光度；L 为样品池光路长度，dm；c 为浓度，g·100 mL^{-1}溶剂。

　　光学纯度（optical purity）是指某化合物的比旋光度$[\alpha]_{化合物}$为其纯化合物比旋光度$[\alpha]_{标准}$的百分数：

$$光学纯度 = \frac{[\alpha]_{化合物}}{[\alpha]_{标准}} \times 100\%$$

比旋光度的测量是测定对映体组成的传统方法,该方法快速,但在多数情况下不是很精确,因此这个方法有其局限性:

(1)必须知道在实验条件下纯对映体的比旋光度,以便与样品的测量结果进行比较。

(2)旋光或光学纯度的测量受到许多因素的影响,如偏振光波长、溶液浓度、温度等,特别是具有大比旋光度的杂质存在显著影响。

(3)需要相对多量的样品,以获得合理的数据。

实验 36　反-2-戊烯的区域选择性合成

反-2-戊烯(*trans*-2-pentene)是一种重要有机化工中间体。

【外观与性状】无色透明液体

【密度】0.64 g · cm^{-3}

【熔点】-140 ℃

【沸点】37 ℃

【闪点】-45.6 ℃

一、实验目的

(1)学习卤代烃消除制备烯烃的方法。

(2)巩固蒸馏等基本实验技术。

(3)学习卤代烃消除反应的机理及区域选择性。

二、实验原理

非对称卤代烃在发生消除反应时具有区域选择性,一种是形成热力学稳定产物(Zaitsev 规则),另一种是形成取代较少的烯烃。该区域选择性由反应物结构、所用碱的结构及碱性强弱来控制。本实验是利用 2-溴戊烷在 1,8-二氮杂二环[5.4.0]十一碳-7-烯(DBU)作用下,主要生成热力学稳定的反-2-戊烯来认识有机化学反应中的区域选择性。

本实验约需 4 学时。

三、实验仪器与试剂

仪器:圆底烧瓶(19♯,25 mL)、烧杯(150 mL)、冷凝管(19♯,2 支)、温度计、蒸馏头、分馏柱、锥形瓶(19♯,25 mL)。

试剂:2-溴戊烷、DBU。

四、实验步骤

1) 反-2-戊烯的合成

在 25 mL 圆底烧瓶中加入 5 mL 2-溴戊烷和 5 mL DBU,装上回流冷凝管,加热到 75～85 ℃,待白色沉淀出现后继续反应 20 min,然后将回流装置改成分馏装置,收集 35～40 ℃的馏分,称量并计算收率。

2) 产物立体结构分析

产物由反-2-戊烯和顺-2-戊烯组成。其中,反-2-戊烯为主要产物,通过该混合物的 ^{1}H NMR 谱图,试分析两种构型产物的含量比例。

五、思考题

(1) 卤代烃消除反应的区域选择性由什么决定?
(2) 如何通过改变反应条件来控制产物的区域选择性?
(3) 写出卤代烃消除反应的反应机理。

（郭其祥）

实验 37　2,3-二溴-3-苯基丙酸的合成

2,3-二溴-3-苯基丙酸(2,3-dibromo-3-phenylpropionic acid)是一种重要有机合成中间体。

【外观】晶体
【密度】1.914 g·cm^{-3}
【熔程】205～206 ℃
【沸点】321 ℃
【闪点】148 ℃

一、课前准备

查阅手册获得肉桂酸、溴、二氯甲烷的物理化学性质及安全使用方法。阅读有

机化学教材,掌握卤素与烯烃发生亲电加成反应的立体化学特征。查阅工具书,掌握立体异构化合物的结构鉴定手段。

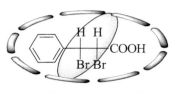

2,3-二溴-3-苯基丙酸结构式

阅读本书相关章节内容,给出本实验的装置图,分析各部分装置的功能。熟悉本实验的操作流程,掌握本实验的关键操作。

写出预习报告。

二、实验原理

烯烃与溴的加成是立体专一性的反式加成。通过烯烃与溴的加成反应可以方便地合成邻二溴代烷烃。本实验即是利用碳碳双键与溴的立体专一性反式加成,认识有机化学反应中的立体选择性问题。

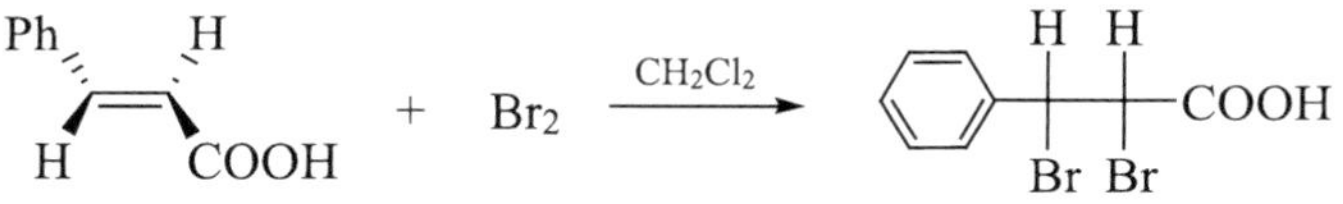

加成机理如下:

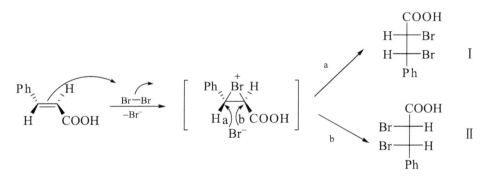

本实验约需 8 学时。

三、实验仪器与试剂

仪器:圆底烧瓶(19♯,50 mL)、烧杯(150 mL)、回流冷凝管(19♯)、玻璃棒、抽滤瓶、显微熔点测定仪。

试剂:反式肉桂酸、溴、二氯甲烷、乙醇、水。

四、实验步骤

1) 2,3-二溴-3-苯基丙酸的合成

在 50 mL 圆底烧瓶中加入 1.2 g 反式肉桂酸、7 mL 二氯甲烷和 4 mL 含 10%

溴的二氯甲烷溶液,振荡后加入几粒沸石,装上回流冷凝管。将圆底烧瓶置于烧杯的水浴中,加热保持水浴为 45~50 ℃,回流 45 min。如果反应期间溴的颜色消失,则从冷凝管上端滴加少量溴溶液,直至反应液保持淡橙色不变。

2)2,3-二溴-3-苯基丙酸的分离

将烧瓶置于冰水浴中冷却,使产物结晶完全。抽滤,粗产物用少量冷的二氯甲烷洗涤三次,抽干。然后将粗产物转移到锥形瓶中,加入 2 mL 乙醇,在水浴中加热至沸。如结晶未完全溶解,补加适量乙醇至结晶全溶。在醇溶液中加入等体积水,在水浴中温热至结晶开始形成,冷至室温并置于冰浴中冷却,待完全结晶后抽滤、干燥。计算收率并测定产物熔点。

3)2,3-二溴-3-苯基丙酸的立体结构分析

选择适当的氘代试剂测定产物的^{1}H NMR 图谱,与标准化合物的^{1}H NMR 图谱对比,确定产物的立体构型。也可测定本实验产物的熔点,并与Ⅰ型产物和Ⅱ型产物的文献报道熔点进行比较,确定合成的 2,3-二溴-3-苯基丙酸的立体构型。

五、思考题

(1)本反应中溴的用量对产物的生成有何影响? 如何验证溴的用量是否适当?

(2)写出溴分别与顺式 2-丁烯和反式 2-丁烯加成的反应机理及产物,并讨论产物的立体化学特征。

(3)2,3-二溴-3-苯基丙酸的立体构型有多少个?

(4)2,3-二溴-3-苯基丙酸的立体构型中,Ⅰ型产物和Ⅱ型产物是非对映异构关系还是对映异构?

(5)查阅资料并设计确定本实验中Ⅰ型产物和Ⅱ型产物含量的实验方案。采取什么样的实验方案可得到其中之一产物?

(郭其祥)

实验 38　1,2-二苯基乙二胺的拆分

手性 1,2-二苯基乙二胺作为手性配体或手性合成子广泛应用于不对称合成中,尤其在不对称催化领域具有重要用途。

(R,R)-1,2-二苯基乙二胺　　　　　　　　　　　(S,S)-1,2-二苯基乙二胺

【外观】无色或微黄色结晶　　　　　　　　　　无色或微黄色结晶

【密度】1.106 g·cm^{-3}　　　　　　　　　　　1.106 g·cm^{-3}

【熔点】79～83 ℃ 　　　　　　　　　　　79～83 ℃

【沸点】354 ℃ 　　　　　　　　　　　　354 ℃

【比旋光度】102°（$c=1$ g・100 mL^{-1}，EtOH）　−102°（$c=1$ g・100 mL^{-1}，EtOH）

【溶解性】不溶于水，易溶于甲醇、乙醇，在空气中易氧化

一、课前准备

查询相关资料了解 1,2-二苯基乙二胺在有机合成中的用途；了解 1,2-二苯基乙二胺的物理化学性质；了解合成手性 1,2-二苯基乙二胺的方法。阅读手性合成相关书籍，了解不对称合成的主要策略；掌握通过消旋体拆分获得手性化合物的原理及相关操作。

阅读本书关于不对称合成的知识内容，结合本实验化学反应特点，分析本实验装置的功能和操作控制要领。复习重结晶提纯固体化合物的相关操作要领。

写出预习报告。

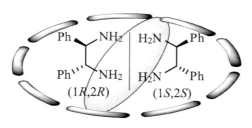

外消旋 1,2-二苯基乙二胺

二、实验原理

外消旋 1,2-二苯基乙二胺与旋光化合物酒石酸形成非对映异构体。利用非对映异构体具有不同溶解度的性质差别，采用重结晶进行分离，然后去除酒石酸拆分剂，获得光学纯的 1,2-二苯基乙二胺。

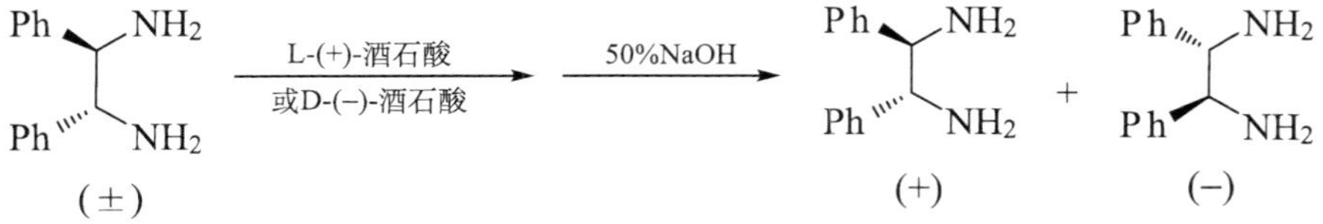

本实验约需 8 学时。

三、实验仪器与试剂

仪器：磁力加热搅拌器、三口烧瓶（250 mL 2 个）、过滤装置、单口烧瓶（150 mL 2 个）、冷凝管（2 个）、分液漏斗（250 mL 2 个）、真空干燥箱、比旋光度仪。

试剂:外消旋的 1,2-二苯基乙二胺、L-(＋)-酒石酸、D-(－)-酒石酸、乙醇、二氯甲烷、己烷、50%氢氧化钠。

四、实验步骤

1) (S,S)-(－)- 1,2-二苯基乙二胺的拆分

在装有搅拌器的 250 mL 三口烧瓶中,加入外消旋的 1,2-二苯基乙二胺(10.6 g, 0.05 mol)和 58 mL 乙醇,搅拌加热至 70 ℃,固体溶解后,缓缓加入 L-(＋)-酒石酸(7.5 g,0.05 mol)与 75 mL 乙醇组成的溶液,立即生成酒石酸盐沉淀。冷却到室温,过滤,用乙醇洗涤两次,每次 15 mL,真空干燥。然后将固体用 60 mL 水煮沸溶解,稍冷,加入 60 mL 乙醇,均相溶液慢慢冷却到室温,过滤,用 10 mL 乙醇洗,真空干燥。按上述重结晶操作(60 mL 水和 60 mL 乙醇)再重复两次,可得到无色晶体(酒石酸盐)5.8～6.3 g。

将得到的固体加入 250 mL 烧瓶中,加入 60 mL 水,磁力搅拌下冷却到 0～5 ℃,滴入 5.8 mL 50%氢氧化钠溶液,接着加入 40 mL 二氯甲烷。加毕,继续搅拌 30 min,分出有机物,水相用二氯甲烷萃取两次,每次 15 mL,合并有机液,用盐水 15 mL 洗涤,用无水硫酸钠干燥。过滤后,旋转蒸发浓缩。残留物用己烷重结晶,得无色晶体(S,S)-(－)- 1,2-二苯基乙二胺 3～3.5 g。

2) (R,R)-(＋)-1,2-二苯基乙二胺的拆分

将上述所有的滤液合并,减压旋转浓缩至干后转入 250 mL 三口烧瓶中,加入 60 mL 水,激烈搅拌下滴加 6.3 mL 50%的氢氧化钠溶液,接着加入 50 mL 二氯甲烷溶液,加毕,继续搅拌 30 min。分出有机相,水相用二氯甲烷萃取两次,每次 15 mL,合并二氯甲烷,并用 15 mL 盐水洗涤,无水硫酸钠干燥。过滤后减压旋转浓缩,得 6～6.8 g 淡黄色晶体$(1R,2R)$- 1,2-二苯基乙二胺。此粗二胺与 D-(－)-酒石酸成盐后,按照上述重结晶的方法进行纯化处理,最后可得 7.3～7.5 g 酒石酸盐的晶体,收率 80%～85%。然后再按(S,S)-(－)- 1,2-二苯基-1,2-乙二胺同样的步骤用碱处理。最终得 2.9～3.3 g (R,R)-(＋)- 1,2-二苯基-1,2-乙二胺,收率 54%～61%。

3) 光学纯度的鉴定

用旋光仪测定拆分产品的旋光度,计算比旋光度并与标准值比较,计算光学纯度。标准值:$[\alpha]_D^{23} = -102°\pm1°$和$[\alpha]_D^{23} = +102°\pm1°$($c=1$ g · 100 mL^{-1},EtOH)。

五、思考题

(1) 外消旋 1,2-二苯基乙二胺与 L-(＋)-酒石酸生成酒石酸盐沉淀,请写出该酒石酸盐的结构;同样的,外消旋 1,2-二苯基乙二胺与 D-(－)-酒石酸生成酒石酸盐沉淀,写出该酒石酸盐的结构。

（2）为什么(S,S)-(一)- 1,2-二苯基乙二胺与 L-(＋)-酒石酸生成的酒石酸盐在该实验条件下不溶,(R,R)-(＋)- 1,2-二苯基乙二胺与 L-(＋)-酒石酸生成的酒石酸盐在该实验条件下却溶解呢?

（马学兵）

实验 39　(R)-4-羟基-4-(对硝基苯基)-2-丁酮的合成

β-羟基羰基化合物同时含有羟基和羰基官能团,是有机合成中重要的合成子。

【外观】 白色固体

【密度】 $1.287 \text{ g} \cdot \text{cm}^{-3}$

【熔点】 55～57 ℃

【沸点】 385 ℃

【闪点】 168 ℃

一、课前准备

查询相关资料,了解丙酮、对硝基苯甲醛的相关物理化学性质;了解 β-羟基羰基化合物的一般合成方法及用途;了解不对称羟醛缩合反应的实现策略。阅读不对称合成相关书籍,了解通过不对称催化反应实现光学活性化合物合成的策略;掌握手性氨基酸催化有机化学反应的催化原理和手性控制模型;掌握利用薄层色谱监测有机化学反应的原理和操作。

阅读本书不对称合成相关知识内容,结合本实验化学反应特点,分析本实验装置的功能和操作控制要领。阅读本书关于柱色谱提纯化合物的相关实验操作以及关于微量有机化学反应的操作。

写出预习报告。

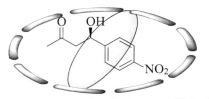

(R)-4-羟基-4-(对硝基苯基)-2-丁酮结构式

二、实验原理

(R)-4-羟基-4-(对硝基苯基)-2-丁酮一般通过丙酮与对硝基苯甲醛在酸性或碱性条件下发生羟醛缩合反应合成。2000 年,Barbas、List 等首次报道了脯氨酸催化丙酮与对硝基苯甲醛的不对称羟醛缩合反应。可能的反应机理如下:

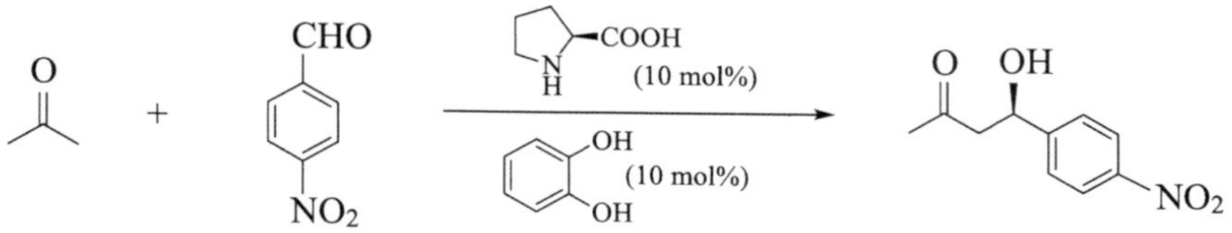

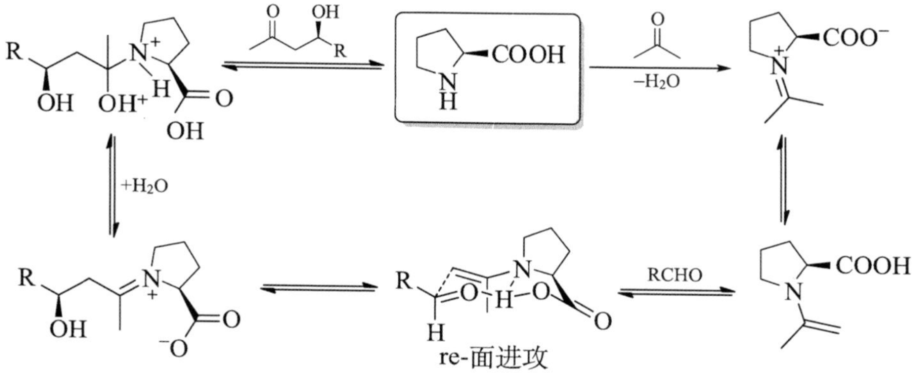

本实验约需 12 学时。

三、实验仪器与试剂

仪器:玻璃磨口反应管(14♯,15 mL)、搅拌子、恒温电磁搅拌器、水循环真空泵(公用)、旋转蒸发器(公用)、电子分析天平(公用)、烧杯(50 mL、400 mL)、量筒(10 mL、250 mL)、圆底烧瓶(19♯,150 mL;14♯,10 mL)、硬质玻璃试管(100×10 mL)、层析柱。

试剂:丙酮(分析纯)、对硝基苯甲醛、L-脯氨酸、邻苯二酚、石油醚、乙酸乙酯、层析硅胶(200～300 目)、二氯甲烷。

四、实验步骤

1)(R)-4-羟基-4-(对硝基苯基)-2-丁酮合成

称取 L-脯氨酸(6 mg,0.05 mmol)、邻苯二酚(6 mg,0.05 mmol)以及丙酮(2 mL)加入玻璃磨口反应管(15 mL)中,加入搅拌子,在 35 ℃搅拌 15 min。称取对硝基苯甲醛(75.6 mg,0.5 mmol)加入反应管中,继续在该温度搅拌。反应过程中,用薄层色谱监测反应,待大量对硝基苯甲醛消失后停止反应,需 3～4 h。

2)(R)-4-羟基-4-(对硝基苯基)-2-丁酮纯化

将反应体系中过量的丙酮蒸除,加入少量二氯甲烷溶解粗产物。采取干法装柱法将色谱柱装好,使用正己烷:乙酸乙酯=5:1 的溶液为洗脱剂,用试管收集产品。将相应组分合并、蒸干后得纯目标化合物,计算收率。

　　3) 产品结构与光学纯度分析

　　选择适当的氘代试剂测定产物的¹H NMR 图谱,分析结构的正确性。

　　利用高效液相色谱测定其对映选择性(测定条件:Daicel CHIRALPAK AD—RH 手性柱,流动相为 MeCN:H₂O=30:70,流速 0.5 mL·min⁻¹,25 ℃):① 测定外消旋体 4-羟基-4-(对硝基苯基)-2-丁酮的保留时间,谱图如图 5-2 所示;② 测定合成产品的保留时间(t_R=13.0,16.3),根据峰面积计算%ee 值,谱图如图 5-3 所示。

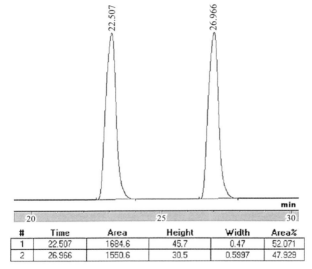

#	Time	Area	Height	Width	Area%
1	22.507	1684.6	45.7	0.47	52.071
2	26.966	1550.6	30.5	0.5997	47.929

图 5-2　外消旋体 4-羟基-4-(对硝基苯基)-2-丁酮的 HPLC 谱图

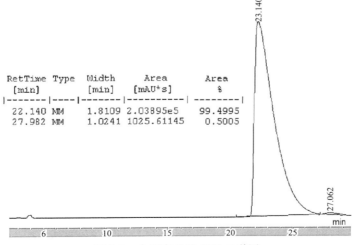

RetTime [min]	Type	Width [min]	Area [mAU*s]	Area %
22.140	MM	1.8109	2.03895e5	99.4995
27.982	MM	1.0241	1025.61145	0.5005

图 5-3　合成产品的 HPLC 谱图

五、思考题

（1）本反应的手性控制是如何实现的？

（2）β-羟基羰基化合物有哪些化学性质？在合成及后处理过程中应注意哪些问题？

（3）柱色谱分离的原理是什么？利用柱色谱分离化合物有哪些操作要点？

（4）邻苯二酚在反应中起什么作用？

（郭其祥）

实验40　（S）-4-氯-3-羟基丁酸乙酯的不对称合成

（S）-4-氯-3-羟基丁酸乙酯［ethyl（S）-4-chloro-3-hydroxybutyrate］是重要的手性合成子，是合成降血脂、降胆固醇、心血管药及抗生素等的重要光学活性中间体。

【外观与性状】无色液体

【密度】1.187 g·cm^{-3}

【沸点】263.4 ℃（93～95 ℃/5 mmHg）

【折射率 n_D^{20}】1.453

【旋光度［α］$_D^{23}$】-14.9（neat）

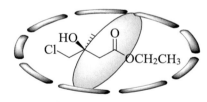

（S）-4-氯-3-羟基丁酸乙酯结构式

一、课前准备

查询相关资料，了解（S）-4-氯-3-羟基丁酸乙酯在有机合成、药物合成中的重要用途；了解目前合成该化合物的常用方法。阅读不对称合成相关书籍，熟悉通过不对称催化实现光学活性化合物合成的策略；了解酶催化在不对称合成中的重要应用以及催化特点。

阅读本书不对称合成相关知识内容，结合本实验化学反应特点，分析本实验装置的功能和操作控制要领。阅读本书关于减压蒸馏提纯化合物的相关知识及实验操作。

写出预习报告。

二、实验原理

生物酶催化的不对称合成是指利用纯酶或有机体催化无手性、潜手性化合物转变为手性产物的过程。本实验选用对环境友好、反应条件温和、立体选择性高的酶,催化还原 4-氯-乙酰乙酸乙酯制备(S)-4-氯-3-羟基丁酸乙酯。

本实验约需 8 学时。

三、实验仪器与试剂

仪器:三口烧瓶(1000 mL)、分液漏斗(100 mL)、常压蒸馏装置、减压蒸馏装置、旋光仪(公用)、电子天平(公用)、电子分析天平(公用)、烧杯(100 mL、250 mL)、量筒(500 mL)、恒温电磁搅拌器、搅拌子。

试剂:蔗糖、酵母、KH_2PO_4(0.15 mol·L^{-1})、4-氯-乙酰乙酸乙酯、乙酸乙酯。

四、实验步骤

1)(S)-4-氯-3-羟基丁酸乙酯的制备

在 1000 mL 三口烧瓶中,加入 500 mL 水和 40.0 g 蔗糖,搅拌均匀,加热至 36.5 ℃(需要精确控制),缓慢加入酵母 50.0 g ,用 0.15 mol·L^{-1}的 KH_2PO_4调 pH 为 7.0 后,缓慢加底料 4-氯-乙酰乙酸乙酯(12.0 g,0.073 mol),反应 4 h。

2)(S)-4-氯-3-羟基丁酸乙酯的分离

用乙酸乙酯萃取两次,每次 30 mL,合并萃取液,常压蒸馏回收乙酸乙酯,减压蒸馏得产品 7.4 g,(S)-4-氯-3-羟基丁酸乙酯沸点:93~95 ℃/5 mmHg。

3)(S)-4-氯-3-羟基丁酸乙酯的结构分析

测定(S)-4-氯-3-羟基丁酸乙酯的旋光度,从而计算其比旋光度值,并与标准 (S)-4-氯-3-羟基丁酸乙酯的比旋光度($[\alpha]_D^{20} = -13.9°$)进行比较。

五、思考题

(1) 在本实验中,4-氯-3-羟基丁酸乙酯的立体选择性用旋光仪进行分析,请查阅相关资料,阐述还可以通过哪些方法表征反应中的立体选择性。

(2) 测定本实验合成的 4-氯-3-羟基丁酸乙酯的比旋光度值。若测得$[\alpha]_D^{20} = +13.00$,请计算合成的(S)-4-氯-3-羟基丁酸乙酯的光学纯度。

(3) 酶催化不对称合成是不对称合成的重要方向,请查阅资料,举例说明其在不对称合成中的重要性。

(马学兵)

第6章 多步合成实验

学习指导

　　以简单的原料合成复杂的有机化合物不是一步就能完成的,往往需要几次官能团的转化,经过多步合成步骤,才能制备得到目标化合物。为了保证多步合成实验的成功,必须要对中间产物结构的正确性进行证明,同时要保证合成中间体的纯度,以免引入杂质,影响后续的合成反应。

　　本章应更加注重薄层色谱、物质结构分析和产品纯度检测的应用。

　　以简单的原料合成复杂的有机化合物是有机化学最重要的任务之一,有机合成是科学研究、合成新物质、探索新领域的重要途径。多步有机合成就是将前一步反应所得的产品作为后一步反应的原料,经多步反应后得到目标产物。由于各步反应的收率低于理论收率,反应步骤增多,总收率必然受到累加影响。即使是只需五步的合成,假设每步收率为 80% ,则其总收率仅为 $(0.8)^5 \times 100\% = 32.8\%$,而五步以上的合成在科学研究和工业生产中均比较普遍。为保证多步有机合成实验的顺利进行,人们一直在研究可获得高收率的反应,并改进实验技术以减少每一步的损失,这也是多步合成必须重视的问题。如果某一步反应没有成功,将导致多步有机合成的失败。

实验 41　甲基橙的制备

　　甲基橙是一种常用的酸碱指示剂,在 pH 为 4.4 以上的水溶液中呈黄色($\lambda_{最大} = 460$ nm),pH 为 3.2 以下的水溶液中呈红色($\lambda_{最大} = 520$ nm),而 pH 在 3.1～4.4 为变色域。它可以通过重氮化反应和偶联反应合成。本实验以苯为起始原料,经过四个系列实验合成甲基橙。合成路线如下:

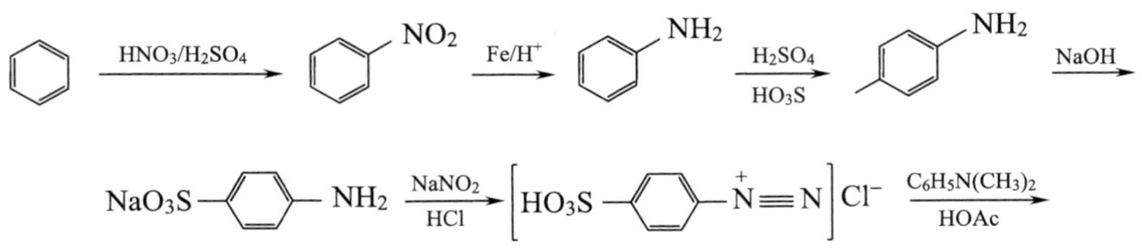

$$\left[HO_3S-\text{⟨benzene⟩}-N=N-\text{⟨benzene⟩}-\overset{+}{\underset{H}{N}}(CH_3)_2\right]^-OAc \xrightarrow{NaOH}$$

$$NaO_3S-\text{⟨benzene⟩}-N=N-\text{⟨benzene⟩}-N(CH_3)_2$$

本实验需 22～24 学时。

步骤一　硝基苯的制备

硝基苯又名密斑油、苦杏仁油,遇明火和高热易燃烧、爆炸,是重要的化工原料,用作有机合成中间体及生产苯胺、偶氮苯、染料的原料,可用于多种医药、染料、香料、炸药的中间体。硝基苯也常用作有机溶剂,由于能溶解三氯化铝,故广泛用作 Friedel-Crafts 反应的溶剂。

【外观】无色或微黄色具苦杏仁味的油状液体

【密度】$1.205 \ \text{g} \cdot \text{cm}^{-3}$

【熔点】$5.7 \ ℃$

【沸点】$210.8 \ ℃$

【闪点】$88 \ ℃$

【折射率 n_D^{20}】1.5562

一、实验原理

$$\text{⟨benzene⟩} + HNO_3 \text{(浓)} \xrightarrow[50\sim55 \ ℃]{H_2SO_4 \text{(浓)}} \text{⟨benzene⟩}-NO_2 + H_2O$$

本步骤约需 4 学时。

二、实验仪器与试剂

仪器:三口烧瓶(100 mL)、滴液漏斗、锥形瓶(100 mL)、搅拌磁子、磁力加热搅拌器、磁力搅拌恒温水浴锅、温度计、烧杯(150 mL)、分液漏斗、空气冷凝管、蒸馏装置。

试剂:苯、浓硝酸、浓硫酸、5% 氢氧化钠溶液、无水氯化钙。

三、实验步骤

1) 混酸的配制

在 100 mL 锥形瓶中加入 9 mL 浓硝酸(12.8 g,0.2 mol)[1],在冷却和摇荡下慢慢加入 10 mL 浓硫酸(18.5 g,0.19 mol),制成混合酸备用。

2) 硝基苯的制备和纯化

在置有搅拌磁子的 100 mL 三口烧瓶上,分别装置温度计(水银球伸入液面以下)和滴液漏斗,另一边口连一玻璃弯管,并用橡胶管连接通入水槽。在三口烧瓶中加入苯(9 mL, 8 g, 0.1 mol),开动搅拌,自滴液漏斗逐渐滴入上述制好的冷的混合酸。控制滴加速度使反应温度维持在 50~55 ℃,切勿超过 60 ℃[2],必要时可用冷水浴冷却。滴加完毕后,将三口烧瓶在 60 ℃ 左右的热水浴上继续搅拌 15~30 min。

待反应物冷却至室温后,倒入盛有 50 mL 水的烧杯中,充分搅拌后让其静置,待硝基苯沉降后小心倾滗出上层酸液(倒入废物缸)。粗产物转入分液漏斗,依次用等体积的水、5% 氢氧化钠溶液、水洗涤后[3],粗产物用无水氯化钙干燥。将干燥好的硝基苯滤入蒸馏瓶,接空气冷凝管,加热蒸馏,收集 205~210 ℃ 馏分[4],产量 8~9 g。

3) 硝基苯[5]的结构分析

测定产品的折射率,并用¹H NMR 和 IR 表征,鉴定所合成产品结构的正确性。

【注释】

[1] 工业浓硝酸的相对密度一般为 1.52,直接使用极易生成较多的二硝基苯。

[2] 硝化反应为放热反应,若温度超过 60 ℃,有较多的二硝基苯生成,且有部分硝酸和苯挥发。

[3] 洗涤时,过分用力振荡易使溶液乳化而难以分层(尤其是用氢氧化钠溶液洗时)。若遇此情况,可加入固体氯化钙或氯化钠饱和,或加数滴乙醇,静置片刻即可分层。

[4] 因残留在烧瓶中的二硝基苯在高温时容易发生剧烈分解,蒸馏时不可蒸干且蒸馏温度勿超过 214 ℃。

[5] 硝基化合物对人体有较大的毒性,吸入多量蒸气或被皮肤接触吸收,均会引起中毒! 如不慎接触皮肤,应立即用乙醇擦洗,再用肥皂及温水冲洗。

四、思考题

(1) 本实验中控制反应温度在 50~55 ℃,温度过高或过低对实验有何影响?

(2) 在粗产物硝基苯的提纯后处理中,为何依次用水、碱液和水洗涤? 请分析每步洗涤的作用。

(3) 副产物间二硝基苯在哪一步实验中与目标产物硝基苯分离?

(4) 预测甲苯和苯甲酸硝化在反应条件上与本实验有何不同。请查阅资料求证,并说明理由。

(5) 图 6-1 是某同学合成产品的 IR 谱图,请说明其结构的正确性。

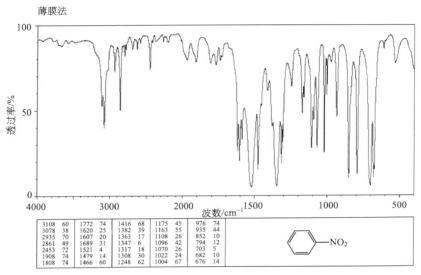

图 6-1　合成硝基苯产品的 IR 谱图

（陈静蓉）

步骤二　苯胺的制备

苯胺是染料工业中最重要的中间体之一,广泛用于印染工业,也是杀虫剂和杀菌剂类农药、磺胺类医药、橡胶促进剂、防老化剂的重要原料,并可用作炸药中的稳定剂、汽油中的防爆剂等,另外还是生产香料、塑料、清漆、胶片等的中间体,应用非常广泛。

【外观】无色或微黄色油状液体,有强烈气味

【密度】1.022 g·cm^{-3}

【熔点】−6.2 ℃

【沸点】184.4 ℃

【闪点】70 ℃

【折射率 n_D^{20}】1.5863

一、实验准备

苯胺有毒,操作时应该避免与皮肤接触或吸入其蒸气！如不慎触及皮肤,应先用水冲洗,再用肥皂和温水洗涤。复习水蒸气蒸馏的原理和操作要点,回顾低沸点易挥发有机物蒸馏的实验装置搭建,思考实验的关键步骤和注意事项,根据自制硝基苯的质量按比例调整其他试剂或原料的使用量,写出预习报告。

二、实验原理

$$4 \underset{}{\bigcirc}\!\!-\!\!NO_2 + 9Fe + 4H_2O \xrightarrow{H^+} 4 \underset{}{\bigcirc}\!\!-\!\!NH_2 + 3Fe_3O_4$$

本步骤约需 6 学时。

三、实验仪器与试剂

仪器：圆底烧瓶(250 mL)、回流冷凝管、搅拌磁子、磁力加热搅拌器、温度计、烧杯、恒压滴液漏斗、分液漏斗、空气冷凝管、水蒸气蒸馏装置。

试剂：硝基苯(自制)、还原铁粉(40～100 目)、冰醋酸、乙醚、粒状氢氧化钠。

四、实验步骤

1) 苯胺的制备

在置有搅拌磁子的 250 mL 圆底烧瓶中，加入 13.5 g(0.24 mol)还原铁粉、25 mL 水和 1.5 mL 冰醋酸[1]，振荡使其充分混合。装上回流冷凝管，加热煮沸约 10 min。稍冷后，在搅拌下从冷凝管顶端用滴液漏斗分批慢慢滴加 7.8 mL 自制硝基苯[2](9.3 g，0.075 mol)，每次加完后用力振荡，使反应物充分混合。加完后，搅拌下将反应物加热回流 0.5 h，使还原反应完全，此时，冷凝管回流液应不再呈现硝基苯的黄色[3]。

2) 苯胺的纯化

将回流装置改为水蒸气蒸馏装置(也可以用简易水蒸气蒸馏装置代替)进行水蒸气蒸馏，至馏出液变清，再多收集 10 mL 馏出液，共需收集约 75 mL[4]。将馏出液转入分液漏斗，分出有机层，水层用食盐饱和后[5]，用乙醚萃取 3 次，每次 10 mL。合并苯胺层和醚萃取液，用粒状氢氧化钠干燥。将干燥后的苯胺醚溶液用分液漏斗分批加入 25 mL 干燥的蒸馏瓶中，先在水浴上蒸去乙醚，残留物用空气冷凝管蒸馏，收集 180～185 ℃产物[6]，产量 4～5 g。

3) 苯胺的结构分析

测定产品的折射率，用[1]H NMR 和 IR 表征、鉴定所合成产品苯胺结构的正确性。

【注释】

[1] 这步的目的是使铁粉活化，缩短反应时间。

[2] 由于反应放热，当加入硝基苯时，均有一阵剧烈的反应发生，应特别注意控制滴加速度和搅拌速度。

　　〔3〕硝基苯为黄色油状物,如果回流液中黄色油状物消失而转化成乳白色油珠(由游离苯胺所引起),表示反应已经完成。由于残留在反应物中的硝基苯在后续步骤中难以分离,因此还原作用必须完全,否则将影响产品纯度。

　　〔4〕反应后,圆底烧瓶壁上粘附的黑褐色物质可用 1:1 盐酸水溶液温热除去。

　　〔5〕20 ℃时,每 100 mL 水可以溶解 3.4 g 苯胺,加入精盐使馏出液饱和,使得原来溶于水的绝大部分的苯胺呈油状物析出,可以减少苯胺损失,需 18～20 g 食盐。

　　〔6〕纯苯胺为无色液体,在空气中易被氧化而呈淡黄色,加入少许锌粉重新蒸馏,可以去除颜色。

五、思考题

　　(1) 铁粉还原法是工业上生产苯胺的老方法,该法有哪些缺点? 目前工业上制备苯胺还有哪些方法? 改变还原条件,硝基苯还可以制得哪些还原产物?

　　(2) 结合水蒸气蒸馏的基本原理,阐述本实验中为什么通过水蒸气蒸馏法可以将苯胺从反应混合物中分离出来。

　　(3) 若还原反应不完全,最后制得的苯胺中含有硝基苯,请设计实验方法和步骤分离除去硝基苯杂质。

　　(4) 图 6-2 是某同学合成产品的 IR 谱图,请说明硝基是否被还原。

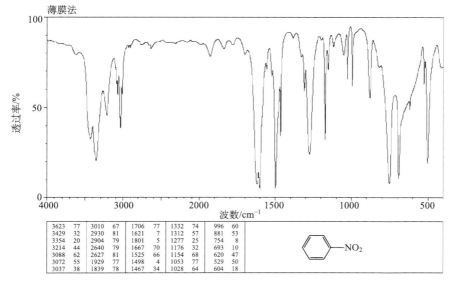

3623	77	3010	67	1706	77	1332	74	996	60
3429	32	2930	81	1621	7	1312	57	881	53
3354	20	2904	81	1801	5	1277	25	754	8
3214	44	2640	79	1667	70	1176	32	693	10
3088	62	2627	81	1525	66	1154	68	620	47
3072	55	1929	77	1498	4	1053	77	529	50
3037	38	1839	78	1467	34	1028	64	604	18

图 6-2　合成苯胺产品的 IR 谱图

(陈静蓉)

步骤三　对氨基苯磺酸的制备

对氨基苯磺酸(p-aminobenzene sulfonic acid)主要用于制造偶氮类染料、印染助剂和防治麦类锈病的农药,还可用作香料、食用色素、医药、农药、增白剂等的中间体。

【外观】白色至灰白色结晶或粉末

【密度】1.485 g·cm^{-3}

【熔点】288 ℃

【溶解性】微溶于冷水,溶于热水,不溶于乙醇、乙醚、苯等

一、实验准备

室温下苯胺与浓硫酸混合生成 N-磺基铵盐,然后在 180～190 ℃共热转化为对氨基苯磺酸,用常规加热的方法反应需要 4.5 h,而用微波辐射仅用 10 min 左右便能完成。本实验提供常规加热和微波辐射两种合成方法,请酌情选择一种方法,思考实验的关键步骤和注意事项,并根据自制苯胺的质量按比例调整其他试剂或原料的使用量,写出预习报告。本内容适用于以下两种方法。

二、实验原理

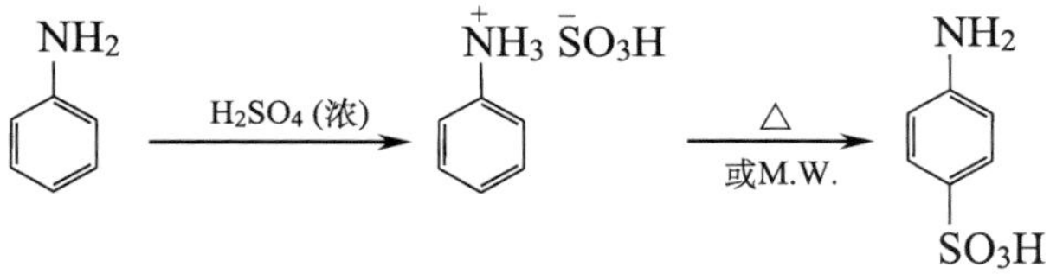

本步骤需 6～8 学时。本实验原理适用于以下两种方法。

方法 1　常规加热法

三、实验仪器与试剂

仪器:三口烧瓶(100 mL)、搅拌磁子、磁力搅拌恒温油浴锅、恒压滴液漏斗、空气冷凝管、温度计、烧杯(50 mL)、抽滤装置。

试剂:新蒸苯胺(自制)、浓硫酸、10%氢氧化钠溶液。

四、实验步骤

1) 对氨基苯磺酸的合成

在置有搅拌磁子的 100 mL 干燥三口烧瓶中,加入 7.9 mL(14.5 g,0.25 mol)

浓硫酸,分别装置温度计、滴液漏斗和空气冷凝管,搅拌下慢慢滴加新蒸馏的 4.4 mL(4.5 g,0.048 mol)自制苯胺[1]。将烧瓶置于 185 ℃的油浴中加热回流约 4 h[2]。

2) 对氨基苯磺酸的分离

稍冷后,在不断搅拌下将反应混合物倾至盛有 50 mL 冰水的烧杯中,析出灰白色对氨基苯磺酸固体,充分冷却后,抽滤,水洗,得对氨基苯磺酸粗品。粗产物用热水重结晶,并用活性炭脱色,得含两个结晶水的对氨基苯磺酸,产量 4～4.5 g。

3) 对氨基苯磺酸的结构

测定产品对氨基苯磺酸的熔点,并用 ^{1}H NMR 和 IR 表征产品结构的正确性。

【注释】

[1] 该反应是放热反应,应注意控制滴加速度!

[2] 为了证实苯胺是否反应完全,可取少量的反应混合液,加入 10％氢氧化钠溶液,若无苯胺气味产生,证明反应完全。

方法 2　微波辐射法

三、实验仪器与试剂

仪器:微波炉(1000 W)、圆底烧瓶(25 mL)、滴液漏斗、空气冷凝管、烧杯、抽滤装置。

试剂:新蒸苯胺(自制)、浓硫酸(1.84 g · cm^{-3})、10％氢氧化钠溶液。

四、实验步骤

1) 对氨基苯磺酸的合成

在干燥的 25 mL 圆底烧瓶中,加入 2.9 mL 新蒸馏的自制苯胺(2.8 g,0.03 mol),分批滴加 1.7 mL 浓硫酸[1](3.1 g,0.031 mol),并不断振摇。加完酸后将烧瓶放入 1000 W 微波炉内,装上空气冷凝管(为了使装置稳妥,可在圆底烧瓶下方垫一烧杯),同时在微波炉内放入盛有 100 mL 水的烧杯[2]。火力调至低挡,持续 10 mim。关闭微波炉,稍冷[3],取出 1～2 滴反应混合物于 2 mL 10％氢氧化钠溶液中,振荡后若得澄清溶液,可认为反应完全,否则需要继续反应。

2) 对氨基苯磺酸的分离

反应完成后,将反应液趁热在不断搅拌下倒入盛有 20 mL 冰水的烧杯中,析出灰白色对氨基苯磺酸固体,充分冷却后,抽滤,用少量水洗涤,得对氨基苯磺酸粗品。粗产物用热水重结晶(自行设计方案),并用活性炭脱色,可得含两个结晶水的对氨基苯磺酸,产量约 3 g。

3) 对氨基苯磺酸的结构

测定产品对氨基苯磺酸的熔点,并用 ^{1}H NMR 和 IR 表征产品结构的正确性。

【注释】

[1] 由于硫酸与苯胺激烈反应生成苯胺硫酸盐,因此开始时硫酸需要缓慢滴加,当加至生成盐不能振摇时才可分批加入。

[2] 用烧杯装 100 mL 水置于微波炉内,可以分散微波能量,从而减少反应中因火力过猛引起的炭化。

[3] 稍冷可以使未反应的苯胺冷凝下来,以免苯胺遇热挥发而造成损失和中毒。

五、思考题

(1) 对氨基苯磺酸是两性化合物,与氨基酸类似,在不同 pH 条件下存在状态不同。请说明在 pH＝1 和 pH＝10 时对氨基苯磺酸的存在状态是阴离子还是阳离子。

(2) 对氨基苯磺酸粗品重结晶时,怎样确定水的最佳用量?请设计具体方案。

(3) 为什么微波辐射可以加速反应?

(陈静蓉)

步骤四　甲基橙的制备

甲基橙(methyl orange)是常用的酸碱指示剂(0.1％的水溶液),可与靛蓝二磺酸钠或溴甲酚绿组成混合指示剂,以缩短变色域和提高变色的灵敏性,也可用于生物染色。

【外观】橙黄色粉末或鳞片状结晶

【密度】1.28 g·cm^{-3}

【熔点】300 ℃

【溶解性】微溶于水,较易溶于热水,不溶于乙醇

一、实验准备

请分析该实验中各步操作的作用及控制要领,结合重氮盐和甲基橙的性质、偶合反应的特点和条件,思考在甲基橙的合成、纯化操作中哪些步骤比较关键,为什么关键。比较该实验中产品的干燥方法和其他实验中有何不同,为什么不同。根据自制对氨基苯磺酸的质量按比例调整其他试剂或原料的使用量,写出预习报告。

二、实验原理

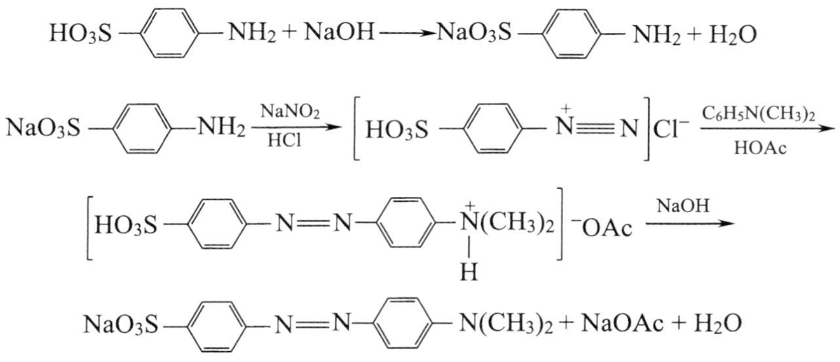

本步骤约需 6 学时。

三、实验仪器与试剂

仪器:搅拌磁子、试管、磁力搅拌恒温浴锅、温度计、滴液漏斗、胶头滴管、烧杯(100 mL)、抽滤装置。

试剂:对氨基苯磺酸晶体(自制)、亚硝酸钠、N,N-二甲苯胺、浓盐酸、5%氢氧化钠溶液、乙醇、乙醚、冰醋酸、氢氧化钠、淀粉-碘化钾试纸。

四、实验步骤

1) 重氮盐的制备

在烧杯中加入 10 mL 5%氢氧化钠溶液及 2.1 g 自制对氨基苯磺酸(0.011 mol)晶体,温热使其溶解。加入 6 mL 亚硝酸钠(0.8 g,0.0116 mol)水溶液,用冰盐浴冷却至 0～5 ℃。在不断搅拌下,将 3 mL 浓盐酸与 10 mL 水配成的溶液缓慢滴加到上述混合溶液中,并控制温度在 5 ℃以下。滴加完后用淀粉-碘化钾试纸检验[1]。然后在冰盐浴中放置 15 min 以保证反应完全[2]。

2) 偶合反应

在试管内将 1.3 mL(1.2 g,0.01 mol)N,N-二甲苯胺和 1 mL 冰醋酸混合,在不断搅拌下,将此溶液慢慢加到上述冷却的重氮盐溶液中。加完后,继续搅拌 10 min,然后慢慢滴加 25 mL 5%氢氧化钠溶液,直到反应物变为橙色,这时反应液呈碱性,粗制的甲基橙呈细粒状沉淀析出[3]。将反应物在沸水浴上加热 5 min,冷至室温后,再在冰水浴中冷却,使甲基橙晶体析出完全。抽滤,依次用少量的水、乙醇、乙醚洗涤晶体,压干。

3) 甲基橙粗品的纯化

用溶有少量氢氧化钠(0.1～0.2 g)的沸水(每克粗产品约需 25 mL)进行重结晶。待结晶析出完全后,抽滤,沉淀依次用少量乙醇、乙醚洗涤[4],得橙色小叶片状甲基橙结晶,产量 2.5 g。

4) 甲基橙的结构分析和性质实验

选择合适的氘代试剂进行[1]H NMR 图谱分析,说明产品结构的正确性。

在水中溶解少许自制的甲基橙,加几滴稀盐酸溶液,然后用稀的氢氧化钠溶液中和,观察颜色变化。

【注释】

[1] 若试纸不显蓝色,需要补充亚硝酸钠溶液。

[2] 对氨基苯磺酸的重氮盐在低温时难溶于水,形成细小晶体析出。

[3] 若 N, N-二甲苯胺乙酸盐未作用完全,在加入氢氧化钠后,就会有难溶于水的 N, N-二甲苯胺析出,影响产物的纯度。湿的甲基橙在空气中受光的照射后,颜色很快变深,所以一般得到紫红色的粗产物。

[4] 产物呈碱性,在温度高时容易变质,颜色变深,因此重结晶操作应迅速。用乙醇、乙醚洗涤的目的是使其迅速干燥。

五、思考题

(1) 试解释甲基橙在酸碱介质中的变色原因并用反应式表示。

(2) 计算用苯为原料合成甲基橙的总收率。

(3) 制备重氮盐时为什么要将 5% 氢氧化钠溶液和对氨基苯磺酸事先混溶?如果不加氢氧化钠,对反应会有什么影响?

(4) 在制备对氨基苯磺酸的重氮盐时,盐酸和亚硝酸钠加入的顺序交换,能否制得其重氮盐? 为什么?

(5) 在对氨基苯磺酸重氮盐的制备过程中,为何要控制温度在 5 ℃以下? 温度升高对实验有何影响?

(陈静蓉)

实验 42　氢化安息香的制备

氢化安息香(氢化苯偶姻)是重要的有机合成中间体。本实验以苯甲醛为起始原料,经过三步转化制备氢化安息香,合成路线如下:

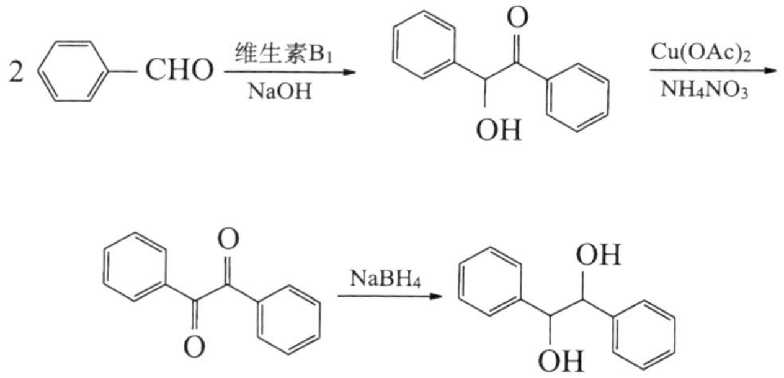

本实验约需 12 学时。

步骤一　安息香的辅酶合成

安息香(bnenzoin)又称苯偶姻、二苯乙醇酮、2-羟基-1,2-二苯基乙酮,是一种无色或白色晶体。安息香是一种重要的化工原料,广泛用作感光性树脂的光敏剂、染料中间体和粉末涂料的防缩孔剂,也是一种重要的药物合成中间体。

【外观】白色或淡黄色棱柱体结晶

【密度】$1.310 \text{ g} \cdot \text{cm}^{-3}$

【熔点】$133 \sim 135 \text{ ℃}$

【沸点】344 ℃

【闪点】$>110 \text{ ℃}$

【溶解性】不溶于冷水,微溶于热水和乙醚,溶于乙醇

一、实验准备

近年来,有关安息香缩合反应及应用研究的新技术、新方法、新催化剂等报道较多,如维生素 B_1 催化法(VB_1)、相转移催化-VB_1 法、超声波-VB_1 法、微波-VB_1 法、金属催化法、微生物催化法等,这些研究对提高安息香缩合收率、扩大其应用范围具有重要的理论和实际意义。请查阅本书实验 46 微波辐射合成安息香以及其他资料文献,比较这些合成新方法的优缺点及应用前景。

请查阅实验中所使用到的试剂、药品的物理性质、化学性质及使用注意事项,思考实验的关键步骤,比较有机溶剂重结晶和水重结晶的异同点,写出预习报告。

二、实验原理

$$2 \text{ C}_6\text{H}_5-\text{CHO} \xrightarrow[\text{NaOH}]{\text{维生素 B}_1} \text{C}_6\text{H}_5-\underset{\text{OH}}{\text{CH}}-\underset{\text{O}}{\overset{\text{O}}{\text{C}}}-\text{C}_6\text{H}_5$$

本步骤约需 4 学时。

三、实验仪器与试剂

仪器:圆底烧瓶(19♯,50 mL)、圆底烧瓶(14♯,25 mL)、10 mL 试管、胶头滴管、搅拌磁子、磁力搅拌恒温浴锅、温度计、玻璃棒、烧杯、回流冷凝管(19♯)、抽滤装置。

试剂:苯甲醛(新蒸)、维生素 B_1(硫胺素)、无水乙醇、10%氢氧化钠溶液、95%乙醇、广泛 pH 试纸。

四、实验步骤

1) 安息香的制备

在置有搅拌磁子的 50 mL 圆底烧瓶中,加入 0.9 g 维生素 B_1[1]、2.5 mL 去离子水和 7.5 mL 无水乙醇,将烧瓶置于冰浴中冷却。同时取 2.5 mL 10%氢氧化钠溶液于一支试管中,也置于冰浴中进行冷却[2]。然后在冰浴冷却和不断搅拌下,将冷却的氢氧化钠溶液在 10 min 内滴加至维生素 B_1 溶液中,调节溶液 pH 为9~10[3],此时溶液呈黄色。去掉冰水浴,加入 5 mL(5.2 g,0.05 mol)新蒸的苯甲醛[4],装上回流冷凝管,将混合物置于水浴上温热 1.5 h。水浴温度保持在 65~75 ℃[5],切勿将混合物加热至剧烈沸腾,反应结束后,反应液呈橘黄或橘红色均相溶液。

将反应混合物冷却至室温,析出浅黄色结晶,将烧瓶置于冰浴中冷却使结晶完全。若产物呈油状物析出,应重新加热使成均相,再慢慢冷却重新结晶。必要时可用玻璃棒摩擦瓶壁或投入晶种。抽滤,用 25 mL 冷水分两次洗涤结晶,收集结晶。

2) 安息香的纯化

粗产品用 95%乙醇重结晶[6](自行设计实验方案)。若产物呈黄色,可加入少量活性炭脱色,产量约 2 g。

3) 安息香的结构分析

测定产品的熔点,用 ^{1}H NMR 和 IR 表征合成安息香产品的结构。

【注释】

[1] 维生素 B_1 的质量对实验影响很大,应使用新开瓶或原密封的。

〔2〕维生素 B_1 在酸性条件下是稳定的,但易吸水,在水溶液中易被氧化失效,光及铜、铁、锰等金属离子均可加速其氧化,另外在氢氧化钠溶液中噻唑环易开环失效。因此,反应前维生素 B_1 溶液及氢氧化钠溶液必须用冰水冷透。

〔3〕调节溶液 pH 时需搅拌,且氢氧化钠的滴加速度不能太快,应使加入的氢氧化钠充分反应后再测定溶液的 pH。pH 偏高或偏低对该反应均有较大影响。

〔4〕苯甲醛中不能含有苯甲酸,用前最好经 5% 碳酸氢钠溶液洗涤,而后减压蒸馏并避光保存。

〔5〕水浴温度偏低,反应结束后产物难以析出结晶;水浴温度保持在 65～75 ℃为宜。

〔6〕安息香在沸腾的 95% 乙醇中溶解度为 12～14 g·100 mL^{-1}。

五、思考题

(1) 安息香缩合与羟醛缩合、Cannizzaro 反应有何不同? 查阅资料分别写出苯甲醛在氰化钠(钾)和维生素 B_1 催化下安息香缩合的反应机理并比较二者的异同点。

(2) 为什么加入苯甲醛后,反应混合物的 pH 要保持 9～10? 溶液 pH 过低或过高有什么不好? 为什么?

(3) 反应温度过高或过低可能对实验有什么影响? 为什么?

(陈静蓉)

步骤二　二苯乙二酮的制备

二苯乙二酮(联苯酰)主要用作医药中间体、有机合成中间体,还可用于制取杀虫剂等。能吸收紫外光,可用作光敏胶和光固化涂料的光固化剂。

【外观】黄色棱状结晶

【密度】1.23 g·cm^{-3}

【熔点】94～96 ℃

【沸点】346～348 ℃(分解)

【闪点】180 ℃

【溶解性】溶于乙醇、乙醚、乙酸乙酯、丙酮、苯、氯仿等有机溶剂,不溶于水

一、实验原理

安息香可以被温和的氧化剂乙酸铜氧化生成 α-二酮,铜盐本身被还原成亚铜盐。本实验采用改进后的方法,在硝酸铵存在下,使用催化量的乙酸铜将安息香氧化成二苯乙二酮。在硝酸铵存在下,反应中产生的亚铜盐可不断被硝酸铵

重新氧化生成铜盐,硝酸铵本身被还原为亚硝酸铵,后者在反应条件下分解为氮气和水。

本步骤约需 4 学时。

二、实验仪器与试剂

仪器:圆底烧瓶(19♯,50 mL)、搅拌磁子、回流冷凝管(19♯)、磁力加热搅拌器、抽滤装置。

试剂:安息香(自制)、冰醋酸、硝酸铵、2％硫酸铜溶液、75％乙醇溶液。

三、实验步骤

1) 二苯乙二酮的制备

在 50 mL 圆底烧瓶中,加入自制安息香(2.15 g,0.01 mol)、6.5 mL 冰醋酸、粉状硝酸铵(1 g,0.0125 mol)和 1.3 mL 2％硫酸铜溶液[1],加入搅拌磁子,安装回流冷凝管,搅拌下缓慢加热。当反应物溶解后,开始放出氮气,继续回流 1.5 h 使反应完全[2]。将反应混合物冷却至 50～60 ℃,在搅拌下倾入 10 mL 冰水中,析出晶体。抽滤,用冷水充分洗涤,压干,干燥后得二苯乙二酮约 1.5 g,产品已足够纯净,可直接用于下一步合成。

2) 二苯乙二酮的结构分析

测定产品的熔点,用 ^{1}H NMR 和 IR 表征、鉴定合成产品二苯乙二酮结构的正确性。

【注释】

[1] 2％硫酸铜溶液的制备方法:溶解 2.5 g 一水合硫酸铜于 100 mL 10％乙酸水溶液中,充分搅拌后滤去碱性铜盐的沉淀。

[2] 可用薄层色谱法监测反应进程:每隔 15～20 min 用毛细管吸取少量反应液,在 7.5 cm×2 cm 薄层板上点样,用二氯甲烷作展开剂,用碘蒸气显色,观察安息香是否完全转化为二苯乙二酮。

四、思考题

(1) 安息香也可用浓硝酸氧化成 α-二酮,查阅资料比较两种方法的优缺点。

(2) 图 6-3 是某同学合成产品的 IR 谱图,请说明羟基是否被氧化为羰基。

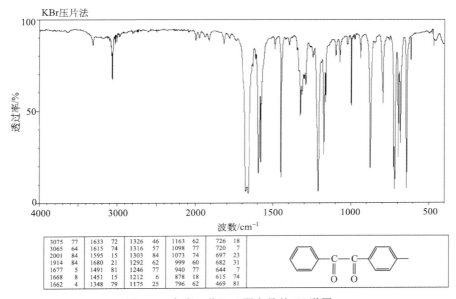

図 6-3　合成二苯乙二酮产品的 IR 谱图

（3）从哪些实验现象可以判断实验已经正常进行了？

（4）解释反应中观察到的溶液的颜色变化。

（5）说明硝酸铵和硫酸铜在该氧化反应中的作用。

（陈静蓉）

步骤三　氢化安息香的微量合成

氢化安息香(1,2-diphenyl-1,2-ethanediol)又名氢化苯偶姻,为白色结晶性粉末,是一种重要的有机合成中间体。

【外观】白色结晶性粉末

【熔点】132～135 ℃

一、实验准备

复习薄层色谱法的基础知识,复习用硼氢化钠还原酮制备醇的方法。思考实验的关键步骤和注意事项,写出预习报告。

二、实验原理

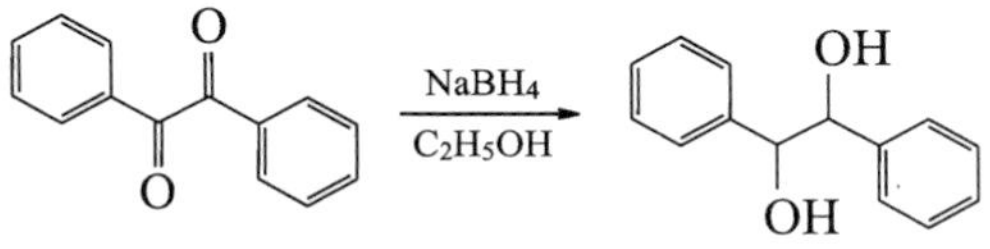

本步骤约需 4 学时。

三、实验仪器与试剂

仪器：试管（直径 2 cm，长约 17 cm）、烧杯、锥形瓶、量筒、布氏漏斗（直径约 10 mm）、毛细管、TLC 板。

试剂：自制二苯乙二酮、95％乙醇、硼氢化钠、20％乙酸。

四、实验步骤

1）氢化安息香的制备

将自制二苯乙二酮（100 mg，0.48 mmol）和 1.0 mL 95％ 乙醇加入试管，加热至固体溶解。溶液在冰浴中冷却约 3 min，加入硼氢化钠（20 mg，0.53 mmol），振荡混合均匀。10 min 后，加入 1.0 mL 水，混合物加热至沸 10 min。再加入约 1 mL沸水，混合物变混浊。待混合物冷至室温后，用小布氏漏斗抽滤，用水（1 mL）洗涤固体两次，在滤纸上压干，最后收集在一小片滤纸上，用滤纸吸干剩余的溶剂。将产品装入带塞的样品管，加塞。

2）产品结构分析

选择合适的氘代试剂进行 ^{1}H NMR 图谱分析，说明产品结构的正确性。

3）氢化安息香的纯度监测

用另一个样品管称取约 5 mg 样品，溶于 5 滴乙醇中。将一根毛细管浸入溶液中，取约 3 mm 溶液，在薄层色谱板上点样。用同样方法将起始物质二苯乙二酮在薄层色谱板上点样作为参比物。用 1∶6 乙酸乙酯-庚烷（acetate-heptane）洗脱薄层色谱板，洗脱后的薄层色谱板可在紫外光（254 nm）下观察。

五、思考题

（1）画出表达三维结构的氢化安息香的结构式。

（2）给出氢化安息香的 IUPAC 命名，在正确名称前的圆圈里画√。

○ 联苄醇　　　　　　　　　　○ 联苯甲酰

○ 羟基-1,2-二苯乙烷　　　　　○ 1,2-羟苯乙烷

○ 1,2-二羟基-1,2 二苯基乙烷　　○ 1-羟苯基-2-羟苯基乙烷

（3）反应中得到的氢化安息香有几种立体异构体？在正确答案前的圆圈里画√。

○1　　　　○2　　　　○3　　　　○4　　　　○大于 4

（4）薄层色谱法为什么可以实现产品纯度的检测？此外，薄层色谱在有机合成中还有哪些应用？

（5）在你制作的薄层色谱板上出现了几个斑点？请画出薄层色谱板的草图，并加以解释。

（6）处理废弃 10 g 硼氢化钠的最佳方法是哪种？请在正确答案前的圆圈里画√。

○ 投入水槽用少量水冲洗

○ 直接投入装无机废弃物的容器

○ 慢慢溶入稀盐酸后倒进装无机物的废液缸

○ 倒入稀盐酸没过硼氢化钠，然后投入装无机废弃物的容器内

（7）图 6-4 是某同学合成产品的 IR 和质谱图，请说明产品结构的正确性。

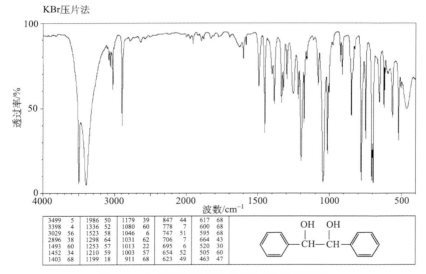

图 6-4　合成氢化安息香产品的 IR 和质谱图

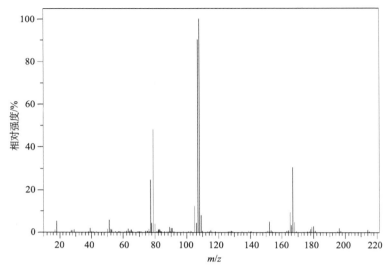

图 6-4　合成氢化安息香产品的 IR 和质谱图（续）

（陈静蓉）

实验 43　ε-己内酰胺的制备

1943 年，德国法本公司通过环己酮-羟胺合成法（简称为肟法），首先实现了己内酰胺工业生产。随着合成纤维工业的发展，先后出现了甲苯法（ANIA 法）、光亚硝化法（PNC 法）、己内酯法（UCC 法）、环己烷硝化法和环己酮硝化法等。本实验采用肟法，以环己酮为原料，首先和盐酸羟胺反应生成环己酮肟，然后经 Beckmann 重排得到己内酰胺。

本实验约需 8 学时。

步骤一　环己酮肟的制备

许多氨的衍生物（NH_2—Y）和醛（酮）R_1R_2C ＝O 发生亲核加成和消去反应，形成含碳氮双键的化合物 R_1R_2C ＝N—Y。最常用的氨基衍生物有肼（NH_2NH_2）、羟胺（NH_2OH）、苯肼（$NH_2NHC_6H_5$）、2,4-二硝基苯肼以及氨基脲（$NH_2NHCONH_2$）。这些衍生物是有固定熔点的结晶，经常用来鉴别醛、酮，经提纯后再进行酸性水解，可以水解为原来的醛、酮，可用于醛、酮的分离和纯化。

环己酮肟（cyclohexanone oxime）是己内酰胺生产过程中的中间产物，主要用于有机合成。

【外观】白色棱柱状晶体

【密度】1.1 g · cm^{-3}

【熔点】89～90 ℃

【沸点】206～210 ℃

【闪点】90 ℃

【溶解性】微溶于水（＜0.1 g · 100 mL^{-1}, 20 ℃）

一、实验原理

醛、酮和羟胺反应形成肟。肟有 *Z*、*E* 两种异构体，但经常容易得到一种异构体。*Z* 构型一般不稳定，容易变为 *E* 构型。该反应是一个酸催化反应，但不能使用强酸，因为氢离子虽然可以和羰基氧结合增强羰基的正电性，但也可使氨基形成铵离子，失去亲核能力，常用乙酸催化。

$$NH_2OH \cdot HCl + CH_3COONa \longrightarrow NH_2OH + CH_3COOH + NaCl$$

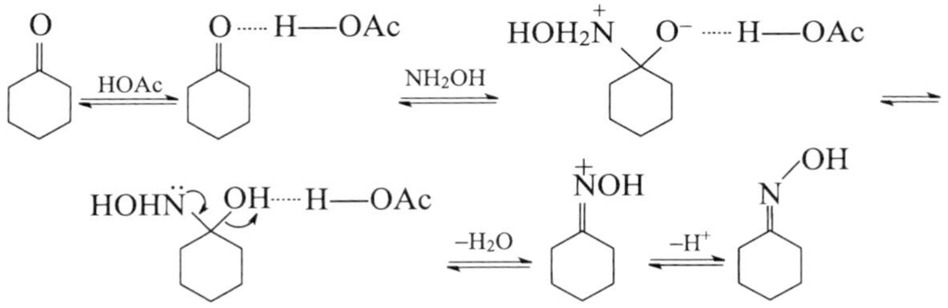

本步骤约需 4 学时。

二、实验仪器与试剂

仪器：磨口锥形瓶（100 mL）、量筒、抽滤装置。

试剂：环己酮、羟氨盐酸盐、结晶乙酸钠。

三、实验步骤

1）环己酮肟的制备

在 100 mL 锥形瓶中加入羟氨盐酸盐[1]（4.5 g, 0.065 mol）、结晶乙酸钠（7 g, 0.051 mol）和 15 mL 水，于 40 ℃左右温热使之全溶（实际温度以制成透明溶液为准）。分批加入 5.3 mL 环己酮（5.02 g, 0.051 mol），每次 1 mL，每次添加后均剧烈振荡直至瓶内出现非常均匀细小的泡沫状颗粒，再加入下一批环己酮[2]。加完后盖上瓶塞，再次剧烈振荡 2～3 min 使反应完全，此时，环己酮肟呈白色粉末状结晶析出[3]。冷却至室温，抽滤，并用少量水洗涤。抽干后在滤纸上进一步压干。干燥后环己酮肟为白色晶体，产量约 5 g。

2）环己酮肟的结构分析

测定环己酮肟的熔点,用¹H NMR 和 IR 表征、鉴定其结构的正确性。

【注释】

［1］本品毒性大,对皮肤有刺激性。溅及皮肤时,可用大量水冲洗。

［2］生成的环己酮肟极易在羟氨盐酸盐和乙酸钠溶液中形成结核包裹体,阻碍反应。加完料以后再振荡,瓶内将会出现相当多的较大的白色包裹体,且很难再将其振碎,对环己酮肟的质量和收率影响较大。分批分次剧烈振荡可以解决这个问题。

［3］若此时环己酮肟呈白色小球状,则表示反应还未完全,需继续振荡。

四、思考题

（1）制备环己酮肟时,加入乙酸钠的目的是什么？

（2）可否用加热的方法来制备环己酮肟？ 为什么？

（3）实验中为什么盐酸羟胺要过量？

（4）实验中环己酮为什么需要分批加入？ 为什么还需要剧烈振荡？

（5）图 6-5 是某同学合成产品的 IR 谱图,请指出官能团区吸收峰的归属。

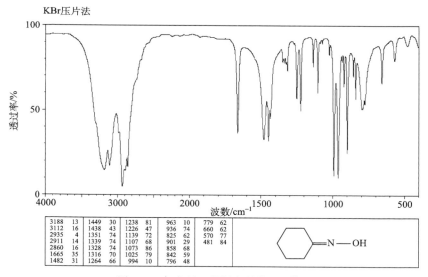

图 6-5　合成环己酮肟产品的 IR 谱图

（樊小林　陈静蓉）

步骤二　ε-己内酰胺的制备

　　ε-己内酰胺(azepan-2-one)简称己内酰胺,是重要的有机化工原料之一,主要用于制取己内酰胺树脂、纤维和人造革等。此外,己内酰胺在医药工业可用作合成药物的原料,在有机工业用于制造赖氨酸等,应用非常广泛。

　　【外观】有薄荷香味的小叶片状结晶

　　【密度】1.01 g·cm^{-3}

　　【熔点】69~70 ℃

　　【沸点】268 ℃

　　【闪点】152 ℃

　　【溶解性】易溶于水、氯化溶剂、石油烃、环己烯、苯、甲醇、乙醇、乙醚

一、实验原理

　　在酸性试剂催化下,肟的烃基可以从碳原子上迁移到氮原子上,转变为 N-取代的酰胺,这个反应称为 Beckmann 重排。酸性催化剂可以用硫酸、多聚磷酸以及能产生强酸的五氯化磷、三氯化磷、苯磺酰氯、亚硫酰氯等。不仅醛肟、酮肟本身,而且它们的 O-酯也能发生类似的重排反应。这一重排反应最显著的特点是只有与羟基(OH)成反式的烃基(R)才能从碳迁移到氮。因此 Beckmann 重排在立体化学上可以用来确定酮肟的构型。

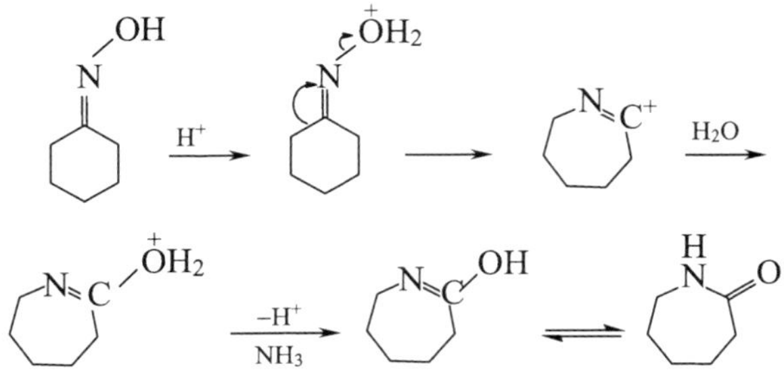

　　本步骤约需 4 学时。

二、实验仪器与试剂

　　仪器:烧杯(250 mL)、三口烧瓶(19♯,100 mL)、搅拌磁子、磁力加热搅拌器、温度计、恒压滴液漏斗(19♯)、量筒、分液漏斗、减压蒸馏装置一套(或抽滤装置一套)。

　　试剂:自制环己酮肟、85%硫酸、20%氨水、浓硫酸。

三、实验步骤

1) 己内酰胺的制备

在 250 mL 干燥的烧杯中[1]，加入自制环己酮肟(5 g，0.044 mol)及 10 mL 85%硫酸并使其充分混匀。在烧杯内放一支 200 ℃温度计，带上护目镜，用小火加热。当开始有气泡出现并伴随少量烟雾产生时(约 120 ℃)，立即移去火源，此时发生剧烈的放热反应，温度很快自行上升(可达 160 ℃)[2]，并伴随大量烟雾产生，反应在几秒钟内即完成。为了安全，整个反应过程中不要轻易移动或摇动烧杯！

冷却后，将此溶液倒入 100 mL 三口烧瓶中，并在冰盐浴(可用 3 份氯化钠与一份冰制备)中冷却。三口烧瓶上分别装置搅拌器、温度计及滴液漏斗(须查漏)。当溶液温度下降至 0～5 ℃时，在不断搅拌下小心由滴液漏斗缓慢滴加 20%氨水[3]，控制溶液温度在 15 ℃左右(不高于 20 ℃，以免己内酰胺在温度较高时发生水解)，直至溶液恰好使石蕊试纸呈碱性(pH ≈ 7.8)为止，通常需加 20%氨水 25～30 mL。

2) 己内酰胺的纯化

将粗产物倒入分液漏斗，分出水层，油层转入 25 mL 克氏瓶，用油泵进行减压蒸馏。收集 127～133 ℃ / 0.93 kPa(7 mmHg)、137～140 ℃ / 1.6 kPa(12 mmHg)或 140～144 ℃ / 1.86 kPa(14 mmHg)的馏分。馏出物在接收瓶中固化成无色结晶，产量 2～3 g。己内酰胺易吸潮，应储于密闭容器中。

若实验室无减压蒸馏条件，亦可以用注释[4]的方法提纯产品。

3) 己内酰胺的结构分析

测定己内酰胺的熔点，用^{1}H NMR 和 IR 表征，鉴定其结构的正确性。

【注释】

[1] 重排反应进行得很激烈，大烧杯利于散热缓和反应，干燥烧杯可保证硫酸浓度。

[2] 小心观察温度计读数，若反应不能维持(温度计读数低于 140 ℃)，则继续加热直到产生较多烟雾、放热剧烈为止。若此现象不能出现，则可能是自制环己酮肟质量问题或是硫酸的浓度受到影响，实验不能正常进行。

[3] 用氨水中和时，溶液较黏稠，发热很厉害，因此开始时氨水要很缓慢地滴加，否则温度会突然升高，影响收率。

[4] 重结晶法提纯己内酰胺：将粗产物转入分液漏斗，每次用 5 mL 四氯化碳萃取，共萃取 3 次，合并萃取液，用无水硫酸镁干燥后，滤入干燥的锥形瓶中。加入沸石后在水浴上尽量将四氯化碳蒸除干净，至剩下约 4 mL 溶液为止(若残留的四氯化碳太多，加入石油醚后也很难结晶)。小心向溶液中加入石油醚(30～60 ℃)，到恰好出现混浊为止。将锥形瓶置于冰浴中冷却结晶，抽滤，用少量石油醚洗涤结

晶。若加入石油醚的量超过原溶液 4～5 倍仍未出现浑浊,说明开始残留的四氯化
碳的量太多,需加入沸石后重新蒸馏,蒸去大部分溶剂直至剩下很少量的四氯化碳
时,再重新加入石油醚,进行重结晶。己内酰胺的重结晶操作对大多数学生来讲是
一次考验与挑战。

四、思考题

(1) 查阅文献,比较己内酰胺各种工业生产方法的优缺点。

(2) 本实验的关键步骤有哪些?

(3) 图 6-6 是某同学合成产品的 IR 谱图,请指出官能团区吸收峰的归属。

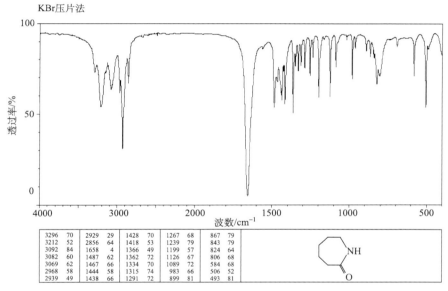

图 6-6　合成 ε-己内酰胺产品的 IR 谱图

（樊小林　　陈静蓉）

实验 44　对氨基苯甲酸乙酯的制备

对氨基苯甲酸乙酯是外科手术所必需的麻醉剂(或称为止痛剂)。最早的局部
麻醉剂是从南美洲生长的古柯植物中提取的古柯生物碱(或称柯卡因),但具有容
易成瘾和毒性大等缺点。在了解了古柯碱的结构和药理作用之后,化学家们充分
展示了他们的智慧和才能,已经合成和试验了数百种类似物局部麻醉剂,以期得到
一些作用更强且无副作用和危险性的更理想的替代品。已经发现的有活性的这类

药物均有如下共同的结构特征：

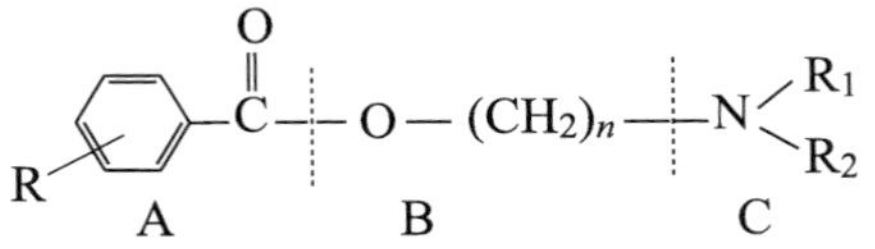

分子的一端是芳环（芳香族残基 A），另一端则是仲胺或叔胺（氨基 C），两个结构单元之间相隔 1～4 个原子连接的中间链（B）。苯环部分通常为芳香酸酯，它与麻醉剂在人体内的解毒有着密切的关系，氨基还有助于使此类化合物形成溶于水的盐酸盐以制成注射液。苯佐卡因和普鲁卡因仅是其中的两种。

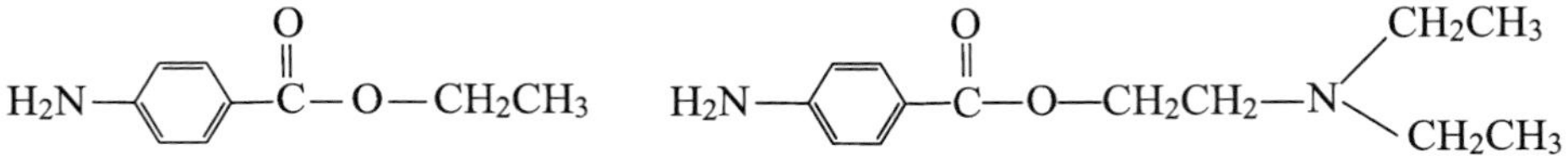

苯佐卡因通常由对硝基甲苯首先氧化成对硝基苯甲酸，再经乙醇酯化后还原而得。这条合成路线较为经济合理。

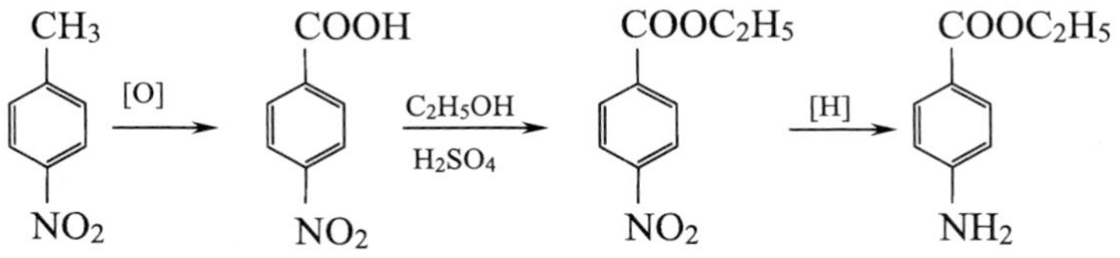

本实验采用对甲苯胺为原料，经酰化、氧化、水解、酯化一系列反应合成苯佐卡因。此路线虽然较前述路线步骤多，但是原料易得，操作方便，适合于实验室少量制备。

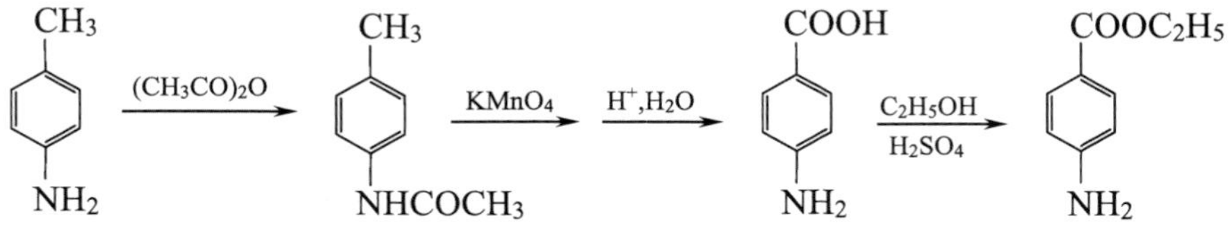

本实验约需 12 学时。

步骤一　对氨基苯甲酸的制备

对氨基苯甲酸是一种与维生素 B 有关的化合物，又称 PABA，它是机体细胞生长和分裂所必需的物质维生素 B_{10}（叶酸）的组成部分之一，在酵母、肝脏、麸皮、麦芽中含量甚高。对氨基苯甲酸用于染料和医药中间体，还可用作防晒剂，其衍生物对二甲氨基甲酸辛酯是优良的防晒剂。

【外观】无色针状晶体,在空气中或光照下变为浅黄色

【密度】1.374 g·cm^{-3}

【熔点】186～187 ℃

【溶解性】易溶于沸水、乙醇、乙醚、乙酸乙酯和冰醋酸,难溶于冷水、苯,不溶于石油醚

一、实验原理

本实验以对甲苯胺为起始原料,经过三个反应得到对氨基苯甲酸。第一个反应是将对甲苯胺用乙酸酐处理转变为相应的酰胺,这是一个制备酰胺的标准方法,形成的酰胺在之后的氧化条件下是稳定的,这步的目的是保护氨基,避免氨基在第二步高锰酸钾氧化反应中被氧化。第二步是对甲基乙酰苯胺中的甲基被高锰酸钾氧化为相应的羧基,反应产物是羧酸盐,经酸化后可使生成的羧酸从溶液中析出。最后一步是酰胺的水解,除去起保护作用的乙酰基,此反应在稀酸溶液中很容易进行。

本步骤约需 8 学时。

二、实验仪器与试剂

仪器:烧杯(250 mL,2 个)、圆底烧瓶(100 mL)、试管、胶头滴管、搅拌磁子、磁力搅拌恒温水浴锅、温度计、玻璃棒、回流冷凝管(19♯)、抽滤装置一套。

试剂:对甲苯胺、乙酸酐、高锰酸钾、结晶乙酸钠($CH_3CO_2Na·3H_2O$)、硫酸镁晶体($MgSO_4·7H_2O$)、乙醇、盐酸、硫酸、氨水。

三、实验步骤

1) 对甲基乙酰苯胺的制备

在 250 mL 烧杯中,加入 3.8 g(0.035 mol)对甲苯胺、90 mL 水和 3.8 mL 浓硫酸,必要时在水浴上温热搅拌促使溶解。若溶液颜色较深,加入适量的活性炭脱色后过滤。同时称取 6 g 三水合乙酸钠溶于 10 mL 水中,必要时温热至全溶。

将脱色后的盐酸对甲苯胺溶液加热至 50 ℃,加入乙酸酐 4.2 mL(4.35 g,0.0425 mol),并立即加入预先配制好的乙酸钠溶液,充分搅拌后将混合物置于冰浴中冷却,此时应析出对甲基乙酰苯胺的白色固体。抽滤,用少量冷水洗涤,干燥后称量,产物 3～4 g,纯净对甲基乙酰苯胺的熔点为 154 ℃。用^{1}H NMR 鉴定合成产品结构的正确性。

2）对乙酰氨基苯甲酸的制备

在 250 ml 烧杯中，加入上述制得的对甲基乙酰苯胺（约 3.5 g）、10 g 七水合结晶硫酸镁（0.04 mol）[1] 和 175 mL 水。将混合物在水浴中加热至 85 ℃。同时配制 10.3 g（0.065 mol）高锰酸钾溶于 35 mL 沸水的溶液。

在充分搅拌下，将热的高锰酸钾溶液在 30 min 内分批加入对甲基乙酰苯胺的混合物中，注意控制滴加速度和搅拌速度，以免氧化剂局部浓度过高破坏产物。加完后，继续在 85 ℃ 搅拌 15 min。混合物变成深棕色，趁热用双层滤纸抽滤除去二氧化锰沉淀，并用少量热水洗涤二氧化锰。若溶液呈紫色，可加入 1～1.5 mL 乙醇煮沸直至紫色消失，将滤液再用折叠滤纸过滤一次。

冷却无色滤液，加 20% 硫酸酸化至溶液呈酸性，此时应生成白色固体，抽滤，压干，干燥后得对乙酰氨基苯甲酸，产量为 2～3 g，湿产品可直接进行下一步合成。纯化合物的熔点为 250～252 ℃，可用 ^{1}H NMR 鉴定合成产品结构的正确性。

3）对氨基苯甲酸的制备

称量上步得到的对乙酰氨基苯甲酸，置于 100 mL 圆底烧瓶中，加入 18% 盐酸（每克湿产物用 5 mL 18% 的盐酸）进行水解。装上回流冷凝管，小火缓缓回流 30 min。待反应液冷却后，加入 15 mL 冷水，然后加 10% 氨水中和，使反应混合物对石蕊试纸恰成碱性，切勿使氨水过量。每 30 mL 最终溶液加入 1 mL 冰醋酸，充分振摇后置于冰浴中骤冷以引发结晶，必要时用玻璃棒摩擦瓶壁或投入晶种引发结晶。抽滤，收集产物，干燥后以对甲苯胺为标准计算累计收率，测定产物的熔点。纯对氨基苯甲酸的熔点为 186～187 ℃。实验得到的熔点略低一些[2]。

4）对氨基苯甲酸的结构分析

测定产品的熔点，用 ^{1}H NMR 和 IR 表征、鉴定合成产品对氨基苯甲酸结构的正确性。

【注释】

[1] 氧化过程中紫色高锰酸盐被还原成棕色的二氧化锰沉淀。由于溶液中有氢氧根离子生成，故要加入少量的硫酸镁作缓冲液，避免溶液碱性太强而使酰胺基发生水解。

[2] 对氨基苯甲酸不必重结晶，对产物重结晶的各种尝试均未获得满意的结果，产物可直接用于合成苯佐卡因。

四、思考题

（1）对甲苯胺用乙酸酐酰化反应中加入乙酸钠的目的何在？

（2）对甲乙酰苯胺用高锰酸钾氧化时,怎样操作可使氧化反应更完全?

（3）在氧化步骤中,若溶液有色,需加入少量乙醇煮沸,发生了什么反应?

（4）在最后水解步骤中,用氢氧化钠代替氨水中和,可以吗?中和后加入乙酸的目的何在?

（5）图 6-7 是某同学合成产品的 IR 谱图,请指出官能团区吸收峰的归属。

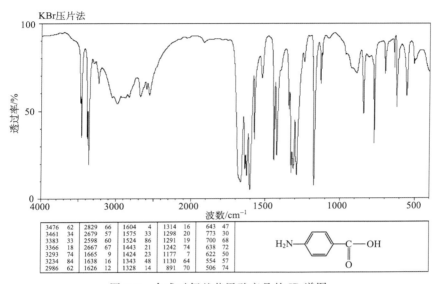

图 6-7　合成对氨基苯甲酸产品的 IR 谱图

（陈静蓉）

步骤二　对氨基苯甲酸乙酯的制备

对氨基苯甲酸乙酯别名苯佐卡因,可作为奥索仿、奥索卡因、普鲁卡因等前体原料,也是镇咳药退嗽的中间体;在医药上又用作局部麻醉剂,有止痛、止痒作用,主要用于创面、溃疡面、黏膜表面和痔疮麻醉止痛和痒症。

【外观】无色、无嗅、无味的斜方形结晶

【密度】$1.039 \ g \cdot cm^{-3}$

【熔点】88～90 ℃

【沸点】172 ℃（12.7517 mmHg）

【溶解性】难溶于水,易溶于醇、醚、氯仿

一、实验原理

$$\underset{NH_2}{\underset{|}{\overset{CO_2H}{\overset{|}{\bigcirc}}}} + C_2H_5OH \xrightleftharpoons[]{H_2SO_4} \underset{NH_2}{\underset{|}{\overset{CO_2C_2H_5}{\overset{|}{\bigcirc}}}} + H_2O$$

本步骤约需 4 学时。

二、实验仪器与试剂

仪器:圆底烧瓶(19♯,50 mL)、烧杯、试管、胶头滴管、搅拌磁子、磁力搅拌恒温水浴锅、温度计、玻璃棒、回流冷凝管(19♯)、抽滤装置一套。

试剂:自制对氨基苯甲酸、95% 乙醇、浓硫酸、10% 碳酸钠溶液、乙醚、无水硫酸镁。

三、实验步骤

1) 对氨基苯甲酸乙酯的制备

在 50 mL 圆底烧瓶中,加入自制对氨基苯甲酸(1 g,0.0073 mol)和 12.5 mL 95% 乙醇,旋摇烧瓶使大部分固体溶解。将烧瓶置于冰浴中冷却,加入 1 mL 浓硫酸,立即产生大量沉淀[1],将反应混合物在水浴上搅拌回流 1 h。

将反应混合物转入烧杯中,冷却后分批加入 10% 碳酸钠溶液中和(约需 6 mL),可观察到有气体逸出并产生泡沫,直至加入碳酸钠溶液后无明显气体释放。检查溶液 pH,反应混合物接近中性时,再加入少量碳酸钠溶液至 pH 为 9 左右。在中和过程中产生少量固体沉淀。

将溶液倾滗到分液漏斗中,并用少量乙醚洗涤固体后并入分液漏斗。向分液漏斗中加入 20 mL 乙醚,振摇后分出醚层。经无水硫酸镁干燥后,在水浴上蒸去乙醚和大部分乙醇,至残余油状物约 1 mL 为止。残余液用乙醇-水重结晶(自行设计实验方案),得产物约 0.5 g。

2) 对氨基苯甲酸乙酯的结构分析

测定产品的熔点,用[1]H NMR 和 IR 表征合成产品对氨基苯甲酸乙酯结构的正确性。

【注释】

[1] 产生的沉淀在接下来的回流中将逐渐溶解。

四、思考题

（1）本实验中加入浓硫酸后,产生的沉淀是什么物质?试解释之。

（2）酯化反应结束后,加入 10% 碳酸钠溶液中和时,可观察到有气体逸出并产生泡沫,发生了什么反应?

（3）酯化反应结束后,为什么要用碳酸钠溶液而不用氢氧化钠溶液进行中和?为什么不中和至 pH 为 7,而要使溶液 pH 为 9 左右?

（4）中和时产生的少量固体沉淀是什么?

（5）如何由对氨基苯甲酸为原料合成局部麻醉剂普鲁卡因?

（陈静蓉）

实验 45　4-苯基-2-丁酮亚硫酸氢钠加成物的制备

4-苯基-2-丁酮存在于烈香杜鹃的挥发油中,具有止咳、祛痰的作用。它通常被制成亚硫酸氢钾或亚硫酸氢钠的加成物,便于服用和存放,同时不影响药效。它可由氯化苄与乙酰乙酸乙酯缩合、水解、脱羧而得,也可由苯甲醛和丙酮在碱存在下缩合生成苄叉丙酮,再经氢化还原制得。本实验首先制备 4-苯基-2-丁酮,然后将其制成亚硫酸氢钠的加成物。

步骤一　4-苯基-2-丁酮的制备

4-苯基-2-丁酮（4-phenyl-2-butanone）,又称苄基丙酮,具有一般酮的化学性质,用作医药合成的中间体。

【外观】无色透明液体

【密度】0.9849 g·cm^{-3}

【熔点】-13 ℃

【沸点】233～234 ℃

【闪点】98 ℃

【折射率 n_D^{20}】1.5110

【溶解性】易溶于丙酮,溶于乙醇、乙醚、四氯化碳,不溶于水

一、实验原理

乙酰乙酸乙酯（$CH_3COCH_2COOC_2H_5$）具有活泼亚甲基,在醇钠作用下可转化为钠化物（$Na^+[CH_3COCHCOOC_2H_5]^-$）,其钠化物在醇溶液中可与卤代烷（RX）发生亲核取代,生成一烷基或二烷基取代的乙酰乙酸乙酯

（$CH_3COCHRCOOC_2H_5$ 或 $CH_3COCR_2COOC_2H_5$）。取代的乙酰乙酸乙酯用冷的稀碱溶液处理，酸化后加热脱羧，发生酮水解反应，可用来合成取代丙酮（CH_3COCH_2R 或 CH_3COCHR_2）。

$$CH_3COCH_2COOC_2H_5 \xrightarrow[\text{HOC}_2\text{H}_5]{\text{NaOC}_2\text{H}_5} Na^+[CH_3COCHCO_2C_2H_5]^- \xrightarrow{C_6H_5CH_2Cl}$$

$$\underset{\overset{|}{CH_2C_6H_5}}{CH_3COCHCOOC_2H_5} \xrightarrow[\text{H}_2\text{O}]{\text{NaOH}} \xrightarrow[-\text{CO}_2]{\text{HCl}} CH_3COCH_2CH_2C_6H_5$$

本步骤约需 6 学时。

二、实验仪器与试剂

仪器：三口烧瓶（19♯，100 mL）、磨口锥形瓶、搅拌磁子、磁力加热搅拌器、磁力搅拌恒温水浴锅、温度计、恒压滴液漏斗（19♯，2 个）、回流冷凝管（19♯）、分液漏斗、空气冷凝管、蒸馏装置。

试剂：金属钠、乙酰乙酸乙酯、氯化苄、无水乙醇、氢氧化钠、浓盐酸。

三、实验步骤

1）苄基化

在装有搅拌磁子、回流冷凝管和滴液漏斗的干燥的 100 mL 三口烧瓶中加入 13 mL 无水乙醇，在冷凝管上口装氯化钙干燥管[1]。分批向瓶内加入 0.9 g（0.039 mol）切成小片的金属钠，每批 2～3 片[2]，加入速度以维持溶液微沸为宜。待金属钠全部作用完[3]后，开动搅拌，室温下缓慢滴加 5 mL（5.1 g，0.039 mol）新蒸馏的乙酰乙酸乙酯，加完后继续搅拌 10 min。再慢慢滴加 5 mL（5.5 g，0.043 mol）氯化苄，约 15 min 加完（瓶内反应液不能剧烈暴沸），这时有大量白色沉淀生成。将三口烧瓶在水浴上或电热套上加热回流 1.5 h，温度 100 ℃左右，反应物呈米黄色乳状液。

2）碱水解

停止加热，稍冷后搅拌下慢慢滴加由 2 g 氢氧化钠和 15 mL 水配成的溶液，约 15 min 加完。此时溶液颜色在米黄色到橙黄色之间，pH 试纸显示溶液为强碱性。继续将反应混合物加热回流（回流速度 2～3 d·s^{-1}）1.5 h，瓶内可看见明显分层现象，检测水层 pH 为 8～9，停止加热，将反应液冷至室温。

3）酸化、脱羧

搅拌下，缓缓加入约 5 mL 浓盐酸，至 pH 为 1～2，约 15 min 加完[4]。将酸化后的溶液加热回流 1 h（回流速度 2～3 d·s^{-1}）进行脱羧反应，直到无二氧化碳气泡逸出为止[5]。

稍冷后改为蒸馏装置,在水浴上将低沸点物蒸出(馏出液约 25 mL)。冷却后将烧瓶内残液转入分液漏斗,分出红棕色有机相即粗油[6] 4~5 g,粗油可直接用于制备亚硫酸氢钠加成物[7]。

【注释】

[1] 第一步制备要求仪器干燥并使用绝对无水乙醇,乙醇中所含少量的水会明显降低收率。仪器可用少量乙醇、丙酮淌洗后快速干燥。滴液漏斗应事先查漏。

[2] 金属钠遇水即燃烧、爆炸,故使用时应严格防止与水接触。金属钠的称量、切片、添加操作须快速,以免被空气中水汽侵蚀或被氧化。制备醇钠时,待加入的钠应置于干燥锥形瓶中并塞紧瓶口。

[3] 加完金属钠以后,回流速度太慢,金属钠的反应时间较长,以反应瓶内平稳回流为宜,回流速度最快不超过 $3\sim5$ d·s^{-1}。冬季可能要辅以小火加热,夏季则要注意降温。

[4] 滴加速度不宜太快,以防止酸分解时逸出大量二氧化碳而冲料。

[5] 由于液体加热沸腾产生的气泡与脱羧产生的气泡混为一体不好观察,50 min左右时,可以停止加热 $1\sim2$ min,观察瓶内二氧化碳气泡情况,如果反应还在进行,则有连续的气泡出现,否则反应就结束了。

[6] 粗油为 4-苯基-2-丁酮和副产物(主要是苄基取代物及未水解的产物)的混合物,其中 4-苯基-2-丁酮含量70%~75%。

[7] 如需制备纯的 4-苯基-2-丁酮,可在脱羧反应后将溶液冷至室温,用稀氢氧化钠溶液调节至中性,每次用 8 mL 乙醚萃取,共萃取 3 次,合并醚萃取液,水洗后用无水氯化钙干燥,在水浴上蒸去乙醚后减压蒸馏,收集 $96\sim102$ ℃/1.07~1.2 kPa(8~9 mmHg)馏分。

四、思考题

(1) 怎样得到绝对无水乙醇?

(2) 长久放置的乙酰乙酸乙酯为什么要重新蒸馏?

(3) 在苄基化的过程中,加入氯化苄后产生的大量白色沉淀是什么?

(樊小林　陈静蓉)

步骤二　亚硫酸氢钠加成物的制备

一、实验原理

醛或甲基酮与亚硫酸氢钠的加成反应是一个可逆的平衡反应,存在少量的酸和碱时,能使亚硫酸氢钠分解,从而打破平衡,最终导致生成的加成物又分解回原来的醛和酮。

$$CH_3COCH_2CH_2C_6H_5 \underset{H_2O}{\overset{Na_2S_2O_5}{\rightleftharpoons}} \overset{\displaystyle OH}{\underset{\displaystyle SO_3Na}{CH_3\overset{|}{\underset{|}{C}}CH_2CH_2C_6H_5}}$$

本步骤约需 4 学时。

二、实验仪器与试剂

仪器:磨口锥形瓶、三口烧瓶(19♯,100 mL)、搅拌磁子、磁力加热搅拌器、回流冷凝管(19♯)、温度计、抽滤装置。

试剂:自制 4-苯基-2-丁酮粗油、95％乙醇、焦亚硫酸钠、无水乙醇、70％乙醇。

三、实验步骤

1) 亚硫酸钠加成物的制备

在 50 mL 锥形瓶中加入自制的 4-苯基-2-丁酮粗油和 18 mL 95％的乙醇,在水浴上加热至 60 ℃制成乙醇溶液备用。

三口烧瓶上安装搅拌磁子、回流冷凝管和温度计,加入焦亚硫酸钠(3.2 g,0.0168 mol)和 14 mL 水,搅拌下加热至 80 ℃左右使其全溶。继续搅拌,将上述4-苯基-2-丁酮粗油的乙醇溶液自冷凝管顶端慢慢加到三口烧瓶中,加热回流15 min 左右,得到透明溶液[1]。冷却让其结晶,必要时可用冰水浴充分冷却。抽滤,并用少量乙醇洗涤,得白色片状结晶,为 4-苯基-2-丁酮亚硫酸氢钠加成物粗品。

2) 亚硫酸钠加成物的纯化

1 g 粗品加入 4 mL 70％乙醇重结晶(方案自行设计)[2],干燥后得到加成物纯品。

3) 结构和纯度分析

对产物进行红外光谱分析,初步验证产物的结构。

选择合适的氘代试剂进行[1]H NMR 图谱分析,说明产品结构的正确性。

【注释】

[1] 如果在水溶液表面出现油状物,不要继续加热,否则油状物会越来越多,最后得不到晶体。主要原因是逆反应控制了该反应。

[2] 母液冷却后一般只得到很少的固体,可继续静置 0.5～1 h 后,析出物会逐渐结成片状晶体。

(樊小林　陈静蓉)

第7章 有机合成中的新策略和实验技术

学习指导

（1）随着现代科学技术的发展，新的有机合成技术和合成策略不断涌现，这些新技术和新策略在有机合成研究领域和工业生产中发挥着越来越重要的作用。本章重点是掌握各类新合成技术和策略的基本原理、设备条件及其应用范围。

（2）对比常规合成方法，总结相转移催化、微波辐射、一锅法等合成技术与策略的优势，并查阅资料，了解反映学科前沿的一些新理论和科研成果。

有机合成新技术是指在近 50 年发展起来的在较广泛范围内应用的合成技术，如非传统溶剂（水、离子液体、超临界流体、两相介质）中外场（微波辐射、超声波）等作用下的合成等。这些技术相对于合成某一化合物所用的传统技术，具有显著的优点：提高反应效率、节约能源、提高反应选择性、减少副产物、改善环境和更具有实用性。这些实验技术和策略是经典合成法的补充和发展。

7.1 微波辐射辅助合成

微波是频率为 300 MHz～300 GHz，即波长为 1 mm～0.1 m 的电磁波，它位于电磁波谱中红外光波和无线电波之间。1986 年 Lauventian 大学教授 Gedye 等发现在微波辐射下 4-氰基酚盐与苯甲基氯的反应比传统加热回流快 240 倍，这一发现引起人们对微波加速反应这一问题的关注。自 1986 年以来，微波促进有机反应的研究已成为有机合成领域中的一个热点。大量实验研究表明：借助微波技术进行有机反应，反应速率较传统的加热方法快数十倍甚至上千倍，且具有操作简便、收率高及产品易纯化等特点。

7.1.1 微波加热原理

微波发生器产生交变电场，该电场作用于处于微波场的物体时，由于电荷分布不平衡，分子迅速吸收电磁波而使极性分子产生 25 亿次·s^{-1} 以上的转动和碰撞，使极性分子随外电场变化而摆动，并产生热效应；又因为分子本身的热运动和相邻分子之间的相互作用,分子随电场变化而摆动的规则受到了阻碍,于是产生了类似于摩擦的效应,一部分能量转化为分子热能,造成分子运动的加剧,分子的高速旋转和振动使分子处于亚稳态,这有利于分子进一步电离或处于反应的准备状态,因此被加热物质的温度在很短的时间内得以迅速升高。

7.1.2　微波有机合成仪

最初微波作用下的有机合成都是在家用微波炉内完成的,在未经改装的微波炉内进行封闭的有机反应,反应体系在几分钟内就达到很高的温度和压力,存在着爆炸的危险。为实现真正意义上的微波合成,专用微波有机合成仪应运而生。Cablewski 等开发了一种连续微波反应器(CMR)进行常规有机合成,其压力可达 0.14 MPa,温度可达 200 ℃,反应既迅速又安全。目前,市面上也有将电磁波和机械波、紫外光催化完美结合的仪器装置(图 7-1),微波加热使反应物跨越能级,超声波的空化作用可以加速溶质的溶解和化学反应速率。

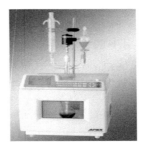

图 7-1　市面上电磁波和机械波、紫外光结合的仪器装置

7.1.3　微波辐射在有机合成中的应用

利用微波辐射加速有机化学反应,已经成功地实现在溶液中的亲核取代、Diels-Alder 反应、"烯"反应、Claisen 重排、催化氢化、自由基反应、合成杂环化合物、氧化和脱氢烷基化等反应。

1. Diels-Alder 反应

马来酸酐与蒽在二甘醇二甲醚中发生 Diels-Alder 反应,用微波辐射 1 min,收率 90%,而传统加热则需要 90 min。

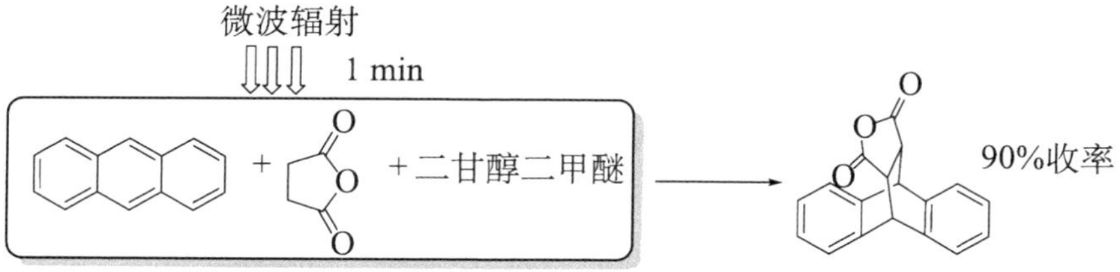

2. 重排反应

烯丙基苯基醚的重排反应用传统方法在 200 ℃反应 6 h,收率为 85%,而用微波辐射法以 DMF 为溶剂,6 min 收率可达 92%。

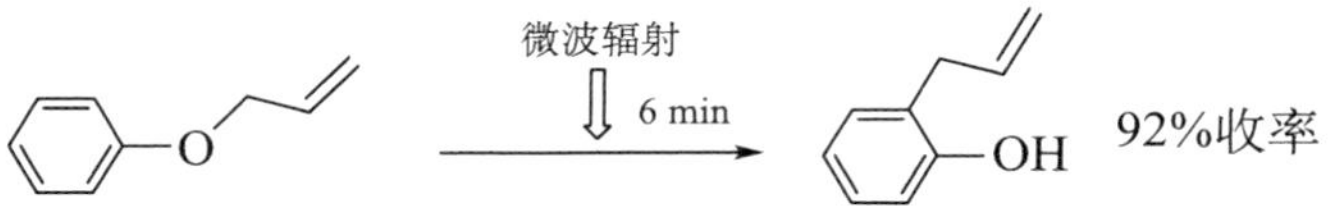

3. 烷基化反应

在微波辐射和相转移催化剂存在下,乙酰乙酸乙酯可与氯代烷反应,快速而有效地烷基化。乙酰乙酸乙酯、卤代烷、氢氧化钾和碳酸钾及相转移催化剂 TBAC(四丁基氯化铵)的混合物用微波辐射 3～4.5 min,可得到单烷基化乙酰乙酸乙酯,收率 59%～82%。

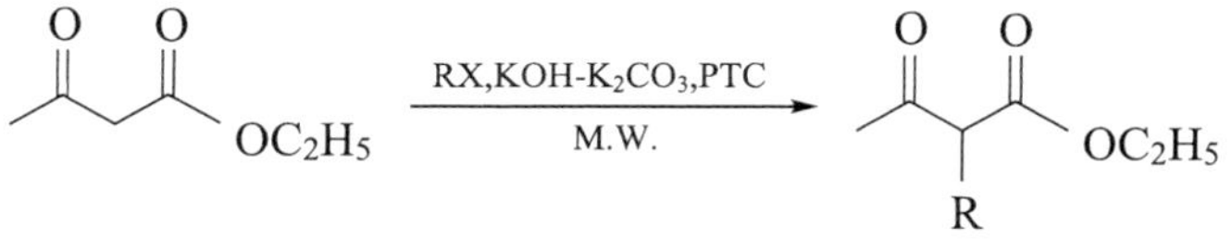

4. 微波干法合成

在无溶剂条件下用微波直接照射反应混合物,可减少后处理及可能对环境造成的污染,见图 7-2。

综上所述,微波具有清洁、高效、耗能低、污染少等特点,随着微波技术的不断成熟,微波在有机合成方面乃至整个化学领域都将有着无法估量的前景。

7.2　有机声化学合成

1986 年 4 月 8～11 日,第一届国际声化学学术讨论会在英国 Warweck 大学召开,标志着一门新的交叉学科——声化学(sonochemistry)的诞生。超声波(ul-

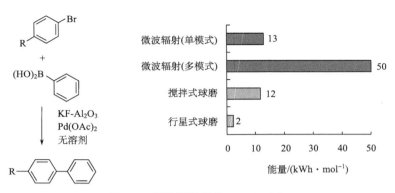

图 7-2　微波辐射下的 Suzuki 反应

trasonic)是指频率范围为 20～106 kHz 的机械波,波速一般约为 1500 m · s^{-1},波长为 10～0.01 cm。声化学是指利用超声能量加速和控制化学反应,提高反应收率和引发新的化学反应,是声学与化学相互交叉渗透而发展起来的一门新兴的边缘学科。超声波辐射优于传统的搅拌、外加热方法,并具有缩短反应时间、提高反应收率、反应条件温和、反应选择性高和操作简单等优点,还可以使一些难以进行的化学反应得以实现。

7.2.1　声化学原理

声化学效应的实质是气穴作用,包括气核的出现、微泡的长大和微泡的爆裂三步。在超声作用下,流体产生急剧的运动,由于声压的变化,溶剂受到压缩和稀疏作用,在声波的稀疏相区,气穴膨胀长大,并被液体蒸气或气体充满。在压缩相区,气穴很快塌陷、破裂,产生大量微泡,它们又可以作为新的气核。超声对化学反应产生影响的主要原因就是这些微泡在长大以致突然破裂时能产生很强的冲击波。据估算,瞬态空化泡崩溃时形成局部热点(hot spot),其温度(T_{max})可高达 5000 K 以上(相当于太阳表面的温度),温度变化率达 109 K · s^{-1},压力可高达数百乃至上千个大气压(相当于大洋深海沟处的压力)。

7.2.2　有机声化学合成装置

超声辐射作为一种辅助实验手段,大体可分为两种类型:直接超声和间接超声,主要的仪器设备如图 7-3 所示。

1. 直接超声

此类型反应器为探针系统,又称为号角系统,也称变幅杆式声化学反应器。这种设备是将超声换能器驱动的变幅杆的发射端(也称探头)直接浸入反应液体中,

(a) (b) (c)

图 7-3 超声辐射仪器设备

使声能直接进入反应体系,而不必通过清洗槽的反应器壁进行传递[图 7-3(a)]。其优点是能够将大量的能量直接输送到反应介质,通过改变输送到换能器的幅度来调制。其缺点是探针尖的侵蚀和凹陷,会使反应溶液污染。

2. 间接超声

该类型反应器为超声浴槽,经典的超声浴槽常将换能器附接在浴底,超声浴槽比较方便和廉价,广泛应用于超声化学研究中[图 7-3(b)]。与直接超声相比,间接超声到达反应器皿的超声功率相对较小。由于到达反应介质的功率依赖于样品在浴槽中所放的位置,所以实验重现性差。另一个缺点是反应器皿周围流体的混合使温度增加,难以保持等温条件。目前,市面上流行微波/紫外/超声波三位一体合成萃取反应仪,使用很方便[图 7-3(c)]。

7.2.3 超声化学在有机合成中的应用

超声波为化学工作者提供了一条能够把能量引入分子中的不同寻常的途径和方法,它不但可以改进化学反应条件,避免采用高温高压,缩短反应时间,提高反应收率和选择性,而且可以改变反应的途径和方向,使一些在通常条件下本来不能或者难以进行的化学反应得以实现。超声化学在加成反应(亲电、亲核、环加成等)、取代反应(亲电、亲核)和氧化还原反应中都有广泛地应用。

1. 液-固多相反应

非均相反应是有机声化学研究得比较多的体系,尤以液-固多相反应最受重视。非均相体系中使用超声波能加强甚至有希望取代相转移催化剂的作用。例如,用 $KMnO_4$ 氧化仲醇,在不加相转移催化剂冠醚的条件下,超声波辐射就能获得 90% 以上的酮;用粉末状的 NaOH 与 $CHCl_3$ 在超声波作用下产生的 Cl_2C: 与烯烃进行加成,不用相转移催化剂就可获得高达 62%~99% 的收率;对于液-固非均相条件下的 Cannizzaro 反应,若采用传统方法,10 min 内反应不进行,如使用超声波辐射,则 10 min 内反应收率可达 100％。

2. 液-液多相反应

超声波对液-液多相反应的影响,主要是空化作用在两相界面所体现的宏观效果,使不相混的液体发生乳化,类似且胜于强烈搅拌或相转移催化剂的作用。例如

此收率在不使用超声波的状态下是难以达到的。

3. 均相反应

均相反应相对来说不是目前有机声化学研究的主要对象,但近年来也取得了一些新成果。例如,利用氰乙酸乙酯和各种芳香醛经 Knoevenagel 缩合制备 α-氰基肉桂酸乙酯的反应,传统的方法是用吡啶作催化剂加热回流,反应速率慢、收率低,利用超声波辐射,可以缓和条件,缩短反应时间,提高收率(80％～96％)。Suzuki 偶联反应一般需要在膦配体和过渡金属配合物催化下才能完成,但在超声波辐射下,芳基氯与苯硼酸可直接进行反应,而不需要膦配体。

超声化学是一门集物理、化学于一体的新兴交叉学科,目前仍处于探索阶段,但已引起了世界各国研究者的重视。1986 年 4 月 14 日英国《泰晤士报》曾作过这样的总结性评论:"一场新的工业革命正在兴起,取代了塑料、清洁剂、药品和农药等传统的制造方法,新的工艺因为不需要现在所用方法中的高温高压,会更安全、便宜。在室温下注入能量的方法,是靠称之为超声化学这一新兴学科的发现取得的。"相信通过化学和物理学工作者的共同努力,超声化学这一有着巨大生命力的学科必将为造福人类做出应有的贡献。

7.3　有机光化学合成

根据量子理论,能量不同的光作用于分子时,会引起分子中不同结构层次的运动状态改变。核自旋的、电子的、振动的各类型分子能都是量子化的,只有某些能量状态是允许的。光化学所涉及的光的波长范围为 100～1000 nm,即由紫外至近红外波段。比紫外波长更短的 X 或 γ 射线所引起的光电离和有关化学属于辐射化学的范畴。远红外或波长更长的电磁波,一般其光子能量不足以引起光化学过程,也不属于光化学的研究范畴。光化学反应一般都是以分子的激发态进行的,与

基态相比其热力学能较高,因此,有机光化学反应能够完成许多用热化学反应难以完成或根本不可能完成的合成工作。

光化学和热化学间的主要区别在于分子在基态和激发态中的电子分布和构型完全不同,从而导致化学反应性完全不同。光化学属于电子激发态化学,而热化学属于基态化学。在基态情况下,热化学需要的活化能靠提高体系的温度来实现,而光化学反应所需的反应活化能靠吸收光子供给。因为分子的激发态热力学能较高,所以反应的活化能一般较小,大多数光反应在室温或低温下就可进行。

7.3.1　光化学的基本原理

1. 光的波长与能量的关系

分子吸收与辐射能量是量子化的,能量大小与吸收光的波长成反比:

$$E = h\nu = \frac{hc}{\lambda}$$

式中,h 为 Planck 常量,其值为 6.62×10^{-34} J·s。

1 mol 的分子吸收的能量为

$$E = Nh\nu = \frac{Nhc}{\lambda}$$

式中,N 为 Avogadro 常量,其值为 6.02×10^{23} mol^{-1}。因此,摩尔吸收能量为

$$E = Nh\nu = \frac{6.02 \times 10^{23} \times 6.62 \times 10^{-34} \times 2.998 \times 10^8}{10^{-9}\lambda \times 10^3} = \frac{1.197 \times 10^5}{\lambda} \text{ kJ·mol}^{-1}$$

表 7-1 是近紫外和可见光区几种不同波长光的有效能量。有机化合物的键能为 $200 \sim 500$ kJ·mol^{-1},处于表 7-1 光的有效能量范围之内,因此一个有机分子吸收这个范围内的光将造成键的断裂。例如,碳碳 σ 键的键能为 347.3 kJ·mol^{-1},分子吸收波长小于 345 nm 的光就可使碳碳键断裂而发生一系列化学反应。

表 7-1　不同波长光的有效能量

波长/nm	200	250	300	350	400	450	500	550	600
能量/(kJ·mol^{-1})	598.5	478.8	399.0	342.0	299.3	266.0	239.4	217.6	199.5

2. 电子跃迁的类型

有机化合物吸收光能后,使得电子由基态(成键 σ、π 或 n 轨道)跃迁到激发态(反键 σ^*、π^* 或 n* 轨道)。电子跃迁有四种类型,各种跃迁需要能量大小的顺序为

$$\sigma \rightarrow \sigma^* > n \rightarrow \sigma^* > \pi \rightarrow \pi^* \approx n \rightarrow \pi^*$$

$\sigma \rightarrow \sigma^*$ 跃迁涉及饱和烃,需要的能量较高,吸收出现在远紫外区(真空紫外,吸收波长<200 nm)。$n \rightarrow \sigma^*$ 跃迁主要是饱和的醇、胺、醚、卤化物、硫化物等,吸收也出现在远紫外区。远紫外光易被氧吸收,需真空操作,光源难以解决,故在合成中的意义不大。绝大多数有机光化学反应是通过 $\pi \rightarrow \pi^*$ 及 $n \rightarrow \pi^*$ 跃迁发生的。任何一个特定的跃迁所吸收的波长都是由分子结构决定的。例如,简单酮的 $n \rightarrow \pi^*$ 发生在约 217 nm 处,吸收能量约为 443 kJ·mol^{-1},丁二烯的 $\pi \rightarrow \pi^*$ 跃迁发生在 217 nm,吸收能量约为 551.5 kJ·mol^{-1}。

3. 单线态和三线态

分子在基态的电子构型遵循泡利(Pauli)原理。当分子处于激发态时不遵循 Pauli 原理,跃迁电子可以保持原来的自旋方向,也可以反转。换言之,激发态时角量子数可以为零($l=0$)或 $l=1$。在外加磁场中,$l=0$ 电子构型的电子光谱为单线谱带,$2l+1=1$;而 $l=1$ 的电子构型的谱带将裂分为三个,$2l+1=3$。它们分别称为单线态和三线态。对每一个激发单线态来说,都有一个能量较低的三线态相对应。通常把单线态的基态记作 S_0,较高激发的单线态记作 S_1、S_2、S_3 等。相应的三线态记作 T_1、T_2、T_3 等。

4. 分子的失活

分子在一般条件下处于能量较低的稳定状态,称作基态。受到光照射后,分子可吸收光能,提升到能量较高的状态,称作激发态。按其能量的高低,从基态往上依次称为第一激发态、第二激发态等,而把高于第一激发态的所有激发态统称为高激发态。激发态分子的寿命一般较短,而且激发态越高,其寿命越短,以致来不及发生化学反应,所以光化学主要与低激发态有关。激发时分子所吸收的电磁辐射能有两条主要的耗散途径:一是和光化学反应的热效应合并;二是通过光物理过程转变成其他形式的能量。光物理过程又可分为:①辐射弛豫过程,即将全部或一部分多余的能量以辐射能的形式耗散掉,分子回到基态,如发射荧光或磷光;②非辐射弛豫过程,多余的能量全部以热的形式耗散掉,分子回到基态,见图 7-4。

分子处于激发态时,由于电子激发可引起分子中价键结合方式的改变,如电子由成键的 π 轨道跃迁到反键的 π^* 轨道,记作(π,π^*);或由非键的 n 轨道跃迁到反键的 π^* 轨道,记作(n,π^*)等,使得激发态分子的几何构型、酸度、颜色、反应活性或反应机理可能和基态时有很大的差别,因此光化学比基态(热)化学更加丰富多彩。

5. 量子产率

从激发态返回基态的途径并不单一,各途径间存在竞争,所以不是每一个被激

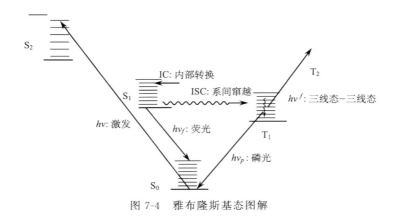

图 7-4　雅布隆斯基态图解

发的分子都发生光化学反应。发生反应的分子相对于激发分子的分数,称为量子产率,用 ϕ 表示。当 $\phi=1$ 时,每一个被激发的分子都变成了产物;当 $\phi=0.01$ 时,每百个被激发的分子只有一个变成了产物;当 $\phi>1$ 时,表示该反应是链式反应。

7.3.2　光化学在有机合成化学中的应用

由于吸收给定波长的光子往往是分子中某个基团的性质,所以光化学提供了使分子中某特定位置发生反应的最佳手段,这对于那些热化学反应缺乏选择性或反应物可能被破坏的体系更为可贵。光化学反应的另一特点是用光子作试剂,一旦被反应物吸收后,不会在体系中留下其他新的杂质,因而可以看成是"最纯"的试剂。

1. 光环化加成反应

光环化加成反应是最广泛和最有用的光化学反应之一,该类反应有[2+2]、[4+4]、[1+2]、[4+2]、[3+2]类型。其中以[2+2]更为普遍,它的优点是可能同时引入 4 个手性中心,然后通过环丁烷衍生物的收缩、扩张或开环等反应合成相应的目标分子,这对复杂天然产物的合成具有主要意义。例如

2. 键的裂解

偶氮二异丁氰是一种常用的自由基引发剂,见光易分解成自由基。实际上,键

的均裂在气相中更为普通。在 373 K,用 313 nm 光照射,叠氮化合物光解后形成氮烯。例如

$$Ph_3C—N_3 \xrightarrow{h\nu} \underset{Ph}{\overset{Ph}{\diagup}}C=N—Ph$$

3. 键的异构化

烯烃的顺反异构是经典的光化学反应事例。烯烃的反式异构体是热力学较稳定的,在顺反式的热平衡体系中,反式异构体比例高。但在 313 nm 光直接照射下,二苯乙烯的平衡混合物中顺式占 93%,反式占 7%。

7.3.3　有机光化学反应装置

1. 光源

汞辐射灯是最常用的光源(254 nm、313 nm 和 366 nm),可以用滤光器来控制光的组成。例如,通过硬质玻璃的光波长为 300~310 nm,而通过纯的熔凝石英的光波长可达 200 nm 左右。其他材料可透过光的波长处于石英和硬质玻璃之间。

汞灯可分为低压汞灯(1.333~133.3 Pa),波长为 254~184 nm,功率较小(10~40 W),适用于在波长较短的范围内有吸收带的反应物;中压汞灯(0.1~10 MPa),波长为 200~1400 nm,功率较大(100~1000 W)。中压汞灯在有机光反应中常用,但由于灯管发热较大,需要使用水冷却套管冷却。

其他较常用的光源有卤钨灯、钠灯、CW-CO2 激光光源等。卤(碘)钨灯便宜,但红外线多,发热量大。中压钠灯在 550 nm 左右有较宽的光谱,不需要冷却,是很有用的光源。

2. 反应器

光化学反应常在液相中进行,为接受特定波长光照,需要考虑用合适的透光材料制作反应器。已知耐热的硬质玻璃能透过 300 nm 以上的光;而石英玻璃能透过 200 nm 以上的光。所以如果反应要在 300 nm 以上波长的光照下进行,就可以选择硬质玻璃制作的反应器,如果反应要在 200~300 nm 光照下反应,就需用石英反应器。光反应器主要分内照射和外照射两种。外照射反应器是把光源放在反应容器的外部;内照射反应器是把光源放在反应器的内部。市售光化学反应器见图 7-5。

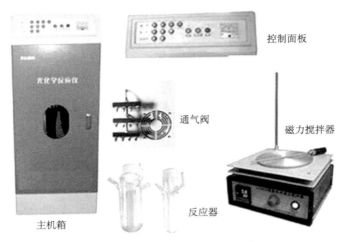

图 7-5　市面上的光化学反应器

7.4　有机电化学合成

有机电化学合成(organic electrosynthesis)是合成化学与电化学技术相结合的一门边缘学科,有"古老的方法,崭新的技术"之称。它把电子作为试剂(世界上最清洁的试剂)来代替化学试剂,在常压常温(或较低温度)、低电压下实现有机合成反应,所以有机电化学合成相对于传统的有机合成具有显著的优势。

(1) 电化学反应通过电极上得失电子实现,原则上不用加其他试剂。

(2) 通过改变电极电势合成不同的有机产品,选择性、纯度和收率较高。

(3) 电子转移和化学反应两个过程可同时进行,能缩短合成工艺,降低设备投资。

(4) 反应在常温常压下进行,可节省能源,且操作简便,使用安全。

(5) 装置具有通用性,同一电解槽中可进行多种合成反应,只需改变电极和反应液。

(6) 可任意改变反应速率,随时终止和启动反应。

有机电化学合成也有其不足之处:需要特殊反应器;存在界面问题;电解质导致分离操作费用的增加;影响因素较多,除常规合成反应条件(如酸碱性、溶液种类、浓度、温度等)以外,还要考虑电压、电流、电极材料等因素,而这些条件的组合和优化较为复杂。

7.4.1　有机电化学合成原理

有机电化学合成是在电解池中完成的,有机分子或催化媒质在电极/溶液界面上进行电荷相互传递,电能与化学能相互转化,旧键断裂,新键生成。鉴于化学反应的本质是反应物外层电子的运动,原则上任何一个氧化还原反应都可以按照电化学反应完成,原理见图 7-6。

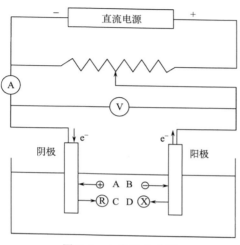

图 7-6　电化学合成原理

阴极反应：$A + e^- \longrightarrow [A]^- \longrightarrow C$

阳极反应：$B - e^- \longrightarrow [B]^+ \longrightarrow D$

电化学总反应式：$A + B \longrightarrow C + D$

在实际操作中,某些反应的电极电势超过电化学体系中介质的电势窗口范围,致使这些反应不能用电化学法合成,因此有机反应在电化学体系中是有选择性的。在实际体系中,对单个电极过程而言,通常由下列分步骤串联而成(图 7-7)：任何有机反应的电极过程都包括(1)、(3)、(5)三步,某些包括(2)、(4)步骤或其中一步。由于一个完整的有机电极过程由若干个分步骤串联组成,因此存在最慢步骤,这一步称为控制步骤。因此研究有机电极过程动力学特征及其反应机理是有机电化学合成的关键问题。

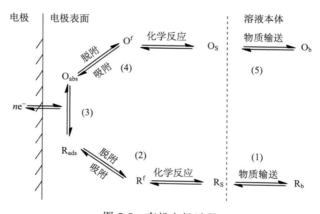

图 7-7　有机电极过程

7.4.2　电解方式

1. 恒电位电解

在影响电化学反应的诸多因素中,电极电势是起决定性作用的,它决定着电极/溶液界面上发生何种反应,并以何种速率进行。对有机电合成过程来说,选择在合适的电位下进行电解,是控制电极反应方向、保证获得所需产品数量和质量的关键。

2. 恒电流电解

通常有机电合成要求在电流恒定的情况下进行,特别在生产应用中控制电流要比控制电势容易得多,设备也简单,因此是常用的电解技术。其原理是通过调节电阻,实现电流恒定;再通过电解液的流动使反应物的浓度保持不变,主反应的电流效率维持恒定,实现恒电流-恒电位电解。

7.4.3　电化学反应器

实现电化学反应的装置称为电化学反应器,简称电解槽,其分类见图 7-8。电解槽是有机电化学合成的心脏,由于有机电化学合成的条件不同,对电解槽的要求和结构也不同。

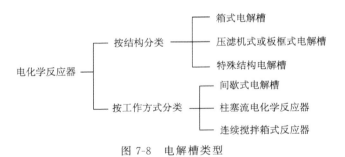

图 7-8　电解槽类型

常用的阴极材料有汞、铅、锡、铁、铝、铂、镍和碳等。由于阳极材料的腐蚀问题,合适的阳极材料极少,实验室常用的有铂、金和碳。在电化学反应中,隔膜材料是不可缺少的重要组成部分,主要用于分隔两极,避免产物混合,防止副反应和预防事故。

7.4.4　有机电化学在合成中的应用

有机电化学合成的类型主要包括:官能团的加成、取代、裂解、消除、偶合以及氧化和还原等反应。

1. 电氧化反应

目前成熟的反应有很多,主要涉及烯烃、芳烃、杂环化合物、羰基化合物、醇、脂肪族醚等化合物的阳极氧化反应。

$$\underset{O}{\bigcirc} \xrightarrow[\text{阳极C}]{CH_3OH\text{-}KSO_3C_6H_5} \underset{O}{H_3CO} \underset{}{} OCH_3$$

BASF 公司已实现该反应的工业化生产,收率达 70%;Reily 公司采用分隔式电解槽实现了吡啶-2-甲酸的工业化,收率达 80%。

$$\underset{N}{\bigcirc}CH_3 \xrightarrow[\text{阳极}PbO_2]{H_2O\text{-}H_2SO_4} \underset{N}{\bigcirc}COOH$$

2. 电还原反应

电还原反应主要涉及烯烃、卤代烃、羰基化合物及其衍生物、含氮和含硫化合物的阴极还原反应。例如

$$\underset{\underset{H}{N}}{\bigcirc}CH_3 \xrightarrow[\text{阴极}Pb]{H_2O\text{-}H_2SO_4} \underset{\underset{H}{N}}{\bigcirc}CH_3$$

高张力的三元、四元环很难合成,但通过卤代烃的电化学还原反应可以得到。

$$X-\square-X \longrightarrow \diamond + 2X^-$$

7.5　绿　色　合　成

化学在为人类创造财富的同时,也给人类带来了危难。而每一门科学的发展史上都充满着探索与进步,由于科学发展中的不确定性,化学家在研究过程中不可避免地会合成出未知性质的化合物,这些新物质可能已经对环境或人类生活造成了影响。传统的化学工业给环境带来十分严重的污染,目前全世界每年产生的有害废物达 3～4 亿吨,威胁着人类的生存。化学工业能否生产出对环境无害的化学品? 甚至开发出不产生废物的工艺?

美国化学会首先提出绿色化学(green chemistry)的概念,得到世界广泛的响应与认可。其核心是利用化学原理从源头上减少和消除工业生产对环境的污染,

并期望反应物的原子全部转化为最终产物。

7.5.1　绿色化学的原则

绿色化学的研究者们总结出了绿色化学的 12 条原则,这些原则可作为化学家开发和评估一条合成路线、一个生产过程、一个化合物是不是绿色的指导方针和标准。

（1）防止污染优于污染形成后处理。

（2）最大限度地使原材料转化到最终产品中。

（3）尽可能地使反应中使用和生成的物质对人类和环境无毒或毒性很小。

（4）应尽量保持化学产品的功效而降低其毒性。

（5）尽量不用辅助剂,需要使用时应采用无毒物质。

（6）能量使用应最小,合成方法应在常温常压下操作。

（7）最大限度地使用可更新原料。

（8）尽量避免不必要的衍生步骤。

（9）催化试剂优于化学计量试剂。

（10）化学品使用后容易降解为无害物质。

（11）分析方法应能实现在线监测,在有害物质形成前加以控制。

（12）化工生产过程中各种物质的选择与使用应使化学事故的隐患最小。

7.5.2　绿色合成的目标

绿色合成的概念来自绿色化学,绿色合成是指采用无毒无害的原料、催化剂和溶剂,选取高选择性、高转化率、不产生或少产生副产品的对环境友好的反应,开发单位产品产污系数最低、资源和能源消耗最少的先进方法和技术,从根本上消除或减少环境污染。

7.5.3　绿色合成的研究成果

诚然,化学品和化工生产造成了环境污染,但"解铃还需系铃人"。化学家利用绿色化学和绿色生产的理念,潜心研究,获得了众多防止污染的策略和方法,使化学与化工成为环境的"和谐"朋友。

1. 开发"原子经济"反应

Trost 在 1991 年首先提出了原子经济性（atom economy）的概念,即原料分子中究竟有百分之几的原子转化成产物,见图 7-9。

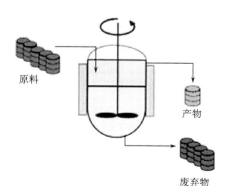

图 7-9　原子经济反应示意图

　　理想的原子经济反应是原料分子中的原子百分之百地转变成产物,实现废物的"零排放"(zero emission)

$$原子经济性 = \frac{被利用原子的质量}{反应中所使用全部反应物原子的质量} \times 100\%$$

或原子利用率(atom utilization,AU):

　　　　AU=(目标产物的摩尔质量/所有产物的摩尔质量之和)×100%

2. 采用无毒无害的原料

　　为使化学物质具有进一步转化所需的官能团和反应性,目前化工生产中仍使用剧毒的光气和氢氰酸等作为原料。为了人类健康和社区安全,在代替剧毒光气作原料方面,Riley 开发由胺类和二氧化碳生产异氰酸酯的新技术;Manzer 采用一氧化碳直接羰化有机胺生产异氰酸酯的工业化技术;Tundo 报道用二氧化碳代替光气生产碳酸二甲酯的新方法;Monsanto 公司从无毒无害的二乙醇胺原料出发,经过催化脱氢,开发了安全生产氨基二乙酸钠的工艺,改变了过去以氨、甲醛和氢氰酸为原料的二步合成路线,并因此获得了 1996 年美国总统绿色化学挑战奖中的变更合成路线奖。

3. 采用无毒无害、高效、高选择性的催化剂

　　60%以上的化学品、90%的化学合成工艺均与催化有着密切的联系,具有优势催化技术成为当代化学工业发展的强劲推动力。可见,选择无毒无害、高效、高选择性的催化剂无疑是实现绿色合成的一条重要途径。

　　合成化学中常用液体酸,如盐酸和硫酸等,液体酸催化剂的主要缺点是对设备腐蚀严重和对人身有危害。为了保护环境,科学家从分子筛、杂多酸、超强酸等新催化材料中大力开发固体酸催化剂。

　　抗帕金森药物 Lazabemide 提供了一个显示催化羰基化反应威力的极好例子。传统的多步骤合成是从 2-甲基-5-乙基吡啶出发,历经 8 步合成,总收率只有 8%,而用钯催化羰基化反应,从 2,5-二氯吡啶出发,仅用一步就合成了 Lazabemide,其原子利用率达 100%,且可达 3000 t 的生产规模。

Lazabemide

　　许多生理活性的物质都是有手性的。如果生成外消旋的混合物,则有一半的产物可能没有被利用,甚至可能有副作用。2001 年,不对称合成研究成果获得诺贝尔化学奖,标志着手性纯化合物的合成在当前科学界的重要地位。获得手性纯

化合物的方法主要有外消旋体拆分、不对称控制合成（包括金属催化、酶和手性有机催化）和手性元三条途径。例如

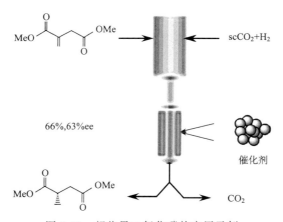

dr>19:1,%ee>99%,81%收率

4. 采用无毒无害的溶剂

大量与化学品制造相关的污染问题不仅来源于原料和产品,而且源自于反应介质和分离中所用的溶剂。广泛使用的溶剂大都是挥发性有机化合物,采用无毒无害的溶剂代替挥发性有机化合物已成为绿色合成化学的重要研究方向。

1) 超临界流体

最活跃的是超临界流体(supercritical fluid,SCF),特别是超临界二氧化碳作溶剂,如图 7-10 所示。超临界二氧化碳是指温度和压力均在其临界点（304.1 K, 7.38 MPa)以上的二氧化碳流体,它通常具有液体的密度和常规液态溶剂的溶解度,同时具有气体的黏度,因而具有很高的传质速度和可压缩性。超临界二氧化碳的更大的优点是无毒、不可燃、价廉等。

图 7-10　超临界二氧化碳的应用示例

2) 离子液体

离子液体是在室温或室温附近呈液态的由离子构成的物质,具有呈液态的温度区间大、溶解范围广、没有显著的蒸气压、良好的稳定性、极性较强且酸性可调、电化学窗口大等诸多优点。因此,在分离过程和化学反应领域显示出良好的应用

前景,见图 7-11。

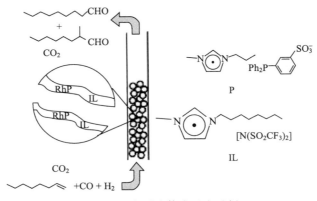

图 7-11　离子液体中反应示例

3) 水

水作为反应溶剂具有无可比拟的优越性,因为水是地球上自然丰度最高的"溶剂",非常价廉,无毒。水溶剂特性对一些重要有机转化是十分有益的,有时可提高反应速率和选择性,见图 7-12。

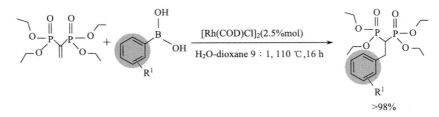

图 7-12　水作为反应溶剂示例

4) 固相有机反应

固相有机反应可以避免使用挥发性溶剂,实际上是在无溶剂作用的新颖化学环境下的反应,有时比溶液反应更为有效,某些固态反应已获得工业应用,见图 7-13。

5. 利用可再生的资源合成化学品

利用生物量(生物原料,biomass)代替当前广泛使用的石油是保护环境的一个长远的发展方向。1996 年美国总统绿色化学挑战奖中的学术奖授予 TaxaA 大学的 M. Holtzapp 教授,原因就在于其开发了一系列技术:把废生物质转化成动物饲料、工业化学品和燃料。Frost 报道以葡萄糖为原料,通过酶反应可制得己二

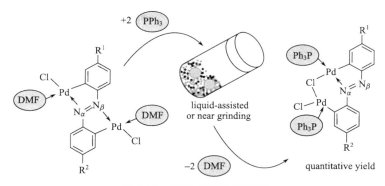

图 7-13　固相有机反应示例

酸、邻苯二酚和对苯二酚等,不需要从传统的苯开始合成己二酸。

6. 环境友好产品

环境友好产品是指在产品的整个生命周期内对环境友好的产品,也称为环境无害化产品或低公害产品。1996 年美国总统绿色化学挑战奖中,设计更安全化学品奖授予 RohmHaas 公司,由于其成功开发一种环境友好的海洋生物防垢剂;小企业奖授予 Donlar 公司,因其开发了两个高效工艺以生产热聚天冬氨酸,它是一种能代替丙烯酸的可生物降解产品。

随着绿色化学逐步成为有机合成学科前沿,在短时间内,通向绿色合成的各种途径正隐约可见,但化学工作者的种种努力只是初步,目前开发的绿色合成反应只占有机合成中非常少的一部分。绿色合成的真正发展需要对传统、常规的合成化学进行全面的、观念上、理论上和合成技术上的发展和创新。随着生物技术的进步及人类对生物合成机理的研究,真有一天,人类能"种瓜得瓜,种豆得豆"。我们完全有理由相信,21 世纪的绿色合成将在有机合成里开辟出一片蔚蓝天空,最终还我们一个绿色的地球家园。

7.6　一锅合成法

一锅合成法(one-pot synthesis)是将多步反应或多次操作置于一锅内合成,不经中间体的分离,直接获得结构复杂分子的合成方法,简称一锅法。该法具有高效、高选择性、条件温和等特点,是一种清洁的合成技术。显然,这种合成方法在经济和环境友好方面都是具有明显的优势,托品酮的合成就是一锅合成法的成功例子。目前,采用一锅合成法可合成烯烃、炔烃、醛、酮、酸、酯、胺、腈等各类有机化合物。

7.6.1　羧酸及其衍生物的制备

在 Au/TiO₂ 催化下,醇或醛与胺通过生成羧酸甲酯中间体,可一锅法氧化偶联合成酰胺(Kegnæs S. 2012),如下所示。

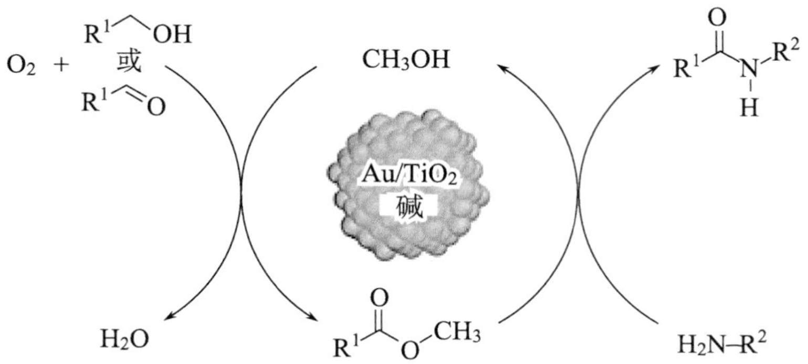

在脯氨醇催化下,α,β-不饱和醛通过有机催化环氧化和氧化酯化,可一锅法合成 α,β-不饱和羧酸酯(Xuan Y N. 2013),如下所示。

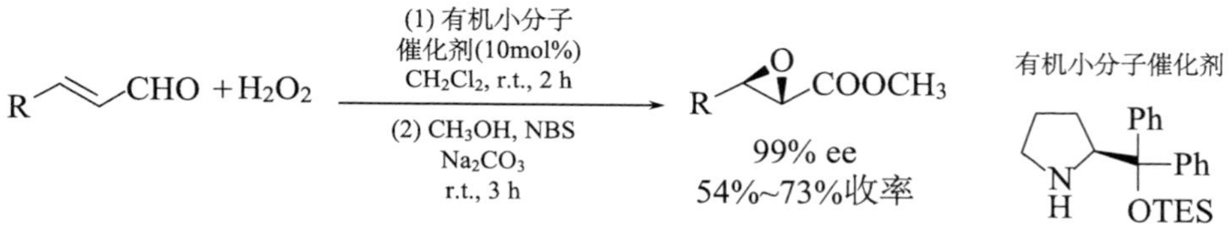

7.6.2　杂环的制备

在九水合硝酸铁催化下,非活性烯烃可一锅法合成杂化化合物(Taniguchi T. 2011),如下所示。

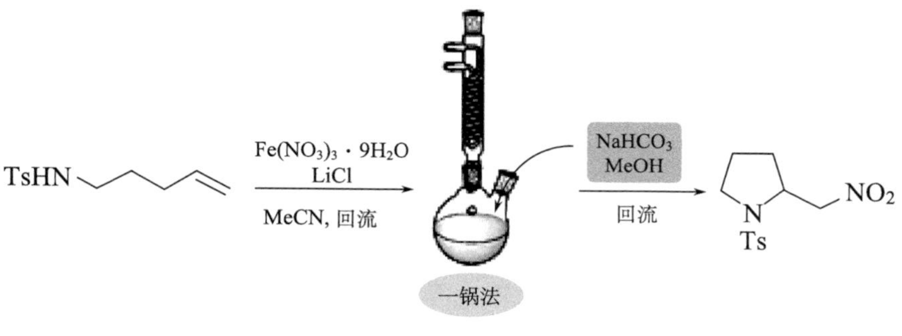

在 Fe/HCl 的还原作用下,邻硝基苯甲醛还原为邻氨基苯甲醛;后在碱环境中与醛或酮进一步缩合,高收率一锅法合成了单取代或双取代喹啉(Li A H. 2007),

如下所示。

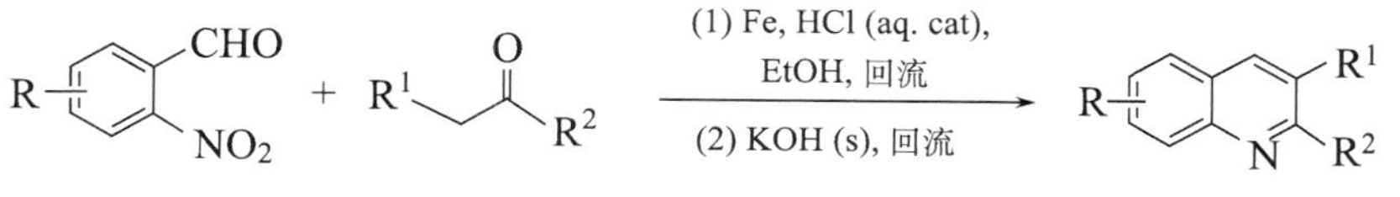

收率：66%~100%

7.6.3　醛、酮的制备

通过 aldol-Robinson 关环-区域选择性加成一锅法合成一类新荧光物质（Huo Y. 2010），如下所示。

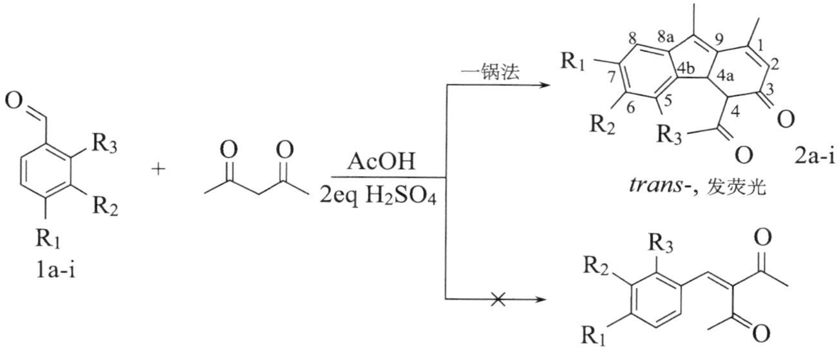

7.7　相转移催化反应

相转移催化（phase transfer catalysis，PTC）是 20 世纪 70 年代以来在有机合成中应用日趋广泛的一种新合成技术。在有机合成中常遇到非均相有机反应，这类反应通常速率很慢，收率低。

7.7.1　相转移催化的原理

相转移催化作用是指一种催化剂能加速或者能使分别处于互不相溶的两相（液-液或固-液两相体系）中的物质发生反应。反应时，催化剂把一种实际参加反应的实体（如负离子）从一相转移到另一相中，以便它与底物相遇而发生反应。相转移催化作用能使离子化合物与不溶于水的有机物质在低极性溶剂中进行反应，或加速这些反应。

下面以二苯甲酮亚胺叔丁酯的烷基化反应说明相转移催化作用：二苯甲酮亚胺叔丁酯的烷基化反应是合成氨基酸的重要反应，该反应在甲苯-水混合溶剂中进行，以 50% 的 KOH 水溶液为碱。二苯甲酮亚胺叔丁酯与碱反应生成盐，该盐在水溶液中溶解度较大,在甲苯中溶解度较小,而溴苄在甲苯中溶解度较大,即两种反应物分别处于两相中,不能充分接触,所以反应基本上不发生。如果在反应体系中加入少量四丁基溴化铵,则二苯甲酮亚胺叔丁酯的烯醇盐与四丁基溴化铵发生交换反应得到在甲苯中溶解度较大的盐,反应速率得到很大提高,在 0 ℃下 1 h 就可完成反应,收率几乎为定量的,原理如下所示。

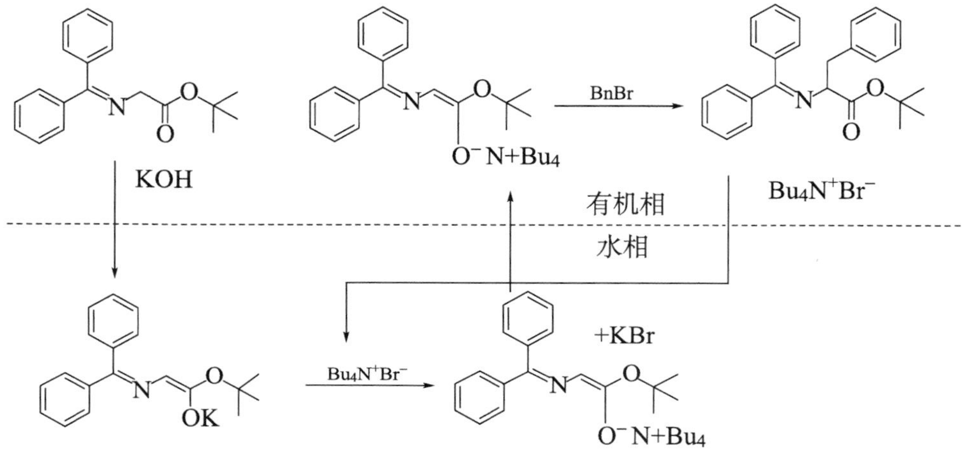

7.7.2　常用的相转移催化剂

　　作为有机反应的相转移催化剂应该满足以下基本条件:①具备形成离子对的条件或能与反应物形成复合离子;②有足够的碳原子,使形成的离子对具有亲有机溶剂的能力,可将反应物或中间体从一相转移到另一相;③被转移的试剂处于活泼的状态;④在反应条件下,相转移催化剂应该是化学稳定的,并便于回收。

　　常用的几种相转移催化剂如下。

　　1. 环状冠醚类

　　冠醚是一类具有形成包结物结构的相转移催化剂,如环糊精(图 7-14)。

　　环糊精向外伸展着的羟基使其具有良好的水溶性,它具有分子内的空腔结构,空腔内侧具有相当的疏水性。通过与反应物分子形成氢键、范德华力等而形成包结物超分子结构,并将客体分子带入另一相中释放,从而使两相之间的反应得以发生,而环糊精可再次进入水相中进行下一次的催化循环过程。

　　2. 聚醚类

　　聚醚类与冠醚相转移催化剂作用相类似,可以与客体分子形成超分子结构。

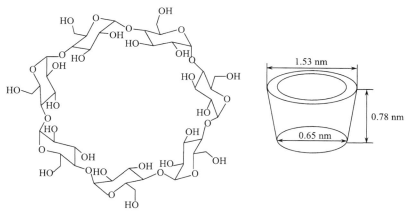

图 7-14　环糊精的空腔结构示意图

不同之处在于冠醚具有固定的空腔大小,只有与之相匹配的离子才能参与配位,而聚醚类是"柔性"长链分子,可以折叠、弯曲成合适的形状,从而与不同大小的离子络合,使聚醚类具有更广泛的适用性。常见的催化剂有 PEG-400、PEG-600、PEG 单醚、PEG 双醚以及 PEG 单醚单酯等。

3. 季铵盐、季磷盐类

这是较早广泛使用的一类相转移催化剂,其中常用的有苄基三乙基氯化铵(TEBA)、四丁基溴化铵、四丁基氯化铵、四丁基硫酸氢铵(TBAB)、三辛基甲基氯化铵、十二烷基三甲基氯化铵、十四烷基三甲基氯化铵等。通常将其固载到聚合物载体上催化卤化、酯化、氧化反应等。

目前相转移催化剂已广泛应用于有机反应的绝大多数领域,如卡宾反应、取代反应、氧化反应、还原反应、重氮化反应、置换反应、烷基化反应、酰基化反应、聚合反应,甚至高聚物修饰等。

实验 46　微波辐射合成安息香

安息香(benzoin)又称苯偶姻、二苯乙醇酮、2-羟基-1,2-二苯基乙酮,是一种无色或白色晶体。安息香是一种重要的化工原料,广泛用作感光性树脂的光敏剂、染料中间体和粉末涂料的防缩孔剂,也是一种重要的药物合成中间体。

【外观】白色或淡黄色棱柱体结晶

【密度】1.310 g·cm^{-3}

【熔点】133～135 ℃

【沸点】344 ℃

【闪点】>110 ℃

【溶解性】不溶于冷水,微溶于热水和乙醚,溶于乙醇

一、实验目的

(1) 认识微波辐射的原理及其在有机合成中的应用。

(2) 熟悉微波辐射合成仪器装置,掌握其使用方法及注意事项。

(3) 利用微波辐射技术合成安息香,对比经典法和微波法制备安息香的特点。

二、实验原理

芳香醛在氰化钠(钾)的催化下,分子间发生缩合生成二苯羟乙酮的反应,称为安息香缩合(benzoic condensation)。

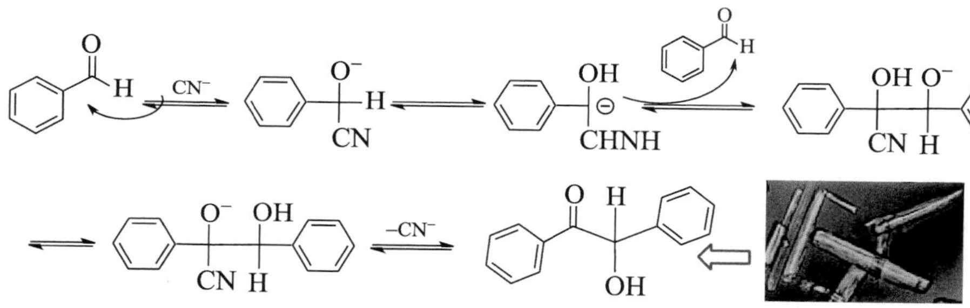

由于氰化钠有毒,所以一般在实验中用辅酶(维生素 B_1, thiamine)催化。本实验用微波辐射法合成安息香,仅需 7 min,大大缩短了反应时间,收率较高。维生素 B_1 分子噻唑环上的 S 和 N 之间的氢原子有较大的酸性,在碱的作用下形成碳负离子,催化苯偶姻的形成。

本实验约需 4 学时。

三、实验仪器与试剂

仪器:熔点测定仪、微波合成仪、烘箱、冰箱、电磁搅拌器、抽滤装置、三口烧瓶 (100 mL)、试管、烧杯。

试剂:苯甲醛、维生素 B_1、无水乙醇、95%乙醇、10%NaOH、pH 试纸。

四、实验步骤

1) 安息香的合成

100 mL 三口烧瓶中,加入 1.8 g 维生素 B_1、5 mL 蒸馏水和 15 mL 无水乙醇,将烧瓶置于冰水浴中冷却。取 5 mL 10%NaOH 溶液于一支试管中,置于冰水浴

中冷却。然后在冰水浴冷却下,将 NaOH 溶液在 10 min 内滴加至盛有维生素 B_1 的三口烧瓶中,不断摇荡,调节 pH 为 9～10[1],此时溶液呈淡黄色。去掉冰水浴,加入 10 mL 新蒸苯甲醛(10.4 g,0.1 mol),搅拌均匀,保持 pH 为 10～11[2],置于微波反应器中,调节微波反应器功率为 600 W,反应温度控制在 70 ℃,微波辐射 7 min[3]。将反应混合物于微波反应器中自然降至室温,有黄色固体析出,再放入冰箱中冷冻,析出大量固体。

2）安息香的分离与纯化

将三口烧瓶中的大量固体抽滤,用 50 mL 冷水分两次洗涤,干燥,得淡黄色固体约 12.0 g,熔点 132～133 ℃。粗产品用 95％乙醇重结晶(安息香在沸腾的 95％乙醇中溶解度为 12～14 g · 100 mL⁻¹),得白色晶体 8.9 g,熔点 134～135 ℃。若产物呈黄色,可加入少量的活性炭脱色。

3）产品结构鉴定

选择合适的氘代试剂进行[1]H NMR 图谱分析,说明产品结构的正确性。

【注释】

［1］开始滴加 NaOH 溶液时,溶液变成浅黄色,但浅黄色很快消失。当 pH 为 9～10 时,为浅黄色透明溶液。

［2］当加入苯甲醛后,变成白色乳液,pH 降低。当 pH 重新调到 9～10 时,溶液呈深黄色浊液。

［3］有白色沉淀析出。

五、思考题

（1）维生素 B_1 也称硫胺素或抗神经炎素,是一种生物辅酶,生化过程是对 α-酮酸的脱羧和生成偶姻(α-羟基酮)等三种酶促反应发挥辅酶的作用。在碱性溶液中容易分解变质,在 pH＝3.5 时可耐 100 ℃高温,因此常以其盐酸或硝酸盐储存,其结构如下:

$$H_3C \text{—} \underset{N}{\overset{N}{\bigcirc}} \text{—} \overset{+}{N}H_3 \cdot \overset{-}{Cl} \quad \overset{S}{\bigcirc} \text{—CH}_2\text{CH}_2\text{—OH}$$

为什么加入苯甲醛后,反应液的 pH 要保持在 10～11? 过低有什么不好?

（2）图 7-15 是某位同学将所制备的产品在氘代氯仿中做[1]H NMR 分析的图谱。请分析合成产品结构的正确性。

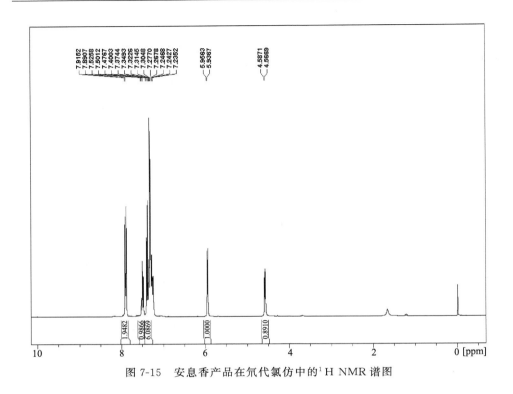

图 7-15　安息香产品在氘代氯仿中的^{1}H NMR 谱图

（3）从各种安息香的制备方法中总结各合成方法的优劣，并指出微波辐射合成的优势。

（4）本实验中苯甲醛含苯甲酸对反应影响较大，请设计获得纯净苯甲醛的实验方案。

（马学兵）

实验 47　微波辐射合成肉桂酸乙酯

肉桂酸乙酯存在于天然苏合香中，呈淡的肉桂、草莓香气和甜的蜂蜜香味，广泛用作玫瑰、柑橘、水仙、龙涎香、琥珀香、素心兰等多种香精，也可用作香皂香料，在香皂、粉类香精中能协调其他膏香，并有定香作用。

【外观】无色至淡黄色液体

【密度】1.049 g·cm^{-3}

【熔点】6～8 ℃

【沸点】270～272 ℃

【闪点】＞110 ℃

【折射率 n_D^{20}】1.558

一、实验目的

（1）认识微波辐射合成方法的应用和特点。

（2）学习微波辐射仪器装置与使用。

（3）利用微波辐射技术合成肉桂酸乙酯。

二、实验原理

目前肉桂酸酯的经典合成法是用肉桂酸和醇在浓硫酸催化下直接酯化而成。该方法反应时间长、收率低,其中肉桂酸甲酯酯化时间 5 h,收率为 70％;肉桂酸乙酯酯化时间 8 h,收率 78％;肉桂酸丙酯酯化时间 8 h,收率 70.3％。利用微波辐射技术快速合成肉桂酸甲酯、乙酯及丙酯,微波功率 637 W,辐射时间 6 min,收率可达 91％～95％,大大缩短反应时间。

$$\text{（苯乙烯基）}CO_2H + CH_3CH_2OH \xrightarrow[\text{M.W.}]{H_2SO_4} \text{（苯乙烯基）}CO_2C_2H_5 + H_2O$$

本实验约需 4 学时。

三、实验仪器与试剂

仪器:微波合成仪、圆底烧瓶(25 mL)、分液漏斗、减压蒸馏装置一套。

试剂:肉桂酸（自制）、无水乙醇、浓硫酸、无水碳酸钠、无水硫酸镁、乙醚、饱和食盐水。

四、实验步骤

1）肉桂酸乙酯的合成

在 25 mL 圆底烧瓶中依次加入肉桂酸(3.0 g,0.02 mol)、12 mL(0.2 mol)无水乙醇、1 mL 浓硫酸,摇匀后放入微波炉,装上回流装置,在微波功率 637 W 下辐射 6 min,蒸出过量乙醇,得肉桂酸乙酯粗产物。

2）肉桂酸乙酯的纯化

将肉桂酸乙酯粗产物倒入分液漏斗中,加入 20 mL 乙醚溶解,依次分别用 5 mL水、饱和碳酸钠溶液(5 mL×2)和饱和食盐水(5 mL×2)洗涤,无水硫酸镁干燥有机层,蒸出乙醚,减压蒸馏,收集 130～132 ℃ /1.200 kPa 的馏分,得无色液体 3.4 g,收率 95.2％。

五、思考题

（1）请设计鉴定产品结构的方案，并证明本实验合成产品结构的正确性。

（2）微波功率对反应影响较大，你用什么方法确定一个实验的微波辐射时间？

（3）相比常规合成法，请阐述微波辐射技术合成肉桂酸乙酯的优点。

（马学兵）

实验 48　超声辐射下碱催化合成苯亚甲基苯乙酮

苯亚甲基苯乙酮又名查耳酮（chalcone），是一种重要的有机合成中间体，可用于香料和药物等精细化学品的合成。

【外观】淡黄色斜方或菱形结晶

【密度】$1.071 \text{ g} \cdot \text{cm}^{-3}$

【熔点】$57 \sim 58 \text{ ℃}$

【沸点】$208 \text{ ℃}(25 \text{ mmHg})$

【溶解性】易溶于醚、氯仿、二硫化碳和苯，微溶于醇，难溶于冷石油醚

一、实验目的

（1）认识超声波技术在液-液两相反应 Claisen-Schmidt 缩合中的应用。

（2）学习在超声波辐射和碱催化下合成苯亚甲基苯乙酮的方法。

二、实验原理

苯亚甲基苯乙酮是由苯甲醛与苯乙酮在 10% 氢氧化钠溶液催化下缩合而合成，反应机理如下：

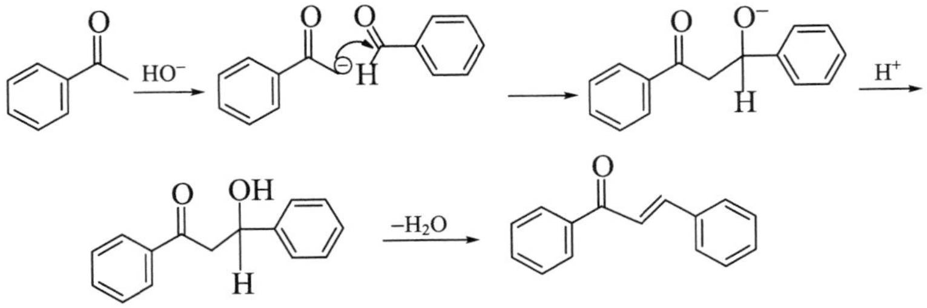

本实验约需 4 学时。

三、实验仪器与药品

仪器:超声波发生器(500 W,25 kHz)、锥形瓶(50 mL)、抽滤装置一套。

试剂:10% NaOH 水溶液、95%乙醇、苯乙酮、新蒸苯甲醛、无水乙醇。

四、实验步骤

1) 苯亚甲基苯乙酮的合成

将 6.3 mL 10% NaOH 水溶液、7.5 mL 95%乙醇和苯乙酮 (3 g, 25 mmol) 依次加入 50 mL 锥形瓶中,冷却至室温,再加入 2.5 mL 新蒸苯甲醛(2.65 g, 25 mmol)。启动超声波发生器,将反应瓶置于超声波清洗槽中,使反应瓶中的液面略低于清洗槽水面。于 25～30 ℃反应至有结晶析出,需 30～35 min,停止反应。

2) 苯亚甲基苯乙酮的分离与提纯

反应混合液于冰浴中冷却,使其结晶完全。抽滤,用冷水洗涤(至滤液呈中性),然后用 2.5 mL 冷乙醇洗涤结晶,干燥,称量,计算收率。

3) 苯亚甲基苯乙酮的结构分析

有显微熔点仪测定产物熔点,熔点 56～57 ℃。

用 IR 和 ^{1}H NMR 分析合成的苯亚甲基苯乙酮的结构。

五、思考题

(1) 通过超声波辐射下苯亚甲基苯乙酮的合成和查阅资料,说明超声波辐射在有机合成反应中的优点。

(2) 分析苯亚甲基苯乙酮产品的 IR 和 ^{1}H NMR 图谱,证明其结构的正确性。

(3) 苯亚甲基苯乙酮存在(E)-或(Z)-构型,请查阅它们的物理参数,它们有什么不同? 并设计方案说明你自己合成的苯亚甲基苯乙酮是(E)-构型,还是(Z)-构型,或是(E)-,(Z)-构型的混合物。

(马学兵)

实验 49　超声辐射下固载氟化钾催化合成 4-甲基查耳酮

由醛与酮的衍生物进行 Claisen-Schmidt 缩合,可制备一系列的查耳酮衍生物。用对甲基苯甲醛与苯乙酮进行缩合反应,得到 4-甲基查耳酮。

【外观】粉末状固体

【密度】1.078 g·cm^{-3}

【熔点】94～95 ℃

【沸点】363.6 ℃(760 mmHg)

【溶解性】溶于大多数有机溶剂,不溶于乙醇

一、实验目的

(1)学习超声波技术在液-固多相 Claisen-Schmidt 缩合反应中的应用。

(2)学习在超声波辐射下,KF/Al$_2$O$_3$ 催化芳醛与苯乙酮合成查耳酮的方法。

二、实验原理

Claisen-Schmidt 缩合反应通常是在氢氧化钠等碱性催化剂催化下完成的,但这些催碱化剂不能回收重复使用,污染环境。氟化钾固载于氧化铝是近 30 年发展起来的一种有效的催化剂,具有反应条件温和、环境友好、可重复使用的特点,但反应时间较长。本实验利用超声波技术在 KF/Al$_2$O$_3$ 催化下,改进芳醛与苯乙酮的 Claisen-Schmidt 缩合,寻求合成查耳酮的更为有效的途径。

本实验约需 4 学时。

三、实验仪器与药品

仪器:超声波清洗器(25 kHz ,500 W)、锥形瓶(50 mL)、层析柱、过滤装置一套。

试剂:KF (或 KF·2H$_2$O)、中性氧化铝、苯乙酮、对甲基苯甲醛、无水乙醇。

四、实验步骤

1)KF/Al$_2$O$_3$ 催化剂的制备(实验前准备)

20 g KF (或 34 g KF·2H$_2$O)溶于 80 mL 蒸馏水中,加入 30 g 中性氧化铝,混合物在 65～75 ℃搅拌 1 h,然后减压蒸去水分,混合物在 120 ℃烘 4 h,至固体物成粉状物,置于干燥器中备用。

2)4-甲基查耳酮的制备

在 50 mL 锥形瓶中,依次加入对甲基苯甲醛(3.6 g,30 mmol)、苯乙酮(3.6 g,30 mmol)和 20 mL 无水乙醇,混合均匀后加入催化剂 KF/Al$_2$O$_3$(4.8 g)。将锥形瓶置于超声波清洗器中,在 40～45 ℃下超声辐射,当反应瓶中析出晶体时停止反应(约需 50 min)。

3）4-甲基查耳酮的制备

在锥形瓶中加入二氯甲烷,溶解生成的产品,过滤,滤出催化剂,用 10 mL 二氯甲烷洗涤,滤液经减压浓缩得粗产物。粗产物经硅胶柱层析分离(石油醚-乙醚或石油醚-二氯甲烷),旋干溶剂,减压烘干。

五、思考题

（1）本实验中反应混合物在 40～45 ℃下超声辐射,当反应瓶中析出晶体时可以停止反应,还可采取哪一些方法判断该反应基本结束,可以停止反应?

（2）请做 4-甲基查耳酮的 ^1H NMR 图谱,并分析合成化合物结构的正确性。

实验 50　光异构化合成富马酸二甲酯

富马酸二甲酯具有低毒、高效、广谱抗菌的特点,对霉菌有特殊的抑菌效果,应用于面包、饲料、化妆品、鱼、肉、蔬菜及水果的防霉,对于饲料的防霉效果优于丙酸盐、山梨酸及苯甲酸等酸性防腐剂。

【外观】白色结晶或结晶粉末

【密度】1.37 g·cm^{-3}

【熔点】101～104 ℃

【沸点】193 ℃

一、实验目的

（1）认识有机光化学反应的特点。

（2）利用光化学合成技术合成富马酸二甲酯。

二、实验原理

本实验通过酸催化马来酸酐酯化、异构化合成富马酸二甲酯:第一步为酸酐的醇解反应;第二步为顺丁烯二酸单甲酯在结晶四氯化锡作用下的酯化反应;第三步为顺丁烯二酸二甲酯在 Br_2 和光作用下以自由基形式发生转位,异构化成富马酸二甲酯。

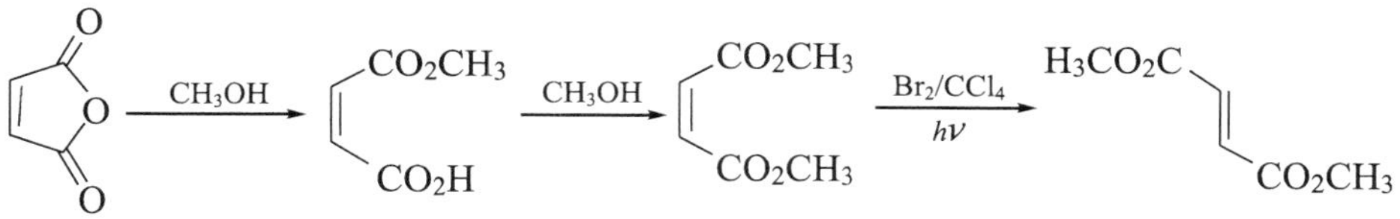

本实验约需 8 学时。

三、实验仪器与试剂

仪器:圆底烧瓶(100 mL)、中压汞灯、回流冷凝管、抽滤装置一套。

试剂:顺丁烯二酸酐(马来酸酐)、甲醇、结晶四氯化锡($SnCl_4 \cdot 5H_2O$)、0.5%
Br_2-CCl_4 溶液。

四、实验步骤

1)富马酸二甲酯的合成

在 100 mL 圆底烧瓶中加入马来酸酐(4.9 g,0.05 mol)、10 mL 甲醇和结晶四
氯化锡(2.0 g,5.7 mmol),加入几粒沸石,装上回流冷凝管,加热回流 3 h。然后
蒸出未反应的甲醇(可回收继续使用),加入 1.0～1.5 mL 质量分数为 0.5% 的
Br_2-CCl_4 溶液,塞口后放入热水浴中,用中压汞灯(外照射器)照射 15～20 min,冷
却,加入水搅拌(富马酸二甲酯水溶液对皮肤有刺激性),析出结晶。

2)富马酸二甲酯的纯化

将结晶水溶液放置一段时间,抽滤,用冷水洗涤,干燥至恒量(富马酸二甲酯有
升华性,在干燥过程中应避免损失),得粗产品,熔点为 95～97 ℃。必要时可利用
乙醇-水或热水重结晶(水用量请查资料确定),所得产品熔点为 103～104 ℃。

五、思考题

(1)用太阳光照射和汞灯照射有何不同?

(2)根据你所学过的知识,查阅资料,举出热化学难以完成而光化学可以顺利
完成的两个事例。

(3)在热化学酯化反应中,延长反应时间能否提高收率?

(4)请对富马酸二甲酯的市场行情进行网上调研,进一步加深对该产品的认识。

(马学兵)

实验 51　苯频哪醇的光合成

苯频哪醇(benzopinacol)是一种重要的有机合成中间体,可以通过 Pinacol 重
排合成。

【外观】白色单斜晶体

【熔点】171～188 ℃

【溶解性】易溶于沸热冰醋酸溶液(1 份冰醋酸溶于 11.5 份水)、沸苯溶液(1
份苯溶于 26 份水),极易溶于乙醚、二硫化碳、氯仿,不溶于水

一、实验目的

（1）认识有机光化学的特点，对比经典法和光化学法制备苯频哪醇的特点。

（2）学习利用光化学合成技术合成苯频哪醇。

二、实验原理

有机光化学反应能够完成许多用热化学反应难以完成或根本不能完成的合成工作。化学法制备频哪醇是通过酮的双分子还原合成，反应中要使用金属和有毒溶剂，而光化学反应只需在光照条件下即可顺利进行。

三、实验仪器与试剂

仪器：具塞试管、烧杯、过滤装置、圆底烧瓶（50 mL）、回流冷凝管。

试剂：二苯甲酮、异丙醇、冰醋酸、无水乙醇、单质碘。

四、实验步骤

1）苯频哪醇的合成

将二苯甲酮（2.8 g，0.015 mol）和 20 mL 异丙醇加入一磨口试管内，温水浴使二苯甲酮溶解，向试管中加入 1 滴冰醋酸，充分搅拌后再补加适量异丙醇至试管口，以使反应在无空气条件下进行。用玻璃塞将试管塞住，将试管置于烧杯中，并放在光照良好的窗台上光照一周。在 24 h 之内无色的结晶开始析出，表明反应开始。约 8 天后结晶不再析出，反应结束。

2）苯频哪醇的分离与提纯

将反应混合物在冰水中冷却，过滤，收集产品，用 3 mL 冷异丙醇洗涤，干燥，得苯频哪醇粗品 2.5 g（熔点 180～182 ℃）。在 50 mL 圆底烧瓶中加入 1.5 g 苯频哪醇粗品、8 mL 冰醋酸和 1 粒碘，安装回流装置，加热回流 10 min，充分震摇后自然冷却，结晶析出，过滤，用少量冷乙醇洗涤，干燥后得苯频哪醇纯品（熔点 185～186 ℃），称量，计算收率。

五、思考题

（1）写出酸性条件下苯频哪醇重排为苯频哪酮的反应机理。

（2）某同学为了鉴定产品结构的正确性，对产品进行了^{1}H NMR 分析，但他发现原料二苯甲酮和产品苯频哪醇的谱图非常相似，难于区分。为了更加清楚明了地说明其结构的正确性，你会用哪些方法来解决这个问题？

（马学兵）

实验 52　笼状化合物五环[6.2.1.0^{2,7}.0^{4,10}.0^{5,9}]十一碳-3,6-二酮的合成

五环[6.2.1.0^{2,7}.0^{4,10}.0^{5,9}]十一碳-3,6-二酮是合成高能量密度笼状化合物的主要中间体，高能量密度笼状化合物已成为宇航工业不可缺少的燃料。

【外观】淡黄色固体

【密度】1.552 g·cm^{-3}

【熔点】245 ℃

【沸点】343 ℃

一、实验目的

（1）认识光化学反应在复杂天然产物合成中的重要意义。

（2）巩固光化学合成技术的基本实验操作。

（3）学习笼状化合物五环[6.2.1.0^{2,7}.0^{4,10}.0^{5,9}]十一碳-3,6-二酮的合成。

二、实验原理

光化学反应是合成环状化合物最广泛和最有效的方法之一，其中以[2+2]更为普遍，它的优点是有可能同时引入 4 个手性中心，然后通过环丁烷衍生物的收缩、扩张或开环等反应合成相应的目标分子。[2+2]的环加成可以在光照条件下进行，也可以在加热条件下进行，但两者的反应机理不同，前者是协同反应机理。

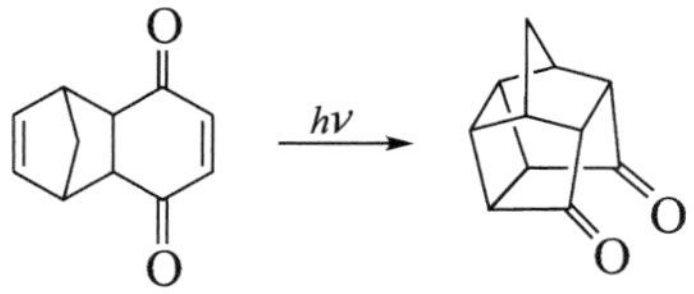

本实验约需 8 学时。

三、实验仪器与试剂

仪器：高压汞灯、内照射反应器、过滤装置。

试剂：环戊二烯（新蒸）、对苯二醌、乙酸乙酯。

四、实验步骤

将环戊二烯[1]（3.8 g，0.057 mol）与对苯二醌（6.2 g，0.057 mol）混合物溶于 150 mL 乙酸乙酯中，放入光化学反应器中，用高压汞灯照射 4 h（反应液几乎是无色的）。减压浓缩回收约 130 mL 乙酸乙酯，冷却结晶。过滤，用少量乙酸乙酯溶剂洗涤得产物，收率 90%。

【注释】

[1]环戊二烯在室温下容易二聚生成双环戊二烯，商品环戊二烯均为二聚体。在装有刺形分馏柱的圆底烧瓶中加入二聚体，慢慢进行分馏。二聚体转变为单体馏出，沸程 40～42 ℃。控制分馏柱顶端温度不超过 45 ℃，接收瓶用冰水浴冷却。若环戊二烯浑浊，加无水氯化钙干燥，蒸出的环戊二烯要尽快使用，可在冰箱中短期保存。

五、思考题

（1）[2+2]的环加成遵循什么原理？查阅文献，列举三个光反应合成环状化合物的实例。

（2）五环[6.2.1.0^{2,7}.0^{4,10}.0^{5,9}]十一碳-3,6-二酮的红外光谱图如图 7-16 所示，能否说明其结构的对称性？

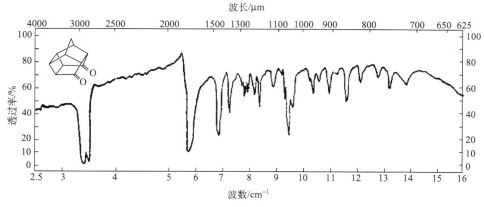

图 7-16　五环[6.2.1.0^{2,7}.0^{4,10}.0^{5,9}]十一碳-3,6-二酮的红外光谱图

（马学兵）

实验 53　　电化学法制备碘仿

碘仿在医院外科用作消毒剂和防腐剂,4%～6%碘仿溶液浸泡的纱布可用于伤口包扎。

【外观】淡黄色结晶物质,有特殊气味

【密度】3.863 g·cm^{-3}

【熔点】119～122 ℃

【沸点】250.7 ℃

【溶解性】几乎不溶于水,能溶于醇、醚、乙酸、氯仿等有机溶剂

一、实验目的

（1）认识有机电化学的重要性和电化学合成的特点。

（2）学习电化学合成技术的基本实验操作:自制铅电极。

（3）学习电化学合成法制备碘仿。

二、实验原理

碘仿的早期制法可以用丙酮与 I_2 的碱溶液作用制得,也可用乙醇、异丙醇或丙醇与碘化钾和其他氧化剂（如次氯酸盐或双氯胺）在碱性介质中作用而制得,但收率较低,污染严重,操作复杂,而电化学法制备碘仿的特点是工艺简单、成本低廉、产品纯度高、无环境污染。

电解法制碘仿是在碘化钾溶液中,碘离子在阳极被氧化成碘,生成的碘在碱性介质中变成次碘酸根离子,再与溶液中的丙酮或乙醇反应生成碘仿。碘仿电合成的反应机理:

$$2I^- - 2e^- \longrightarrow I_2$$

$$I_2 + OH^- \longrightarrow IO^- + I^- + H^+$$

$$CH_3COCH_3 + 3IO^- \longrightarrow CHI_3 + CH_3COO^- + 2OH^-$$

或　　$CH_3CH_2OH + 5IO^- \longrightarrow CHI_3 + HCOO^- + 2OH^- + H_2O + 2I^-$

副反应　　　$3IO^- \longrightarrow IO_3^- + 2I^-$

每生成 1 mol 碘仿就消耗了 6 mol 的电子,因此在制备碘仿时,实际消耗的电量要大于计算值,按反应式所需的电量与实际消耗电量的比值即为电流效率。

本实验约需 8 学时。

三、实验仪器与试剂

仪器:调压变压器(0～12 V,0～2 A)、磁力搅拌器、酸度计、电解池、自制铅

电极。

　　试剂:碘化钾、丙酮、95％乙醇、碳酸钠、硫酸。

四、实验步骤

　　1）电极制备

　　氢在铅上的析出电位很大,作为电解制备碘仿的阴极,铅必须纯度高。其制法如下:按规格熔铸铅电极,将其置于 20％的硫酸中用作阳极,取另一铅板为阴极。在 20 mA·cm^{-2}的电流密度下电解 30 min,不纯的杂质溶入溶液而被除去。阳极表面被氧化成褐色的过氧化铅而包覆在铅电极表面,再用此极为阴极电解 30 min,过氧化铅被还原成海绵状铅,将其用蒸馏水冲洗后贮于稀硫酸溶液中备用。

　　2）电解实验

　　(1)预电解。将自制电解槽置于水浴装置中,将此装置放在磁力搅拌器的磁盘上。在电解槽中加入 200 mL 蒸馏水和 15 mL 无水乙醇,分别插入石墨阳极和铅阴极。接通直流电源,电压调到 4 V,在搅拌下预电解 15 min。

　　(2)电解。预电解后关闭电源和搅拌,加入 8 g 碘化钾,溶解后用碳酸钠溶液调节 pH＝11。在 30 ℃下电解 70 min,电解后继续搅拌 10 min。蒸发浓缩,抽滤,干燥并称量,实验装置见图 7-17。

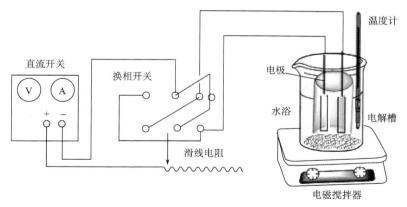

图 7-17　电化学合成法制备碘仿的实验装置

　　3）产品的提纯

　　用重结晶的方法提纯。

　　溶解固体碘仿→过滤→结晶→抽滤→干燥→测熔点→计算收率(自行设计)。

五、思考题

　　(1)电解法制备有机化合物,电极至关重要,电极材料如何选择？

（2）比较化学法和电解法制备有机物的特点。

（3）影响电解反应的因素有哪些？如何影响？

（马学兵）

实验 54　葡萄糖酸镁的电氧化合成

镁系人体内含量居第二位的重要微量元素。葡萄糖酸镁（magnesium gluconate）在人体内解离成镁离子和葡萄糖酸，参与体内能量代谢，激活或催化 300 多个酶系统，作为人体补镁及心血管等疾病的治疗药物，与硫酸镁相比，具有口感好、毒性低、易被人体吸收利用等优点。在食品工业中葡萄糖酸镁可作为镁质强化剂，广泛应用于食品、饮料、乳制品、面粉和营养液等领域，还广泛应用于医药行业。

【性状】白色结晶性粉末，味苦

【溶解性】易溶于热水，几乎不溶于乙醇

一、实验目的

（1）学习 DSA（dimensionally stable anodes）电极（形稳性电极）的制备。

（2）学习掌握电化学法制备葡萄糖酸镁。

二、实验原理

生产葡萄糖酸的方法有酶法、化学催化氧化法和电解氧化法。酶法和化学催化氧化法是将葡萄糖经霉菌或氧化剂氧化使其变为葡萄糖酸，但为了分离和提纯都将其转变为葡萄糖酸钙，再用 H_2SO_4 与其进行复分解反应，生成葡萄糖酸，然后与氧化镁反应得到葡萄糖酸镁，也可用离子交换树脂将钙盐转变为镁盐。

电合成是在无隔膜电解槽内采用金属 DSA 阳极、石墨阴极，以葡萄糖、氧化镁为原料，溴化镁为氧化媒质和支持电解质。反应过程首先是溴离子在阳极被氧化成单质溴，使之将葡萄糖氧化成葡萄糖酸内酯后形成葡萄糖酸。在糖被氧化成酸的同时，单质溴被还原成溴离子，溴离子回到阳极再被氧化，循环使用。生成的葡萄糖酸在电解槽内立即与氧化镁反应转化为葡萄糖酸镁，电解时阴极将氢离子还原成氢气放出。电解氧化法具有工艺流程短、几乎无"三废"排放等优点。

三、实验仪器与试剂

仪器：直流稳压稳流源、磁力搅拌器、DSA 阳极、石墨阴极、电解槽（自制，面积 $1\ dm^2$）。

试剂：葡萄糖（口服）、溴化镁、氧化镁、95%乙醇。

四、实验步骤

1) DSA 电极的制备

DSA 系钌钛电极,是在纯钛板上涂刷二氧化钌和二氧化钛而成,其制法如下:将 1 g 三水合三氯化钌、3 mL 钛酸四丁酯、10 mL 正丁醇、10 mL 异丙酸、0.5 mL 38% HCl 制成混合液,涂刷在钛板上,在 400~450 ℃ 的马弗炉内烧 4 h,取出重刷,如此重复 18 次即成。

2) 葡萄糖酸镁的电合成

将葡萄糖(10 g,0.057 mol)与溴化镁(0.8 g,4.4 mmol)混合,加 400 mL 蒸馏水溶解后,装入自制的无隔膜电解槽中。开动搅拌器,再加入 MgO(1.02 g,0.026 mol)。待搅拌均匀后,将电极接通电源,在 40 ℃ 及 3A·dm^{-2} 电流密度下进行恒电流电解。槽电压为 3.5~4.5 V,开始 15 min 电压稍高,然后降至平稳。电解 10 h 达到理论电量的 110% 后,停止电解。滤除可能在电解过程中混入的固体杂质,冷却结晶,过滤,乙醇洗涤,经自然干燥后得葡萄糖酸镁 9.3 g,收率 89%。

五、思考题

(1) 温度、电流密度、溶液浓度等反应条件对反应的收率都有影响,为了得到最佳的收率,怎样设计实验方案才能获得最佳实验条件?

(2) 比较化学法和电解法制备葡萄糖酸镁的优劣特点。

(3) 请写出在每个电极上发生的电化学反应方程式。

(马学兵)

实验 55　苯甲醛 1,3-丁二醇缩醛的固体酸催化合成

苯甲醛 1,3-丁二醇缩醛(benzaldehyde-1,3-butanediol acetal)是一种重要的有机缩醛类化工产品,已广泛地用作特殊的反应溶剂和香精香料。近年来作为新型香料在日用化工和食品工业中均有广泛应用,其中苯甲醛系列缩醛由于具有独特的新鲜果香香气且留香持久而占据着重要的地位。

【外观】无色透明液体,具有果香味

【密度】1.031 g·cm^{-3}

【沸点】266.1 ℃

【折射率 n_D^{20}】1.5102

一、实验目的

(1) 学习和理解绿色合成的方法和技术。

(2) 学习用钒磷氧固体酸催化合成苯甲醛 1,3-丁二醇缩醛。

二、实验原理

经典法合成缩醛一般采用无机强酸(如硫酸)为催化剂合成,但催化反应时间长,副反应多,对设备腐蚀严重,废水排放量大,后处理工艺复杂。钒磷氧作为固体酸催化剂有良好的效果,其中焦磷酸氧钒 $[(VO)_2P_2O_7]$ 是其活性成分,合成反应条件温和,催化剂用量小,操作简便,后处理过程简单,基本无污染,具有绿色合成的特点。

本实验约需 5 学时。

三、实验仪器与试剂

仪器:电磁搅拌加热器、三口烧瓶(50 mL)、分水器、减压装置。

试剂:苯甲醛、1,3-丁二醇、环己烷、五氧化二钒、异丁醇、苯甲醇、85%磷酸。

钒磷氧的制备:将 10 g 五氧化二钒加入由 30 mL 异丁醇和 15 mL 苯甲醇组成的混合物中,加热回流 12 h,然后按磷、钒物质的量比 1.1∶1 加入 7 mL 磷酸(85%),继续加热回流 6 h,过滤,得浅绿色固体,110 ℃干燥 16 h,400 ℃空气中焙烧 4 h,备用。

四、实验步骤

1) 苯甲醛 1,3-丁二醇缩醛的合成

将苯甲醛(10.6 g, 0.1 mol)、1,3-丁二醇(9.9 g, 0.13 mol)、0.12 g 钒磷氧(研磨)和 6 mL 环己烷依次加入 50 mL 三口烧瓶中,加入沸石,安装好分水器,电磁搅拌加热至沸腾(开始要快速搅拌以防爆沸),回流反应 60 min,用分水器把水逐渐分去,待分水器中不再有水分出时,停止反应。

2) 苯甲醛 1,3-丁二醇缩醛的提纯

拆下装置,合并分水器和烧瓶中的有机层,过滤除去催化剂,减压蒸馏,收集 148~152 ℃/4 kPa 的馏分。

五、思考题

(1) 经典的醇醛缩合反应与本反应有何不同? 绿色合成具体体现在哪些步骤中?

（2）催化剂在此起何作用？环己烷在此起何作用？

（3）某同学对自己制备的产品进行了 IR 光谱分析，谱图如图 7-18 所示，请说明结构的正确性。

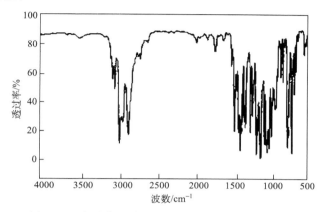

图 7-18　产品苯甲醛 1,3-丁二醇缩醛的 IR 光谱图

（4）某位同学对自己合成的产品进行了 ^{1}H NMR 分析，谱图如图 7-19 所示，请说明结构的正确性。

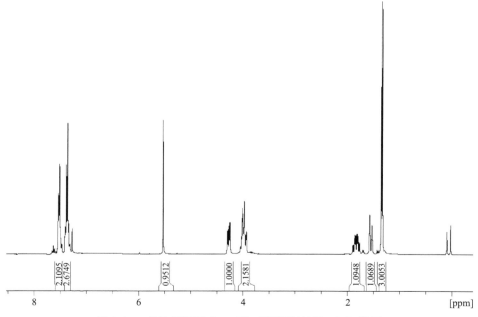

图 7-19　产品苯甲醛 1,3-丁二醇缩醛的 ^{1}H NMR 谱图

（马学兵）

实验 56　用双氧水氧化绿色合成己二酸

己二酸(Hexanedioic acid)是合成尼龙-66 的主要原料,同时在低温润滑油、合成纤维、油漆、聚亚胺酯树脂及食品添加剂的制备等方面也有重要用途,目前己二酸的世界年产量已达 220 万吨。经典法主要用浓 HNO_3 氧化环己醇或环己酮制己二酸,过氧化氢是一种理想的清洁氧化剂,反应的预期副产物是水,产品易于提纯,同时过氧化氢的价格相对低廉,氧化成本低。

【外观】白色结晶体

【密度】1.360 g · cm^{-3}

【熔点】153 ℃

【沸点】332.7 ℃

【闪点】209.9 ℃

【溶解性】微溶于水,易溶于乙醇、乙醚等大多数有机溶剂

一、实验目的

(1)学习绿色合成的方法和技术。

(2)学习用双氧水绿色氧化环己酮合成己二酸。

二、实验原理

反应以 30% 的双氧水为氧化剂,钨酸钠与含 O 双齿有机配体草酸形成的配合物为催化剂,在无有机溶剂、无相转移催化剂的条件下,环己酮氧化成己二酸。催化剂因溶于水,故反应后可以很好地回收再利用,符合绿色化学所要求的特点。

反应机理为环己酮首先经 Beayer-Villiger 氧化反应生成己内酯,己内酯进一步氧化成己二酸,副产物是水。

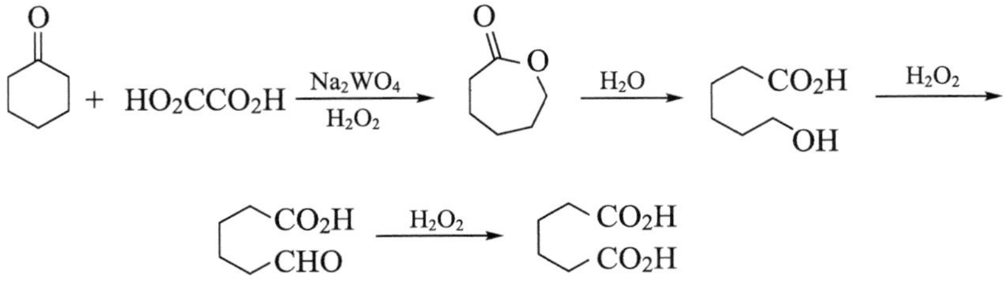

三、实验仪器与试剂

仪器：数字熔点仪、傅里叶变换红外光谱仪、核磁共振仪、冰箱、烘箱、抽滤装置一套、旋转蒸发仪、电磁搅拌加热器、三口烧瓶(100 mL)、回流冷凝管。

试剂：二水合钨酸钠、30% H_2O_2 溶液、草酸、环己酮(重馏)。

四、实验步骤

1) 己二酸的合成

在装有回流冷凝管、温度计的 100 mL 三口烧瓶中，加入 $Na_2WO_4 \cdot 2H_2O$ (0.66 g，2.0 mmol)和草酸配体(0.3 g，3.3 mmol)，再加入 30% H_2O_2(36 mL，350 mmol)，剧烈搅拌 15 min 后，加入环己酮(9.8 g，0.1 mmol)，搅拌 30 min，形成均相溶液。激烈搅拌下，于 92 ℃反应 12 h(表 7-2)。冷却至室温，析出己二酸白色晶体，置于冰箱中放置过夜，使之结晶完全。

表 7-2　不同实验条件下的己二酸产品收率

实验序号	加热时间/h	钨酸钠质量/g	草酸质量/g	H_2O_2 溶液体积/mL	搅拌	收率/%
1	12	0.66	0.3	36	是	80
2	9	0.66	0.3	36	否	47
3	9	0.66	0.3	51	否	82
4	7	0.66	0.3	36	是	54
5	7	0.66	0.3	36	否	26
6	6	0.33	0.15	20	是	18
7	5	0.66	0.3	36	是	10
8	5	0.33	0.15	20	是	—
9	2	0.66	0.3	36	否	—

2) 己二酸的分离

抽滤，冷水洗涤 2 次，每次 10 mL。滤液经旋转蒸发浓缩至约 5 mL，冷却，抽滤，合并白色晶体。白色晶体经石油醚洗涤 2 次，每次 5 mL，烘干得白色晶体 11.8 g，收率80.6%，熔点 151~154 ℃。

五、思考题

某同学为了验证产品结构的正确性，用 ^1H NMR(D_2O)表征其结构，见图 7-20，请根据谱图的结果解释其结构的正确性。

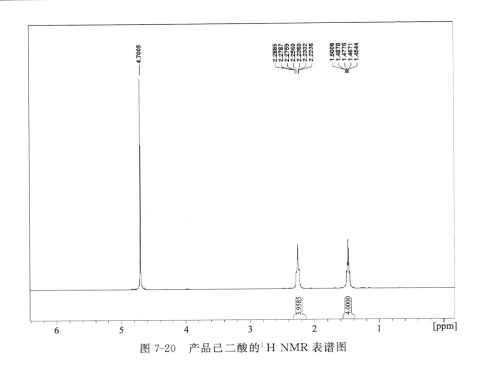

图 7-20　产品己二酸的^{1}H NMR 表谱图

（马学兵）

实验 57　*dl*-对羟基苯海因的一锅法合成

dl-对羟基苯海因（4-hydroxylphenyl hydanton）是制备羟氨苄青霉素、头孢菌素等对羟基苯甘氨酸类和阿莫西林等抗生素药物的重要医药中间体，是 β-内酰胺类半合成抗生素的侧链。

【外观】白色或类白色结晶性粉末

【密度】1.408 g·cm^{-3}

【熔点】263～265 ℃

一、实验目的

（1）了解一锅法合成技术在有机合成中的应用。

（2）学习一锅法制备 *dl*-对羟基苯海因，巩固重结晶等基本实验操作。

二、实验原理

dl-对羟基苯海因的合成方法一般有两种：①由对羟基苯甲醛与氰化钠及尿素

作用；②由苯酚、乙醛酸、尿素合成。第一条路线由于涉及剧毒的氰化钠，且合成起始原料价格高，缺乏竞争力。本实验采用第二条合成路线，其反应机理如下。

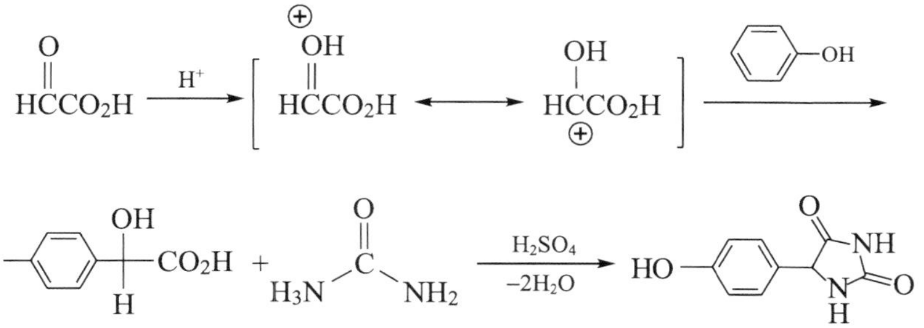

本实验约需 6 学时。

三、实验仪器和药品

仪器：电磁搅拌加热器、烧杯（150 mL）、滴液漏斗、三口烧瓶（250 mL）、回流冷凝管、温度计、过滤装置。

试剂：尿素、40% 的乙醛酸溶液、硫酸、苯酚、甲醇。

四、实验步骤

1）dl-对羟基苯海因的合成

在 150 mL 烧杯中，加入尿素（8.5 g，0.142 mol）、40% 的乙醛酸溶液（15 g，0.081 mol）和 15 mL 水，再加入 20 mL 20%（质量分数）硫酸，搅拌均匀，待放热反应结束后，倒入滴液漏斗中备用。在装有磁力搅拌、回流冷凝管、温度计及滴液漏斗的 250 mL 三口烧瓶中，依次加入 50 mL 水、浓硫酸（18.5 mL，0.338 mol）、尿素（10 g，0.166 mol）及苯酚（10 g，0.119 mol），搅拌下加热至 85 ℃，开始慢慢滴入上述制备好的乙醛酸-尿素溶液，约 4 h 滴完，然后再搅拌 30 min。

2）dl-对羟基苯海因的分离与纯化

将反应混合物冷却至室温，析出白色固体，抽滤，滤饼用 25 mL 母液洗涤，水洗 2 次，每次 15 mL，烘干得 dl-对羟基苯海因 12.5 g，收率 85%。经甲醇重结晶后，熔点 269～272 ℃，纯度 99.8%。

五、思考题

（1）本实验选择硫酸作酸催化剂，为什么不选择盐酸？

（2）某同学为了验证产品结构的正确性，用 ^{1}H（图 7-21）和 ^{13}C NMR（DMSO）（图 7-22）表征其结构，请根据谱图的结果解释其结构的正确性。

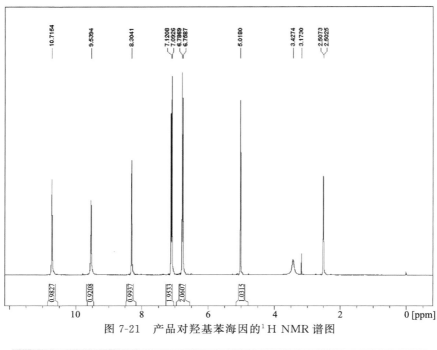

图 7-21　产品对羟基苯海因的 ^{1}H NMR 谱图

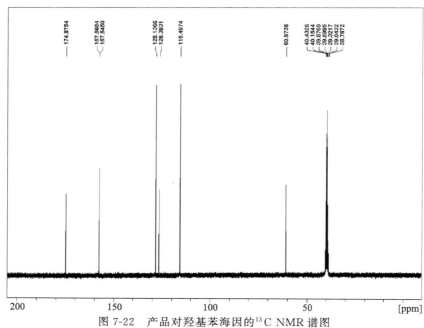

图 7-22　产品对羟基苯海因的 ^{13}C NMR 谱图

（马学兵）

实验 58　二茂铁的相转移催化合成

二茂铁自身的应用并不多,但其衍生物可延伸它的应用范围。二茂铁及其衍生物是汽油的抗震剂,比曾经使用过的四乙基铅安全得多;某些二茂铁的盐类具有抗癌活性;手性二茂铁膦配体被应用于一些过渡元素催化的反应。

【外观】橙黄色针状晶体

【蒸气压】0.03 mmHg（40 ℃）

【熔点】172～174 ℃

【沸点】249 ℃

【溶解性】不溶于水,溶于稀硝酸、浓硫酸、苯、乙醚等大多数有机溶剂

一、实验目的

（1）认识相转移催化的基本原理和相转移催化剂。

（2）学习在相转移催化条件下合成二茂铁。

二、实验原理

该反应中,聚乙二醇（PEG）扮演相转移催化剂的角色,其合成反应式如下:

本实验约需 5 学时。

三、实验仪器与试剂

仪器:三口圆底烧瓶（100 mL）、磁力搅拌器、抽滤装置、熔点测定仪。

试剂:新解聚环戊二烯、NaOH、聚乙二醇（PEG800）、四水氯化亚铁、二甲基亚砜（DMSO）、18%盐酸,无水乙醚。

四、实验步骤

1）二茂铁的合成

在装有搅拌器的 100 mL 三口圆底烧瓶中加入 30 mL DMSO、0.6 mL 聚乙二醇以及研成粉状的 NaOH（7.5 g,0.187 mol）,然后加入 5 mL 无水乙醚,在 25～30 ℃下搅拌 15 min,加入新解聚的环戊二烯（2.8 g, 0.033 mmol）与四水氯化亚铁（3.3 g, 0.016 mol）,剧烈搅拌反应 1 h。将反应混合物边搅拌边倒入 50 mL

18％的盐酸和50 g冰的化合物中,有固体生成。

2) 二茂铁的分离与纯化

将固液化合物放置,挥发掉乙醚,抽滤并用水充分洗涤,晾干,得到约2.6 g橙黄色的产物。二茂铁的纯化可以采用1∶1石油醚-乙酸乙酯柱层析,也可采用升华的办法。

五、思考题

(1) 影响二茂铁收率的因素有哪些?如何才能尽可能提高反应的收率?

(2) 该实验中采用聚乙二醇作相转移催化剂,为什么加入聚乙二醇后能提高反应速率?

(3) 用^{1}H NMR(DMSO)对某同学制备的二茂铁产品进行结构分析,其谱图如图7-23所示,请分析该同学产品结构的正确性,并指出$\delta = 2.5$ ppm和3.4 ppm是什么物质的吸收峰。

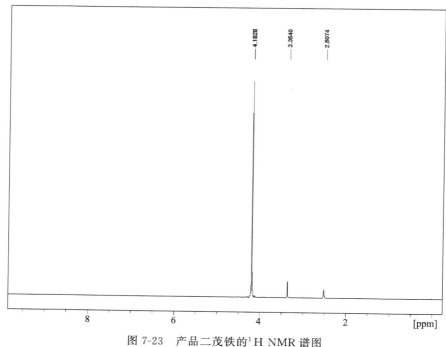

图7-23　产品二茂铁的^{1}H NMR谱图

(马学兵)

实验 59 7,7-二氯双环[4.1.0]庚烷

7,7-二氯双环[4.1.0]庚烷(7,7-dichlorobicyclo[4.1.0]heptane)是一种有机合成的中间体。

【外观】无色液体

【密度】1.25 g·cm^{-3}(20 ℃)

【折射率 n_D^{20}】1.5006~1.5040

【沸点】198 ℃

【溶解性】溶于苯、乙醚等大多数有机溶剂

一、实验目的

(1) 认识相转移催化的基本原理和相转移催化剂。

(2) 学习在相转移催化条件下合成 7,7-二氯双环[4.1.0]庚烷。

二、实验原理

利用相转移催化剂三乙基苄基氯化铵(TEBA),将水相中的 OH$^-$ 携带到有机相中,使得氯仿(CHCl$_3$)可以转化为二氯卡宾(:CCl$_2$),从而与环己烯发生加成反应,得产物 7,7-二氯双环[4,1,0]庚烷。

$$CHCl_3 + NaOH \rightleftharpoons \ ^\ominus:CCl_3 + H_2O + Na^+$$

$$^\ominus:CCl_3 \longrightarrow :CCl_2 + Cl^-$$

本实验约需 5 学时。

三、实验仪器与试剂

仪器:电磁加热搅拌器、三口圆底烧瓶(250 mL)、回流冷凝管、分液漏斗、蒸馏装置。

试剂:环己烯、氯仿、50%氢氧化钠溶液、乙醚、苄基三乙基氯化铵。

苄基三乙基氯化铵的制备:在装有回流冷凝管的 250 mL 三口圆底烧瓶中,加入苄氯(32.0 g,0.25 mol)、三乙胺(35 mL,约 0.25 mol)和 100 mL 1,2-二氯乙烷,回流搅拌 1.5 h。将反应物冷却,析出结晶,抽滤,用少量 1,2-二氯乙烷洗涤,干燥后得产品约 40 g。

四、实验步骤

1）7,7-二氯双环[4.1.0]庚烷的合成

在装有回流冷凝管和温度计的 250 mL 三口圆底烧瓶中,加入 10.1 mL 环己烯、0.5 g TEBA 和 30 mL 氯仿。开动电磁搅拌(搅拌子不能太小,应与溶液体积匹配),由回流冷凝管上口慢慢滴加入配制好的 50％氢氧化钠溶液[1]。反应放热,反应瓶的温度逐渐上升到 50～60 ℃,反应物的颜色逐渐变为橙黄色。继续加热至回流,剧烈搅拌 45 min～1 h。

2）7,7-二氯双环[4.1.0]庚烷的分离与提纯

将反应液冷至室温,加入 60 mL 水稀释,转入分液漏斗,分出有机层[2]。水层用 25 mL 乙醚萃取,合并乙醚层和有机层,用等体积的水分两次洗涤,无水硫酸镁干燥有机相。水浴蒸去溶剂,改为减压蒸馏,收集 75～80 ℃/2 kPa (15 mmHg)和 95～97 ℃/4.7 kPa (35 mmHg)的馏分。也可常压蒸馏,收集 190～198 ℃的馏分。

【注释】

[1] 约需 15 min,浓碱腐蚀性强,滴加完碱后要立即冲洗回流冷凝管,以防活塞黏结。

[2] 若两层间有较多的乳化物,可过滤去除。

五、思考题

（1）常见的相转移催化剂主要有三类:季盐类、冠醚类和聚乙二醇类。请说明本实验中为什么选择季盐类相转移催化剂,并写出反应过程中离子的转移过程。

（2）本实验中为什么要求激烈搅拌反应混合物?

（马学兵）

第 8 章　数据与资料

8.1　规章与方法

8.1.1　常用试剂的配制

1）饱和亚硫酸氢钠溶液

在 100 mL 40％亚硫酸氢钠溶液中，加入不含醛的无水乙醇 25 mL，混合后如有少量的亚硫酸氢钠晶体析出，必须滤去。此溶液不稳定，容易被氧化和分解，因此不能保存很久，宜实验前配制。

2）卢卡斯（Lucas）试剂

把 34 g 熔融的无水氯化锌溶解在 23 mL 浓盐酸中，配制时必须加以搅动，并把容器放在冰水浴中冷却，以防氯化氢逸出。Lucas 试剂适用于检验己醇以下的低级一元醇。

3）土伦（Tollen）试剂

取 1 mL 5％硝酸银溶液于一洁净的试管中，加入 1 滴 10％氢氧化钠溶液，然后滴加 2％氨水，边加边振荡，直至沉淀刚好溶解为止。配制 Tollen 试剂时应防止加入过量的氨水，否则将生成雷酸银（AgONC），受热后将引起爆炸，试剂本身即失去灵敏性。

Tollen 试剂久置后将析出黑色的氮化银（AgN）沉淀，它受震动时分解并发生猛烈爆炸，有时潮湿的氮化银也能引起爆炸，因此 Tollen 试剂必须现用现配。

4）费林（Fehling）试剂

Fehling 试剂 A：将 34.6 g 硫酸铜晶体（$CuSO_4 \cdot 5H_2O$）溶于 500 mL 水中，混浊时过滤。

Fehling 试剂 B：称取酒石酸钾钠 173 g、氢氧化钠 70 g 溶于 500 mL 水中。上两种溶液要分别存放，使用时取试剂 A 和试剂 B 等体积混合即可。

5）本尼迪特（Benedict）试剂

取硫酸铜晶体（$CuSO_4 \cdot 5H_2O$）17.3 g 溶于 100 mL 水中，另取枸橼酸钠 173 g、无水碳酸钠 100 g 溶于 700 mL 水中。将上述两种溶液合并，用水稀释至 1000 mL。

6）席夫（Schiff）试剂

方法一：在 100 mL 热水里溶解 0.2 g 品红盐酸盐（也称碱性品红或盐基品红）。放置冷却后，加入 2 g 亚硫酸氢钠和 2 mL 浓盐酸，再用蒸馏水稀释到

200 mL。

方法二:取 0.5 g 品红盐酸盐溶于 500 mL 蒸馏水中,使其全部溶解。另取 500 mL 蒸馏水通入二氧化硫使其饱和。

两种溶液混合均匀,静置过滤,应呈无色溶液,存于密闭的棕色瓶中。

7) α-萘酚乙醇试剂

取 α-萘酚 10 g 溶于 20 mL 95％乙醇中,再用 95％乙醇稀释至 100 mL。须用前配制。

8) β-萘酚溶液

取 4 g β-萘酚溶于 40 mL 5％氢氧化钠溶液中。

9) 西里瓦诺夫(Seliwanorf)试剂

一种检验酮糖的方法。取间苯二酚 0.05 g 溶于 50 mL 浓盐酸中,再用水稀释至 100 mL。须用前配制。

10) 高碘酸-硝酸银试剂

将 25 g 12％高碘酸钾溶液与 2 mL 浓硝酸、2 mL 10％硝酸银溶液混合均匀,如有沉淀,过滤后取透明液体备用。

11) 钼酸铵试剂

取 10 g 晶体钼酸铵溶于 200 mL 冷水中,加入 75 mL 浓硝酸搅拌均匀即可使用。

12) 碘化汞钾(K_2HgI_4)试剂

把 5％碘化钾溶液逐滴加入 10 mL 5％氯化汞溶液中,边加边搅拌,加至初生成的红色沉淀(HgI_2)完全溶解为止。

13) 铬酸试剂

将 20 g 三氧化铬(CrO_3)加到 20 mL 浓硫酸中,搅拌成均匀糊状,然后将糊状物小心地倒入 60 mL 蒸馏水中,搅拌均匀得到橘红色澄清透明溶液。

14) 氯化亚铜氨溶液

取 1 g 氯化亚铜加入 1～2 mL 浓氨水和 10 mL 水中,用力摇动后,静置片刻,倾出溶液,在溶液中投入一块铜片或一根铜丝。

15) 乙酸铜-联苯胺试剂

组分 A:取 150 g 联苯胺溶于 100 mL 水及 1 mL 乙酸中,存放在棕色瓶中备用。

组分 B:取 286 g 乙酸铜溶于 100 mL 水中,存放在棕色瓶中备用。

使用前将两组分混合即可。

16) 硝酸汞(Millon 试剂)

将 1 g 汞溶于 2 mL 浓硝酸中,用水稀释至 50 mL,放置过夜,过滤即得。

17) 碘液

将 25 g 碘化钾溶于 100 mL 蒸馏水中,再加入 12.5 g 碘,搅拌使碘溶解。

18) 溴水溶液

取 15 g 溴化钾溶于 100 mL 蒸馏水中,加入 3 mL(约 10 g)溴液,摇匀即可。

19) 二苯胺-硫酸溶液

取 0.5 g 二苯胺溶于 100 mL 浓硫酸中。

20) 2,4-二硝基苯肼溶液

取 3 g 2,4-二硝基苯肼溶于 15 mL 浓硫酸中,将此酸性溶液慢慢加入 70 mL 95%乙醇中,再加入蒸馏水稀释到 100 mL。过滤,取滤液保存于棕色瓶中。

21) 苯肼试剂

取 5 g 苯肼盐酸盐溶于 100 mL 水中,必要时可微热助溶,然后加入 9 g 乙酸钠搅拌,使溶解。如溶液呈深色,加少许活性炭脱色,存于棕色瓶中。乙酸钠在此起缓冲作用,可调节 pH 为 4~6,这对成脎最为有利。

22) 淀粉溶液

取 2 g 可溶性淀粉与 5 mL 水混合,将此混合液倾入 95 mL 沸水后,搅拌均匀并煮沸,可得透明的胶体溶液。

8.1.2　常用有机溶剂的性质和纯化

根据纯度及杂质含量的多少,我国市售试剂一般分为以下几个等级:一级(G.R.),优级纯试剂或保证试剂,瓶签颜色为绿色;二级(A.R.),分析纯试剂,瓶签颜色为红色;三级(C.P.),化学纯试剂,瓶签颜色为蓝色;四级(L.R.),实验试剂,瓶签颜色为黄色;此外,还有基准试剂、光谱纯试剂及超纯试剂等。大多数有机试剂与溶剂性质不稳定,久存易变色、变质,而对于很多有机反应而言,试剂或溶剂的纯度直接影响到反应速率、反应收率及产物的纯度。不同的实验对试剂和溶剂的纯度要求不同,按照实验要求购买相应规格的试剂与溶剂,以及为满足某些合成反应的特殊要求,对试剂和溶剂进行纯化处理,是化学工作者必须具备的基本知识和必须掌握的基本操作内容。

下面列举一些常用试剂和溶剂在实验室条件下的纯化方法及相关性质。

1) 无水乙醇(absolute ethyl alcohol)

沸点 78.5 ℃,折射率 $n_D^{20} = 1.3616$,相对密度 $d_4^{20} = 0.7893$。

含水乙醇经过精馏得到乙醇和水的共沸混合物,含有 96.5%的乙醇和 4.4%的水(体积比),通常称为 95%乙醇。进一步除去水分需要采用特殊方法,纯化方法如下:

(1) 用 95%乙醇制取 99.5%的无水乙醇。

常以生石灰为脱水剂,这是因为生石灰来源方便,另外生石灰或由它生成的氢氧化钙皆不溶于乙醇。操作方法:将 600 mL 95％乙醇置于 1000 mL 圆底烧瓶内,加入 100 g 左右新煅烧的生石灰,放置过夜,然后在水浴中回流 5～6 h,再将乙醇蒸出。如此所得乙醇相当于市售无水乙醇,质量分数约为 99.5％。

(2) 绝对无水乙醇(99.95％)的制取。

方法一:用金属镁处理。反应式如下:

$$Mg + 2C_2H_5OH \longrightarrow Mg(OC_2H_5)_2 + H_2 \uparrow$$

$$Mg(OC_2H_5)_2 + 2H_2O \longrightarrow Mg(OH)_2 + 2C_2H_5OH$$

在 1000 mL 圆底烧瓶上安装回流冷凝器,在冷凝管上端安装氯化钙干燥管,瓶内放置 2～3 g 干燥洁净的镁条与 0.3 g 碘,加入 99.5％的乙醇 30 mL,在水浴内加热至碘粒完全消失(如果不发生反应,可再加入几小粒碘),然后继续加热,待镁完全溶解后,加入 500 mL 99.5％的乙醇,继续加热回流 1 h,再蒸馏,弃去先蒸出的 10 mL 前馏分,收集乙醇于一干燥洁净的瓶内储存。所得乙醇纯度可超过 99.95％。

由于无水乙醇具有非常强的吸湿性,故在操作过程中必须防止吸入水汽,所用仪器需事先置于烘箱内干燥。另外,乙醇与镁的作用是缓慢的,所用乙醇含水量超过 0.5％时,作用尤其困难。

方法二:用金属钠处理。金属钠与金属镁的作用是相似的,但是单用金属钠并不能达到完全除去乙醇中含有的水分的目的。反应式如下:

$$Na + C_2H_5OH \longrightarrow NaOC_2H_5 + 1/2H_2 \uparrow$$

$$NaOC_2H_5 + H_2O \Longleftrightarrow NaOH + C_2H_5OH$$

平衡倾向于右方,即乙醇中大部分水经处理后形成 NaOH,由于反应为可逆的,这样制得的乙醇中还含有极少量的水,但已经符合一般实验要求。

若要使平衡向右移动,可以加过量的金属钠,增加乙醇钠的生成量,但这样会造成乙醇的浪费。因此,通常的办法是加入高沸点的酯,如邻苯二甲酸乙酯或琥珀酸乙酯,利用酯的皂化反应来消耗反应中生成的氢氧化钠,使得上述反应不再可逆,这样制得的乙醇如严格防潮其含水量可以低于 0.01％。

操作方法:取 500 mL 99.5％的乙醇盛入 1000 mL 圆底烧瓶内,安装回流冷凝器和干燥管,加入 3.5 g 金属钠,待其完全作用后,再加入 12.5 g 琥珀酸乙酯或 14 g 邻苯二甲酸乙酯,回流 2 h,然后蒸馏,将 10 mL 前馏分弃去,收集乙醇于干燥洁净的瓶内储存。

测定乙醇中含有的微量水分,可加入乙醇铝的苯溶液,若有大量的白色沉淀生成,证明乙醇中含有的水的质量分数超过 0.05％。此法还可测定甲醇中含 0.1％、乙醚中含 0.005％及乙酸乙酯中含 0.1％的水分。

2) 甲醇(methyl alcohol)

沸点 64.6 ℃,折射率 $n_D^{20} = 1.3288$,相对密度 $d_4^{20} = 0.7914$。

市售甲醇大多通过合成制备,含水质量分数不超过 0.5%~1%。由于甲醇和水不能形成共沸混合物,因此可通过高效的精馏柱将少量水除去。精制甲醇含有 0.02% 的丙酮和 0.1% 的水,一般已可应用。

如要制无水甲醇,可用金属镁处理(方法见“无水乙醇”)。甲醇有毒,处理时应避免吸入其蒸气。

3) 正丁醇(n-butyl alcohol)

沸点 117.7 ℃,折射率 $n_D^{20} = 1.3993$,相对密度 $d_4^{20} = 0.8098$。

用无水碳酸钾或无水硫酸钙进行干燥,过滤后,将滤液进行分馏,收集纯品。

4) 无水乙醚(absolute diethyl ether)

沸点 34.6 ℃,折射率 $n_D^{20} = 1.3527$,相对密度 $d_4^{20} = 0.7193$。

市售乙醚中常含有水和乙醇。若储存不当,还可能产生过氧化物。这些杂质的存在对于一些要求用无水乙醚作溶剂的实验是不适合的,特别是有过氧化物存在时,易发生爆炸。为了防止发生事故,对在一般条件下保存的或存储过久的乙醚,除已鉴定不含过氧化物的以外,蒸馏时都不要全部蒸干。

(1) 过氧化物的检验。取 0.5 mL 乙醚,加入 0.5 mL 2% 碘化钾溶液和几滴稀盐酸($2 \text{ mol} \cdot \text{L}^{-1}$)一起振荡,再加几滴淀粉溶液,如溶液显蓝色或紫色,即证明乙醚中有过氧化物存在。

(2) 纯化方法。取 500 mL 普通乙醚置于 1000 mL 的分液漏斗内,加入 50 mL 10% 的新配制的亚硫酸氢钠溶液,或加入 10 mL 硫酸亚铁溶液和 100 mL 水充分振荡(若乙醚中不含过氧化物,则可省去这步操作)。然后分出醚层,用饱和食盐水洗涤两次,再用无水氯化钙干燥数天,过滤,蒸馏。将蒸出的乙醚放在干燥的磨口试剂瓶中,压入金属钠丝干燥。如果乙醚干燥不够,当压入钠丝时,即会产生大量气泡。此时,用一带有氯化钙干燥管的软木塞塞住,放置 24 h 后,过滤到另一干燥试剂瓶中,再压入钠丝,至不再产生气泡,钠丝表面保持光泽,即可盖上磨口玻璃塞备用。硫酸亚铁溶液的制备:取 100 mL 水,慢慢加入 6 mL 浓硫酸,再加入 60 g 硫酸亚铁溶液。

如需要纯度更高的乙醚(用于敏感化合物),需在氮气保护下,将上述处理过的乙醚再加入钠丝,回流,直至加入二苯酮溶液变深蓝色,经蒸馏后使用。

5) 丙酮(acetone)

沸点 56.2 ℃,折射率 $n_D^{20} = 1.3588$,相对密度 $d_4^{20} = 0.7899$。

普通丙酮中往往含有少量水、甲醇、乙醛等还原性杂质,纯化方法如下。

方法一:于 1000 mL 丙酮中加入 5 g 高锰酸钾回流,以除去还原性杂质。若高锰酸钾紫色很快消失,需要加入少量高锰酸钾继续回流,直至紫色不再消失为止。蒸出丙酮,用无水碳酸钾或无水硫酸钙干燥后,过滤,蒸馏收集 55~56.5 ℃ 的馏分。

方法二:于 1000 mL 丙酮中加入 40 mL 10%硝酸银溶液及 35 mL 0.1 mol·L⁻¹氢氧化钠溶液,振荡 10 min,除去还原性杂质。过滤,滤液用无水硫酸钙干燥后,蒸馏收集 55～56.5 ℃的馏分。

6) 苯(benzene)

沸点 80.2 ℃,折射率 $n_D^{20}=1.5011$,相对密度 $d_4^{20}=0.8786$。

普通苯含有少量水(可达 0.02%),由煤焦油加工得来的苯还含有少量噻吩(沸点 84 ℃),不能用分馏或分步结晶等方法分离除去。

噻吩的检验:取 5 滴苯于小试管中,加入 5 滴浓硫酸及 1～2 滴 1%的 α,β-吲哚醌-浓硫酸溶液,振荡片刻,如呈墨绿色或蓝色,表示有噻吩存在。

纯化方法:在分液漏斗内将普通苯及相当于苯体积 15%的浓硫酸一起振荡,静置,弃去底层的酸液,再加入新的浓硫酸,这样重复操作直至酸层呈现无色或淡黄色,且检验无噻吩为止。分去酸层,苯层依次用水、10%碳酸钠溶液和水洗涤,用氯化钙干燥过夜,过滤后蒸馏收集 80 ℃的馏分。若要高度干燥可加入钠丝(方法见"无水乙醚")进一步去水。

7) 甲苯(toluene)

沸点 110.6 ℃,折射率 $n_D^{20}=1.4961$,相对密度 $d_4^{20}=0.8669$。

用无水氯化钙将甲苯进行干燥,过滤后加入少量金属钠片,再进行蒸馏,即得无水甲苯。普通甲苯中可能含有少量甲基噻吩。

除去甲基噻吩的方法:在 1000 mL 甲苯中加入 100 mL 浓硫酸,摇荡约30 min(温度不要超过 30 ℃),除去酸层,然后再分别用水、10%碳酸钠水溶液和水洗涤,用无水氯化钙干燥过夜,过滤后进行蒸馏,收集纯品。

8) 乙酸乙酯(ethyl acetate)

沸点 77.06 ℃,折射率 $n_D^{20}=1.3723$,相对密度 $d_4^{20}=0.9003$。

普通乙酸乙酯含量为 95%～98%,含有少量水、乙醇及乙酸。

纯化方法:于 1000 mL 乙酸乙酯中加入 100 mL 乙酸酐、10 滴浓硫酸,加热回流 4 h,除去乙醇、水等杂质,然后进行分馏。馏液用 20～30 g 无水碳酸钾振荡,再蒸馏,产物的沸点为 77 ℃,纯度达 99.7%。

9) 二硫化碳(carbon disulfide)

沸点 46.25 ℃,折射率 $n_D^{20}=1.6319$,相对密度 $d_4^{20}=1.2632$。

二硫化碳是有毒的化合物(可使血液和神经组织中毒),又具有高度挥发性和易燃性,在使用时必须注意避免接触其蒸气。普通二硫化碳中含有硫化氢、硫磺和硫氧化碳等杂质,气味很难闻,久置后颜色变黄。

纯化方法:一般有机合成实验对二硫化碳要求不高,在普通二硫化碳中加入少量研碎的无水氯化钙,干燥数小时,过滤后在水浴(温度 55～56 ℃)上蒸馏收集。

如需要制备较纯的二硫化碳,则需将试剂级的二硫化碳用质量分数为 0.5%

的高锰酸钾水溶液洗涤 3 次,除去硫化氢,再用汞不断振荡除硫。最后用 2.5% 硫酸汞溶液洗涤,除去所有恶臭(剩余 H_2S),再经氯化钙干燥,蒸馏收集。纯化过程的反应式如下:

$$3H_2S + 2KMnO_4 \longrightarrow 2MnO_2 \downarrow + 3S \downarrow + 2H_2O + 2KOH$$

$$Hg + S \longrightarrow HgS$$

$$HgSO_4 + H_2S \longrightarrow H_2SO_4 + HgS \downarrow$$

10) 氯仿(chloroform)

沸点 61.7 ℃,折射率 $n_D^{20} = 1.4459$,相对密度 $d_4^{20} = 1.4832$。

普通氯仿含有质量分数为 1% 的乙醇,这是为了防止氯仿分解为有毒的光气,作为稳定剂加进去的。纯化方法如下。

方法一:为了除去乙醇,可以将氯仿用其一半体积的水振荡五六次,然后用无水氯化钙干燥 24 h 后蒸馏收集。

方法二:另一种精制方法是将氯仿与少量浓硫酸一起振荡两三次。每 1000 mL 氯仿用浓硫酸 50 mL。分去酸层以后的氯仿用水洗涤,用无水氯化钙干燥,然后蒸馏收集。

除去乙醇的无水氯仿应保存于棕色瓶内并放置于暗处,以免见光分解形成光气。

氯仿不能用金属钠干燥,否则会发生爆炸。

11) 石油醚(petroleum)

石油醚为轻质石油产品,是低相对分子质量的烃类(主要是戊烷和己烷)混合物。其沸程为 30~150 ℃,收集的温度区间一般为 30 ℃ 左右,如有 30~60 ℃、60~90 ℃、90~120 ℃ 等沸程规格的石油醚。石油醚中含有少量不饱和烃,沸点与烷烃相近,用蒸馏法无法分离,必要时可用浓硫酸和高锰酸钾除去。

纯化方法:通常将石油醚用其 1/10 体积的浓硫酸洗涤两三次,再用 10% 的浓硫酸加入高锰酸钾配成的饱和溶液洗涤,直至水层中的紫色不再消失为止。然后再用水洗,经无水氯化钙干燥后蒸馏。如要绝对干燥的石油醚则需压入钠丝(方法见"无水乙醚")处理。

12) 吡啶(pyridine)

沸点 115.5 ℃,折射率 $n_D^{20} = 1.5095$,相对密度 $d_4^{20} = 0.9819$。

分析纯的吡啶含有少量水分,但已可供一般应用。如要制得无水吡啶,可与粒状氢氧化钾或氢氧化钠一同回流,然后隔绝潮气蒸出备用。干燥的吡啶吸水性很强,保存时应将容器口用石蜡封好。

13) N,N-二甲基甲酰胺(N,N-dimethylformamide,DMF)

沸点 149~156 ℃,折射率 $n_D^{20} = 1.4305$,相对密度 $d_4^{20} = 0.9487$。

N,N-二甲基甲酰胺含有少量水分,在常压分馏时有些分解,产生二甲胺与一氧化碳。若有酸或碱存在,分解加快,所以加入固体氢氧化钾或氢氧化钠室温放置数小时后,即有部分分解。因此,最好用硫酸钙、硫酸镁、氧化钡、硅胶或分子筛干燥,然后减压蒸馏,收集 76 ℃/4.8 kPa 的馏分。当其中含水较多时,可加入1/10体积的苯,在常压及 80 ℃以下蒸去水和苯,然后用硫酸镁或氢氧化钡干燥,再进行减压蒸馏。

N,N-二甲基甲酰胺见光可慢慢分解为二甲胺和甲醛,故应避光储存。

N,N-二甲基甲酰胺中如有游离胺存在,可用 2,4-二硝基氟苯产生颜色来检查。

14) 四氢呋喃(tetrahydrofuran,THF)

沸点 64.5 ℃,折射率 $n_D^{20}=1.4050$,相对密度 $d_4^{20}=0.8892$。

四氢呋喃是具有乙醚气味的无色透明液体,市售的四氢呋喃常含有少量水分及过氧化物。少量过氧化物的检验和除去方法见乙醚。将市售无水四氢呋喃用粒状氢氧化钾干燥 1~2 d,若干燥剂变形,产生棕色糊状,说明含有较多水和过氧化物。如过氧化物很多,则需要另行处理。

纯化方法:将普通四氢呋喃与氢化锂铝在隔绝潮气下回流(通常 1000 mL 需 2~4 g 氢化锂铝),以除去其中的水和过氧化物,直至加入钠丝和二苯酮,出现深蓝色的化合物,且加热回流蓝色不褪为止。然后在氮气保护下蒸馏,收集馏分。蒸馏时不宜蒸干,防止残余过氧化物爆炸。处理四氢呋喃时,应先取少量进行试验,以确定只含少量水和过氧化物,作用不过于猛烈时,方可按此法进行。

精制后的液体应在氮气氛中保存,如需较久放置,应加质量分数为 0.025% 的 2,6-二叔丁基-4-甲基苯酚作为抗氧化剂。

15) 四氯化碳(tetrachloromethane)

沸点 76.8 ℃,折射率 $n_D^{20}=1.4603$,相对密度 $d_4^{20}=1.595$。

普通四氯化碳中含 CS_2 约 4%,不溶于水,溶于其他有机溶剂。不燃,能溶解油脂类物质,有毒,吸入或皮肤接触都导致中毒。

纯化方法:可将 1000 mL 四氯化碳与 60 g 氢氧化钾溶于 60 mL 水和 100 mL 乙醇配成的溶液中,在 50~60 ℃时振摇 30 min,然后水洗。再将此四氯化碳按上述方法重复操作一次(氢氧化钾的量减半)。最后将四氯化碳用氯化钙干燥(四氯化碳中残余的乙醇可以用氯化钙除掉),过滤,蒸馏收集 76.7 ℃馏分。

四氯化碳不能用金属钠干燥,否则可产生爆炸。

16) 二氯甲烷(dichloromethane)

沸点 39.7 ℃,折射率 $n_D^{20}=1.4242$,相对密度 $d_4^{20}=1.3266$。

二氯甲烷为无色挥发性液体,蒸气不燃烧,与空气混合也不发生爆炸,微溶于水,能与醇、醚混合。它可以代替醚作萃取溶剂用。

纯化方法:可用浓硫酸振荡数次,至酸层无色为止。水洗后,用 5% 的碳酸钠洗涤,然后再用水洗,用无水氯化钙干燥,蒸馏,收集 39.5～41 ℃ 的馏分。二氯甲烷不能用金属钠干燥,否则会发生爆炸。同时,注意不要在空气中久置,以免氧化,应储存于棕色瓶内。

17) 二氧六环(dioxane)

沸点 101.5 ℃,熔点 12 ℃,折射率 $n_D^{20} = 1.4224$,相对密度 $d_4^{20} = 1.0337$。

与水互溶,无色,易燃,能与水形成共沸物(含量为 81.6%,沸点 87.8 ℃),普通品中含有少量二乙醇缩醛与水。

纯化方法:可加入 10% 的浓盐酸,回流 3 h,同时慢慢通入氮气,以除去生成的乙醛。冷却后,加入粒状氢氧化钾直至其不再溶解。分去水层,再用粒状氢氧化钾干燥一天,过滤,在其中加入金属钠回流数小时,蒸馏收集。可加入钠丝保存。

久藏的二氧六环中可能含有过氧化物,要注意除去,然后再处理。

18) 苯胺(aniline)

沸点 184.4 ℃,折射率 $n_D^{20} = 1.5850$,相对密度 $d_4^{20} = 1.0217$。

在空气中或光照下苯胺颜色变深,应密封存于避光处。苯胺稍溶于水,能与乙醇、氯仿和大多数有机溶剂相溶,可与酸成盐。市售苯胺经氢氧化钾干燥,为除去含硫杂质可在少量氯化锌存在、氮气保护下减压蒸馏。吸入苯胺蒸气或经皮肤吸收会引起中毒。

19) 苯甲醛(benzaldehyde)

沸点 179 ℃,折射率 $n_D^{20} = 1.5448$,相对密度 $d_4^{20} = 1.0415$。

带有苦杏仁味的无色液体,能与乙醇、乙醚、氯仿相混溶,微溶于水,由于在空气中易氧化成苯甲酸,使用前需经蒸馏,沸点 64～65 ℃/1.60 kPa (12 mmHg)。低毒,对皮肤有刺激,触及皮肤可用水洗。

20) 冰醋酸(acetic acid, glacial acetic acid)

沸点 117.9 ℃,熔点 16～17 ℃,折射率 $n_D^{20} = 1.3716$,相对密度 $d_4^{20} = 1.0492$。

将市售乙酸在 4 ℃ 下慢慢结晶,并在冷却下迅速过滤,压干。少量的水可用五氧化二磷回流干燥几小时除去。冰醋酸对皮肤有腐蚀作用,触及皮肤或溅到眼睛时,要用大量水冲洗。

21) 乙酸酐(acetic anhydride)

沸点 139～140 ℃,折射率 $n_D^{20} = 1.3904$,相对密度 $d_4^{20} = 1.0820$。

加入无水乙酸钠回流并蒸馏即可。乙酸酐对皮肤有严重的腐蚀作用,使用时需戴防护眼镜及手套。

22) 二甲亚砜(dimethyl sulfoxide, DMSO)

沸点 189 ℃,熔点 18.5 ℃,折射率 $n_D^{20} = 1.4783$,相对密度 $d_4^{20} = 1.0954$。

二甲亚砜为无色、无味、微带苦味的吸湿性液体,是一种优良的非质子极性溶剂,常压下加热至沸腾可部分分解。市售试剂级二甲亚砜含水量约为 1%。二甲亚砜能与水混合,可加分子筛长期放置加以干燥。然后减压蒸馏,收集 76 ℃/12 mmHg 馏分。蒸馏时温度不可超过 90 ℃,否则会发生歧化反应生成二甲砜和二甲硫醚。也可用氧化钙、氧化钡或无水硫酸钡等来干燥,然后减压蒸馏。

二甲亚砜与某些物质混合时可能发生爆炸,如氢化钠、高碘酸或高氯酸镁等,应用时应予以注意。

23) 亚硫酰氯(thionyl chloride)

沸点 75.8 ℃,折射率 $n_D^{20}=1.5170$,相对密度 $d_4^{20}=1.656$。

亚硫酰氯又称氯化亚砜,为无色或微黄色液体,有刺激性,遇水强烈分解。工业品中常含有氯化砜、一氯化硫、二氯化硫,一般经蒸馏纯化,但经常有黄色。如需更高纯度的试剂时,可用硫磺处理:搅拌下将硫磺(20 g·L^{-1})加入亚硫酰氯中,加热回流 4.5 h,用分馏柱分馏得无色纯品。二甲亚砜对皮肤和眼睛有刺激性,操作中应小心。

24) 1,2-二氯乙烷(1,2-dichloroethane)

沸点 83.4 ℃,折射率 $n_D^{20}=1.4448$,相对密度 $d_4^{20}=1.2531$。

1,2-二氯乙烷是无色液体,有芳香气味,溶于 120 份水中,可与水形成恒沸物(含水 18.5%,沸点 72 ℃),可与乙醇、乙醚和氯仿相混合。在重结晶和萃取时是很有用的溶剂。

纯化方法:可依次用浓硫酸、水、稀碱溶液和水洗涤,然后用无水氯化钙干燥,或加入五氧化二磷(20 g·L^{-1}),加热回流 2 h,常压蒸馏即可。

25) 乙腈(acetonitrile)

沸点 81.6 ℃,折射率 $n_D^{20}=1.3442$,相对密度 $d_4^{20}=0.7857$。

乙腈是惰性溶剂,可用于反应及重结晶。乙腈与水、醇、醚可任意混溶,与水生成共沸物(含乙腈 84.2%,沸点 76.7 ℃)。市售乙腈常含有水、不饱和腈、醛和氨等杂质,三级以上的乙腈含量应高于 95%。

纯化方法:可将试剂乙腈用无水碳酸钾干燥,过滤,再与五氧化二磷(20 g·L^{-1})加热回流直至无色,用分馏柱分馏。乙腈可储存于放有分子筛(0.2 nm)的棕色瓶中。乙腈有毒,常含有游离氢氰酸。

26) 乙二醇二甲醚(dimethoxyethane)

沸点 85 ℃,折射率 $n_D^{20}=1.3796$,相对密度 $d_4^{20}=0.8691$。

乙二醇二甲醚俗称二甲基溶纤剂。无色液体,有乙醚气味,能溶于水和碳氢化合物,对某些不溶于水的有机化合物是很好的惰性溶剂,其化学性质稳定,溶于水、乙醇、乙醚和氯仿。

纯化方法:先用钠丝干燥,在氮气下加氢化锂铝蒸馏;或者先用无水氯化钙干燥数天,过滤,加金属钠蒸馏。可加入氢化锂铝保存,用前再蒸馏。

8.1.3　常用试剂的恒沸混合物

1. 常用二元共沸混合物

表 8-1　常用二元共沸混合物

共沸物的组成	760 mmHg 时组分的沸点/℃		共沸物的质量分数/%		共沸物的沸点/℃
	第一组分	第二组分	第一组分	第二组分	
水-苯	100	80.2	8.9	91.1	69.8
水-甲苯	100	110.6	19.6	80.4	84.1
水-二甲苯	100	137~140	37.5	62.5	92.0
水-乙酸乙酯	100	77.06	8.2	91.8	70.4
水-正丁酸丁酯	100	125	26.7	73.3	90.2
水-异丁酸丁酯	100	117.2	19.5	80.5	87.5
水-苯甲酸乙酯	100	212.4	84.0	16.0	99.1
水-2-戊酮	100	102.25	13.5	86.5	82.9
水-乙醇	100	78.4	4.5	95.5	78.1
水-正丙醇	100	97.2	28.8	71.2	87.7
水-异丙醇	100	82.4	12.1	87.9	80.4
水-正丁醇	100	117.8	38.0	62.0	92.4
水-异丁醇	100	108.0	33.3	66.8	90.0
水-仲丁醇	100	99.5	32.1	67.9	88.5
水-叔丁醇	100	82.8	11.7	88.3	79.9
水-正戊醇	100	138.3	44.7	55.3	95.4
水-异戊醇	100	131.0	49.6	50.4	95.1
水-苄醇	100	205.2	91.0	9.0	99.9
水-烯丙醇	100	92.0	27.1	72.9	98.2
水-氯乙醇	100	129.0	59.0	41.0	97.8
水-甲酸	100	100.8	22.5	77.5	107.3(最高)
水-硝酸	100	86.0	32.0	68.0	120.5(最高)
水-氢碘酸	100	−34	43.0	57.0	127(最高)
水-氢溴酸	100	−67	52.5	47.5	126(最高)

续表

共沸物的组成	760 mmHg 时组分的沸点/℃		共沸物的质量分数/%		共沸物的沸点/℃
	第一组分	第二组分	第一组分	第二组分	
水-氢氯酸	100	−84	79.76	20.24	110(最高)
水-乙醚	100	34.5	1.3	98.7	34.2
水-丁醛	100	75.7	6.3	94.0	68
水-三聚乙醛	100	115	30.0	70.0	91.4
水-氯仿	100	61.2	2.5	97.5	56.1
水-四氯化碳	100	76.8	4.0	96.0	66.0
水-二氯乙烷	100	83.7	19.5	80.5	72
水-乙腈	100	82.0	16.0	84.0	76.0
水-丙烯腈	100	78	13	87	70.0
水-吡啶	100	115.5	42.0	58.0	94.0
乙酸乙酯-二硫化碳	77.06	46.3	7.3	92.7	46.1
己烷-苯	69	80.2	95.0	5.0	68.6
己烷-氯仿	69	61.2	28.0	72.0	60.8
丙酮-二硫化碳	56.5	46.3	34.0	66.0	39.2
丙酮-异丙醚	56.5	69.0	61.0	39.0	54.2
丙酮-氯仿	56.5	61.2	20.0	80.0	65.5
四氯化碳-乙酸乙酯	76.8	77.06	57.0	43.0	74.8
环己烷-苯	80.8	80.2	45.0	55.0	77.8
乙醇-乙酸乙酯	78.4	77.06	30.0	70.0	72.0
乙醇-苯	78.4	80.2	32.0	68.0	68.2
乙醇-氯仿	78.4	61.2	7.0	93.0	59.4
乙醇-四氯化碳	78.4	77.0	16.0	84.0	64.9
甲醇-四氯化碳	64.7	77.0	21.0	79.0	55.7
甲醇-苯	64.7	80.2	39.0	61.0	48.3
甲苯-乙酸	110.6	118.5	72.0	28	105.4

2. 常用三元共沸混合物

表 8-2　常用三元共沸混合物

共沸物的组成	共沸物的质量分数/%			共沸物的沸点/℃
	第一组分	第二组分	第三组分	
水-乙醇-乙酸乙酯	7.8	9.0	83.2	70
水-乙醇-四氯化碳	4.3	9.7	86.0	51.8

共沸物的组成	共沸物的质量分数/%			共沸物的沸点/℃
	第一组分	第二组分	第三组分	
水–乙醇–苯	7.4	18.5	74.1	64.9
水–乙醇–环己烷	7.0	17.0	76.0	62.1
水–乙醇–氯仿	3.5	4.0	92.5	55.5
水–异丙醇–苯	7.5	18.7	73.8	66.5
水–二硫化碳–丙酮	0.81	75.21	23.98	38.042

8.1.4　危险化学试剂的使用知识

在进行化学实验时,经常使用到各种各样的化学药品。做任何一个实验之前,阅读实验指导内容,了解所接触到的化学品的危险性特征,是保障实验安全进行的重要因素之一。常用化学药品的危险性大体可分为易燃性、爆炸性、腐蚀性和化学毒性等。

1. 易燃化学药品

1) 易燃液体

特性:易挥发,遇明火易燃烧;蒸气与空气的混合物达到爆炸极限范围,遇明火、星火、电火花均能发生猛烈的爆炸。

实例:汽油、苯、甲苯、乙醇、乙醚、乙酸乙酯、丙酮、乙醛、氯乙烷、二硫化碳等。

保存及使用时的注意事项:要密封(如盖紧瓶塞),防止倾倒和外溢,存放在阴凉通风的专用橱中,要远离火种(包括易产生火花的器物)和氧化剂。

2) 易燃固体

特性:着火点低,易点燃,其蒸气或粉尘与空气混合达一定程度,遇明火或火星、电火花能激烈燃烧或爆炸;与氧化剂接触易燃烧或爆炸。

实例:硝化棉、萘、樟脑、硫黄、红磷、镁粉、锌粉、铝粉等。

保存及使用时的注意事项:与氧化剂分开存放于荫凉处,远离火种。

3) 可燃气体

特性:遇火、受热或与氧化剂接触即可着火或发生爆炸。

实例:氢气、乙胺、氯乙烷、乙烯、煤气、氧气、硫化氢、甲烷、氯甲烷、乙炔、环氧乙烷、二氧化硫等。

保存及使用时的注意事项:填充有此类气体的高压钢瓶要放在室外通风良好的地方,要避免阳光直接照射;使用可燃性气体时,要打开窗户,保持使用地点通风良好;乙炔和环氧乙烷由于会发生分解爆炸,因此,不可将其加热或对其进行撞击。

4)自燃品

特性:跟空气接触易因缓慢氧化而引起自燃。

实例:白磷(剧毒品)。

保存及使用时的注意事项:放在盛水的瓶中,白磷全部浸没在水下,加塞,保存于阴凉处。使用时注意不要与皮肤接触,防止体温引起其自燃而造成难以愈合的烧伤。

5)遇水燃烧物

特性:与水激烈反应,产生可燃性气体并放出大量热。

实例:钾、钠、碳化钙、磷化钙、硅化镁、氢化钠等。

保存及使用时的注意事项:放在坚固的密闭容器中,存放于阴凉干燥处。少量钾、钠应放在盛煤油的瓶中,使钾、钠全部浸没在煤油里,加塞存放。

2. 易爆化学药品

一般说来,易爆物质大多含有以下结构或官能团:

—O—O—	臭氧、过氧化物
—O—Cl—	氯酸盐、高氯酸盐
=N—Cl	氮的氯化物
—N=O	亚硝基化合物
—N=N—	重氮及叠氮化合物
—CNO	雷酸盐
—NO$_2$	硝基化合物(三硝基甲苯、苦味酸盐)
—C≡C—	乙炔化合物

特性:摩擦、震动、撞击、碰到火源、高温能引起激烈的爆炸。

实例:自行爆炸的有高氯酸铵、硝酸铵、浓高氯酸、雷酸汞、三硝基甲苯等。混合发生爆炸的有:①高氯酸＋乙醇或其他有机物;②高锰酸钾＋甘油或其他有机物;③高锰酸钾＋硫酸或硫;④硝酸＋镁或碘化氢;⑤硝酸铵＋酯类或其他有机物;⑥硝酸＋锌粉＋水;⑦硝酸盐＋氯化亚锡;⑧过氧化物＋铝＋水;⑨硫＋氧化汞;⑩金属钠或钾＋水。

保存与使用时的注意事项:必须做好个人防护,戴面罩或防护眼镜,在不碎玻璃通风橱中进行操作。装瓶单独存放在安全处。使用时要避免摩擦、震动、撞击、接触火源。为避免造成有危险性的爆炸,设法减少药品用量或浓度,进行小量实验。其残渣必须妥善处理,不得任意丢弃。

3. 有毒化学药品

化学药品有的是剧毒,有的长期接触或接触过多会引起急性或慢性中毒,所以需掌握有毒化学药品的特性并且加以防护,避免或把中毒机会减小到最低程度。

特性:摄入人体造成致命的毒害。

常见的有毒化学药品及使用注意事项如下。

1) 无机化学药品

氰化物及氰氢酸:毒性极强,致毒作用极快,空气中氰化氢含量达万分之三,数分钟内即可致人死亡,使用时应特别注意。氰化物必须密封保存,要有严格的领用保管制度,取用时必须戴口罩、防护眼镜及手套,手上有伤口时不得进行氰化物的实验。研碎氰化物时,必须用有盖研钵,在通风橱中进行(不抽风);使用过的仪器、操作过的桌面均得亲自收拾,用水冲净,手及脸亦仔细洗净;实验服可能污染,必须及时换洗。

汞:室温下即能蒸发,毒性极强,能导致急性或慢性中毒。使用时必须注意室内通风,提纯或处理必须在通风橱内进行。对于散落的细粒,可用硫黄粉、锌粉或三氯化铁溶液清除。

2) 有机化学药品

有机溶剂:有机溶剂均为脂溶性液体,对皮肤黏膜有刺激作用,对神经系统有损伤作用。例如,苯不但刺激皮肤,易引起顽固湿疹,而且对造血系统及中枢神经均有损害。再如甲醇对视神经特别有害。在条件许可的情况下最好用毒性较低的石油醚、丙酮、甲苯、二甲苯代替二硫化碳、苯、卤代烷类。

硫酸二甲酯:鼻吸入及皮肤吸收均可中毒,且有潜伏期,中毒后感到呼吸道灼痛,对中枢神经影响大,滴在皮肤上能引起坏死、溃疡,恢复慢。

芳香硝基化合物:化合物所含硝基越多毒性越大,在硝基化合物中增加氯原子,亦将增加毒性。此类化合物的特点是能迅速被皮肤吸收,不但刺激皮肤引起湿疹,而且中毒后易引起顽固性贫血及黄疸病。

苯酚:能够灼伤皮肤,引起坏死或皮炎,沾染后应立即用温水及稀乙醇水溶液洗。

生物碱:大多数生物碱具有强烈毒性,皮肤亦可吸收,少量可导致中毒甚至死亡。

苯胺及苯胺衍生物:吸入或经皮肤吸收均可致中毒。慢性中毒引起贫血,影响持久。

致癌物:长期摄入很多烷基化试剂对人体有致癌作用,应予以注意,其中包括硫酸二甲酯、对甲苯磺酸甲酯、N-甲基-N-亚硝脲、亚硝基二甲胺、偶氮乙烷以及一些丙烯酯类等。一些芳香胺类由于在肝脏中经代谢生成 N-羟基化合物而具有致癌作用,其中包括 2-乙酰氨基芴、4-乙酰氨基联苯、2-乙酰氨基苯酚、2-萘胺、4-二甲基偶氮苯等。部分稠环芳香烃化合物如 3,4-二甲基-1,2-苯并蒽则属于强致癌物。

4. 腐蚀性药品

特性:对衣物、人体等有强腐蚀性。
实例及使用时注意事项如下。
1) 气体
溴、氯、氟、氟化氢、溴化氢、氯化氢、二氧化硫、光气、氨等均为窒息性或刺激性气体。使用以上气体或有以上气体产生的实验,必须在通风橱中进行,并设法吸收气体以减小对环境的污染。
2) 强酸和强碱
硝酸、硫酸、盐酸、氢氧化钠、氢氧化钾等均刺激皮肤,有腐蚀作用,易造成化学烧伤。若吸入强酸烟雾,会刺激呼吸道,使用时应加倍小心。
3) 溴
溴可以导致皮肤烧伤,蒸气刺激黏膜,甚至可使眼睛失明。使用时必须在通风橱中进行。如溅出,应立即用沙覆盖。如皮肤灼伤立即用稀乙醇冲洗或大量甘油按摩,然后涂硼酸凡士林。

5. 化学药品侵入渠道及防护

1) 经由呼吸道吸入
有毒气体及有毒药品蒸气经呼吸道吸入人体,经血液循环而至全身,产生急性或慢性全身性中毒,所以实验必须在通风橱内进行,并经常注意室内空气流畅。
2) 经由消化道侵入
任何药品均不得用口尝味,不在实验室内进食,实验完毕必须洗手,不能穿工作服到食堂、宿舍。
3) 经由皮肤黏膜侵入
眼睛的角膜对化学药品非常敏感,药品对眼睛危害性很大。进行实验时,必须戴防护眼镜。一般来说,药品不易透过完整的皮肤,但皮肤有伤口时药品是很容易浸入人体的。用沾污了药品的手取食物或抽烟,均能将其带入体内。化学药品如浓碱、浓酸对皮肤均能造成化学灼伤。某些脂溶性溶剂、氨基及硝基化合物可引起顽固性湿疹。有的亦能经皮肤浸入体内,导致全身中毒或危害皮肤,引起过敏性皮炎。在实验操作时,注意勿使药品直接接触皮肤,必要时可戴手套。

8.1.5　部分有机剧毒物品表

表 8-3　部分有机剧毒物品

A 级有机剧毒物品	B 类有机剧毒物品
乙撑亚胺(氮丙环;吖丙啶)	三氯硝基甲烷(氯化苦;硝基三氯甲烷)
双(氯乙基)甲胺(氮芥)	4-己烯-1-炔-3-醇
1,2-二溴-3-丁酮(二溴丁酮)	4,6-二硝基邻甲(苯)酚
氯苯乙酮[禁用](苯氯乙酮)	4,6-二硝基邻甲(苯)酚钠
二氯(二)甲醚[对称二氯(二)甲醚]	二硝基邻甲酚铵
二氯二乙基硫醚[禁用](芥子气;硫芥)	2,4-二硝基酚(二硝酚)
乙酸三乙基锡	N-乙烯基乙撑亚胺
四乙基铅	一氯乙醛(氯乙醛)
二苯(基)氯胂(氯化二苯胂)	丙烯醛
氟乙酸(氟醋酸)	二氯四氟丙酮(敌锈酮)
氟乙酸钠(氟醋酸钠)	苯(基)硫醇(苯硫酚;硫代苯酚)
氟乙酸钾(氟醋酸钾)	2-巯基丙酸
氯甲酸甲酯	乙酸汞(醋酸汞)
氯甲酸三氯甲酯(双光气)	2-巯基丙酸
异氰酸甲酯(甲基异氰酸酯)	氯化甲基汞
氟代磺酸甲酯	甲基汞
氟代硫酸甲酯	甲酸亚铊(蚁酸亚铊、甲酸铊、蚁酸铊)
氯磷酸(二)异丙酯	乙酸亚铊(乙酸铊、醋酸铊)
硫酸(二)甲酯	丙二酸铊(丙二酸亚铊)
戊硼烷(五硼烷)	四乙基锡
士的宁(及其盐)	氯甲酸-2-乙基己酯
莨菪碱(及其盐)	氯甲酸环丁酯
海洛因(及其盐)(二乙酰吗啡)	氯甲酸环己酯
烟碱(尼古丁)	氯乙酸乙酯(氯醋酸乙酯)
氟乙酰胺[禁用](敌蚜胺)	氯乙酸乙烯酯(氯醋酸乙烯酯)
六氟丙酮	氯甲酸甲酯
羟基硫(硫化碳酰)	氯甲酸乙酯
羰基氟(氟化碳酰;碳酰氟;氟光气)	溴乙酸甲酯(溴醋酸甲酯)
过氯酰氟(氟化过氯氧;氟化过氯酰)	溴乙酸乙酯(溴醋酸乙酯)
三氟乙酰氯(氯化三氟乙酰)	氯磺酸乙酯
碳酰氯(光气)	丙腈(乙基氰)
二氯硅烷	丙烯腈(氰基乙烯)
乙烯酮	溴苯乙腈(溴苄基氰)
重氮甲烷	羟基乙腈(乙醇腈)
八氟异丁烯(全氟异丁烯)	氟磷酸二乙酯
	2-氯吡啶

注:剧毒物品指少数侵入机体,短时间内即能致人、畜死亡或严重中毒的物质,根据剧毒物品的理化性质和其他危险性质,将剧毒物品分为 A、B 两级

8.2　数据与资料

8.2.1　常见氘代溶剂的^{1}H NMR 化学位移

表 8-4　常见氘代溶剂的^{1}H NMR 化学位移

溶剂	质子	峰型	CDCl$_3$	(CD$_3$)$_2$CO	(CD$_3$)$_2$SO	C$_6$D$_6$	CD$_3$CN	CD$_3$OD	D$_2$O
溶剂残留峰			7.26	2.05	2.5	7.16	1.94	3.31	4.79
水		s	1.56	2.84[1]	3.33[1]	0.4	2.13	4.87	
乙酸	CH$_3$	s	2.1	1.96	1.91	1.55	1.96	1.99	2.08
丙酮	CH$_3$	s	2.17	2.09	2.09	1.55	2.08	2.15	2.22
乙腈	CH$_3$	s	2.1	2.05	2.07	1.55	1.96	2.03	2.06
苯	CH	s	7.36	7.36	7.37	7.15	7.37	7.33	
叔丁醇	CH$_3$	s	1.28	1.18	1.11	1.05	1.16	1.4	1.24
	OH[3]	s			4.19	1.55	2.18		
叔丁基甲基醚	CCH$_3$	s	1.19	1.13	1.11	1.07	1.14	1.15	1.21
	OCH$_3$	s	3.22	3.13	3.08	3.04	3.13	3.2	3.22
BHT[2]	ArH	s	6.98	6.96	6.87	7.05	6.97	6.92	
	OH[3]	s	5.01		6.65	4.79	5.2		
	ArCH$_3$	s	2.27	2.22	2.18	2.24	2.22	2.21	
	ArC(CH$_3$)$_3$	s	1.43	1.41	1.36	1.38	1.39	1.4	
氯仿	CH	s	7.26	8.02	8.32	6.15	7.58	7.9	
环己烷	CH$_2$	s	1.43	1.43	1.4	1.4	1.44	1.45	
1,2-二氯乙烷	CH$_2$	s	3.73	3.87	3.9	2.9	3.81	3.78	
二氯甲烷	CH$_2$	s	5.3	5.63	5.76	4.27	5.44	5.49	
乙醚	CH$_3$	t,7	1.21	1.11	1.09	1.11	1.12	1.18	1.17
	CH$_2$	q,7	3.48	3.41	3.38	3.26	3.42	3.49	3.56
二甘醇二甲醚	CH$_2$	m	3.65	3.56	3.51	3.46	3.53	3.61	3.67
	CH$_2$	m	3.57	3.47	3.38	3.34	3.45	3.58	3.61
	OCH$_3$	s	3.39	3.28	3.24	3.11	3.29	3.35	3.37
1,2-二甲氧基乙烷	CH$_3$	s	3.4	3.28	3.24	3.12	3.28	3.35	3.37
	CH$_2$	s	3.55	3.46	3.43	3.33	3.45	3.52	3.6
二甲基乙酰胺	CH$_3$CO	s	2.09	1.97	1.96	1.6	1.97	2.07	2.08
	NCH$_3$	s	3.02	3	2.94	2.57	2.96	3.31	3.06
	NCH$_3$	s	2.94	2.83	2.78	2.05	2.83	2.92	2.9

续表

溶剂	质子	峰型	CDCl$_3$	(CD$_3$)$_2$CO	(CD$_3$)$_2$SO	C$_6$D$_6$	CD$_3$CN	CD$_3$OD	D$_2$O
	CH	s	8.02	7.96	7.95	7.63	7.92	7.97	7.92
二甲基甲酰胺	CH$_3$	s	2.96	2.94	2.89	2.36	2.89	2.99	3.01
	CH$_3$	s	2.88	2.78	2.73	1.86	2.77	2.86	2.85
二甲亚砜	CH$_3$	s	2.62	2.52	2.54	1.68	2.5	2.65	2.71
二氧六环	CH$_2$	s	3.71	3.59	3.57	3.35	3.6	3.66	3.75
	CH$_3$	t,7	1.25	1.12	1.06	0.96	1.12	1.19	1.17
乙醇	CH$_2$	q,7[4]	3.72	3.57	3.44	3.34	3.54	3.6	3.65
	OH	s[3],[4]	1.32	3.39	4.63		2.47		
	CH$_3$CO	s	2.05	1.97	1.99	1.65	1.97	2.01	2.07
乙酸乙酯	CH$_2$CH$_3$	q,7	4.12	4.05	4.03	3.89	4.06	4.09	4.14
	CH$_2$CH$_3$	t,7	1.26	1.2	1.17	0.92	1.2	1.24	1.24
	CH$_3$CO	s	2.14	2.07	2.07	1.58	2.06	2.12	2.19
甲基乙基甲酮	CH$_2$CH$_3$	q,7	2.46	2.45	2.43	1.81	2.43	2.5	3.18
	CH$_2$CH$_3$	t,7	1.06	0.96	0.91	0.85	0.96	1.01	1.26
乙二醇	CH	s[5]	3.76	3.28	3.34	3.41	3.51	3.59	3.65
真空脂[6]	CH$_3$	m	0.86	0.87		0.92	0.86	0.88	
	CH$_2$	brs	1.26	1.29		1.36	1.27	1.29	
正己烷	CH$_3$	t	0.88	0.88	0.86	0.89	0.89	0.9	
	CH$_2$	m	1.26	1.28	1.25	1.24	1.28	1.29	
HMPA[7]	CH$_3$	d,9.5	2.65	2.59	2.53	2.4	2.57	2.64	2.61
甲醇	CH$_3$	s[8]	3.49	3.31	3.16	3.07	3.28	3.34	3.34
	OH	s[3],[8]	1.09	3.12	4.01		2.16		
硝基甲烷	CH$_3$	s	4.33	4.43	4.42	2.94	4.31	4.34	4.4
正戊烷	CH$_3$	t,7	0.88	0.88	0.86	0.87	0.89	0.9	
	CH$_2$	m	1.27	1.27	1.27	1.23	1.29	1.29	
异丙醇	CH$_3$	d,6	1.22	1.1	1.04	0.95	1.09	1.5	1.17
	CH	sep,6	4.04	3.9	3.78	3.67	3.87	3.92	4.02
	CH(2)	m	8.62	8.58	8.58	8.53	8.57	8.53	8.52
吡啶	CH(3)	m	7.29	7.35	7.39	6.66	7.33	7.44	7.45
	CH(4)	m	7.68	7.76	7.79	6.98	7.73	7.85	7.87
聚二甲基硅烷[9]	CH$_3$	s	0.07	0.13		0.29	0.08	0.1	

续表

溶剂	质子	峰型	CDCl₃	(CD₃)₂CO	(CD₃)₂SO	C₆D₆	CD₃CN	CD₃OD	D₂O
四氢呋喃	CH₂	m	1.85	1.79	1.76	1.4	1.8	1.87	1.88
	CH₂O	m	3.76	3.63	3.6	3.57	3.64	3.71	3.74
甲苯	CH₃	s	2.36	2.32	2.3	2.11	2.33	2.32	
	CH(o/p)	m	7.17	7.1~7.2	7.18	7.02	7.1~7.3	7.16	
	CH(m)	m	7.25	7.1~7.2	7.25	7.13	7.1~7.3	7.16	
三乙胺	CH₃	t,7	1.03	0.96	0.93	0.96	0.96	1.05	0.99
	CH₂	q,7	2.53	2.45	2.43	2.4	2.45	2.58	2.57

1) 在这些溶剂中,分子间的交换速率足够慢,可以观察到由于 HDO 形成的峰,在丙酮中 $\delta = 2.81$,DMSO 中 $\delta = 3.30$。在前者溶剂中,一般为 $1:1:1$ 的三重峰,并且 $^2J_{H,D} = 1$ Hz

2) 2,6-二甲基-4-叔丁基苯酚

3) 质子交换的信号不是总能得到

4) 在有些情况下[见注释 1)],可以观察到 CH₂ 和 OH 质子之间的偶合 $(J = 5$ Hz$)$

5) 在 CD₃CN 中,OH 的质子峰在 $\delta = 2.69$ 为多重峰,在亚甲基峰上也会有额外的偶合

6) 长链线性脂肪族碳氢化合物,它们在 DMSO 中的溶解度太低而得不到吸收峰

7) 六甲基磷酰胺

8) 在有些情况下[见注释 1)和 4)],可以观察到 CH₃ 和 OH 质子之间的偶合 $(J = 5.5$ Hz$)$

9) 它在 DMSO 中的溶解度太低而得不到吸收峰

8.2.2　常见氘代溶剂的 ¹³C NMR 化学位移

表 8-5　常见氘代溶剂的 ¹³C NMR 化学位移

溶剂	碳	CDCl₃	(CD₃)₂CO	(CD₃)₂SO	C₆D₆	CD₃CN	CD₃OD	D₂O
溶剂峰		77.16± 0.06	29.84± 0.01	39.52± 0.06	128.06± 0.02	1.32± 0.02	49.00± 0.01	
			206.26± 0.13			118.26± 0.02		
乙酸	CO	175.99	172.31	171.93	175.82	173.21	175.11	177.21
	CH₃	20.81	20.51	20.95	20.37	20.73	20.56	21.03
丙酮	CO	207.07	205.87	206.31	204.43	207.43	209.67	215.94
	CH₃	30.92	30.6	30.56	30.14	30.91	30.67	30.89
乙腈	CN	116.43	117.60	117.91	116.02	118.26	118.06	119.68
	CH₃	1.89	1.12	1.03	0.2	1.79	0.85	1.47
苯	CH	128.37	129.15	128.3	128.62	129.32	129.34	

溶剂	碳	CDCl$_3$	(CD$_3$)$_2$CO	(CD$_3$)$_2$SO	C$_6$D$_6$	CD$_3$CN	CD$_3$OD	D$_2$O
叔丁醇	C	69.15	68.13	66.88	68.19	68.74	69.4	70.36
	CH$_3$	31.25	30.72	30.38	30.47	30.68	30.91	30.29
叔丁基甲基醚	OCH$_3$	49.45	49.35	48.7	49.19	49.52	49.66	49.37
	C	72.87	72.81	72.04	72.4	73.17	74.32	75.62
	CCH$_3$	26.99	27.24	26.79	27.09	27.28	27.22	26.6
BHT	C(1)	151.55	152.51	151.47	152.05	152.42	152.85	
	C(2)	135.87	138.19	139.12	136.08	138.13	139.09	
	CH(3)	125.55	129.05	127.97	128.52	129.61	129.49	
	C(4)	128.27	126.03	124.85	125.83	126.38	126.11	
	CH$_3$Ar	21.2	21.31	20.97	21.4	21.23	21.38	
	CH$_3$C	30.33	31.61	31.25	31.34	31.5	31.15	
	C	34.25	35	34.33	34.35	35.05	35.36	
氯仿	CH	77.36	79.19	79.16	77.79	79.17	79.44	
环己烷	CH$_2$	26.94	27.51	26.33	27.23	27.63	27.96	
1,2-二氯乙烷	CH$_2$	43.5	45.25	45.02	43.59	45.54	45.11	
二氯甲烷	CH$_2$	53.52	54.95	54.84	53.46	55.32	54.78	
乙醚	CH$_3$	15.2	15.78	15.12	15.46	15.63	15.46	14.77
	CH$_2$	65.91	66.12	62.05	65.94	66.32	66.88	66.42
二甘醇二甲醚	CH$_3$	59.01	58.77	57.98	58.66	58.9	59.06	58.67
	CH$_2$	70.51	71.03	69.54	70.87	70.99	71.33	70.05
	CH$_2$	71.9	72.63	71.25	72.35	72.63	72.92	71.63
1,2-二甲氧基乙烷	CH$_3$	59.08	58.45	58.01	58.68	58.89	59.06	58.67
	CH$_2$	71.84	72.47	17.07	72.21	72.47	72.72	71.49
二甲基乙酰胺	CH$_3$	21.53	21.51	21.29	21.16	21.76	21.32	21.09
	CO	171.07	170.61	169.54	169.95	171.31	173.32	174.57
	NCH$_3$	35.28	34.89	37.38	34.67	35.17	35.5	35.03
	NCH$_3$	38.13	37.92	34.42	37.03	38.26	38.43	38.76
二甲基甲酰胺	CH	162.62	162.79	162.29	162.13	163.31	164.73	165.53
	CH$_3$	36.5	36.15	35.73	35.25	36.57	36.89	37.54
	CH$_3$	31.45	31.03	30.73	30.72	31.32	31.61	32.03
二甲亚砜	CH$_3$	40.76	41.23	40.45	40.03	41.31	40.45	39.39
二氧六环	CH$_2$	67.14	67.6	66.36	67.16	67.72	68.11	67.19

溶剂	碳	CDCl$_3$	(CD$_3$)$_2$CO	(CD$_3$)$_2$SO	C$_6$D$_6$	CD$_3$CN	CD$_3$OD	D$_2$O
乙醇	CH$_3$	18.41	18.89	18.51	18.72	18.8	18.4	17.47
	CH$_2$	58.28	57.72	56.07	57.86	57.96	58.26	58.05
乙酸乙酯	<u>C</u>H$_3$CO	21.04	20.83	20.68	20.56	21.16	20.88	21.15
	CO	171.36	170.96	170.31	170.44	171.68	172.89	175.26
	CH$_2$	60.49	60.56	59.74	60.21	60.98	61.5	62.32
	CH$_3$	14.19	14.5	14.4	14.19	14.54	14.49	13.92
甲基乙基甲酮	<u>C</u>H$_3$CO	29.49	29.3	29.26	28.56	29.6	29.39	29.49
	CO	209.56	208.3	208.72	206.55	209.88	212.16	218.43
	<u>C</u>H$_2$CH$_3$	36.89	36.75	35.83	36.36	37.09	37.34	37.27
	CH$_2$<u>C</u>H$_3$	7.86	8.03	7.61	7.91	8.14	8.09	7.87
乙二醇	CH$_2$	63.79	64.26	62.76	64.34	64.22	64.3	63.17
真空脂	CH$_2$	29.76	30.73	29.2	30.21	30.86	31.29	
正己烷	CH$_3$	14.14	14.34	13.88	14.32	14.43	14.45	
	CH$_2$(2)	22.7	23.28	22.05	23.04	23.4	23.68	
	CH$_2$(3)	31.64	32.3	30.95	31.96	32.36	32.73	
HMPA[1)]	CH$_3$	36.87	37.04	36.42	36.88	37.1	37	36.46
甲醇	CH$_3$	50.41	49.77	48.59	49.97	49.9	49.86	49.50
硝基甲烷	CH$_3$	62.5	63.21	63.28	61.16	63.66	63.08	63.22
正戊烷	CH$_3$	14.08	14.29	13.28	14.25	14.37	14.39	
	CH$_2$(2)	22.38	22.98	21.7	22.72	23.08	23.38	
	CH$_2$(3)	34.16	34.83	33.48	34.45	34.89	35.3	
异丙醇	CH$_3$	25.14	25.67	25.43	25.18	25.55	25.27	24.38
	CH	64.5	63.85	64.92	64.23	64.3	64.71	64.88
吡啶	CH(2)	149.9	150.67	149.58	150.27	150.76	150.07	149.18
	CH(3)	123.75	124.57	123.84	123.58	127.76	125.53	125.12
	CH(4)	135.96	136.56	136.05	135.28	136.89	138.35	138.27
聚二甲基硅烷	CH$_3$	1.04	1.4		1.38		2.1	
四氢呋喃	CH$_2$	25.62	26.15	25.14	25.72	26.27	26.48	25.67
	CH$_2$O	67.97	68.07	67.03	67.8	68.33	68.83	68.68

续表

溶剂	碳	CDCl₃	(CD₃)₂CO	(CD₃)₂SO	C₆D₆	CD₃CN	CD₃OD	D₂O
甲苯	CH_3	21.46	21.46	20.99	21.1	21.5	21.5	
	$C(i)$	137.89	138.48	137.35	137.91	138.9	138.85	
	$CH(o)$	129.07	129.76	128.88	129.33	129.94	129.91	
	$CH(m)$	128.26	129.03	128.18	128.56	129.23	129.2	
	$CH(p)$	125.33	126.12	125.29	125.68	126.28	126.29	
三乙胺	CH_3	11.61	12.49	11.74	12.35	12.38	11.09	9.07
	CH_2	46.25	47.07	45.74	46.77	47.1	46.96	47.19

1) 见 ^{1}H NMR 脚注，$^2J_{PC}=3$ Hz。

资料来源：Gottlieb H E，Kotlyar V，Nudelman A. 1997. NMR Chemical Shifts of Common Laboratory Solvents as Trace Impurities. J. Org. Chem.，62：7512-7515

主要参考文献

方正法,俞善信,文瑞明. 2005. 固体酸催化光异构化合成富马酸二甲酯. 工业催化,12(7):45-47

谷珉珉,贾韵仪,姚子鹏. 1991. 有机化学实验. 上海:复旦大学出版社

韩广甸,范如霖,李述文. 1980. 有机制备化学手册(上). 北京:化学工业出版社

何丽一. 1999. 平面色谱方法及应用. 北京:化学工业出版社

化学工业部科学技术情报研究所. 1985. 化工产品手册. 北京:化学工业出版社

兰州大学,复旦大学. 1994. 有机化学实验. 2版. 北京:高等教育出版社

李良助,宋艳玲,袁晋芳,等. 1992. 有机合成原理和技术. 北京:高等教育出版社

林原斌,刘展鹏,陈红飙. 2006. 有机中间体的制备与合成. 北京:科学出版社

骆建轻,谭蓉,孔瑜,等. 2012. 助剂对 L-脯氨酸催化直接不对称 Aldol 反应的影响. 催化学报,
    33:1133-1138

曲毅,张宇,张辰. 2012. 吲唑类化合物的合成研究进展. 浙江化工,43(3):10-14

王明慧,吴坚平,杨立荣,等. 2005. 硼氢化钠还原法合成 1-(2,4-二氯苯基)-2-氯乙醇. 有机化学,
    25(6):660-664

王俏,贺福俊,曹燕,等. 2005. 氨基磺酸催化合成环己酮乙二醇缩酮. 延安大学学报,24(4):
    70-71

王清廉,李瀛,高坤,等. 2010. 有机化学实验. 3版. 北京:高等教育出版社

王清廉,沈凤嘉. 2008. 有机化学实验. 2版. 北京:高等教育出版社

王锐,姜恒. 2008. 磷钨酸盐的合成、表征及催化四氢吡喃化反应. 中国钨业,23(3):27-30

王树青,高崇. 2004. 1-苯基-3-甲基-5-吡唑啉酮的合成工艺研究. 染料与染色,41(2):114-115

王智谦,麦禄根. 2004. 关于 4-苯基-2-丁酮亚硫酸氢钠加成物的探讨. 大学化学,19(3):55-56

吴世晖,周景尧,林子森,等. 1986. 中级有机化学实验. 北京:高等教育出版社

游沛清,文瑞明,俞善信. 2007. 合成环己酮乙二醇缩酮的催化剂研究进展. 化工进展,26(11):
    250-261

曾昭琼. 2000. 有机化学实验. 北京:高等教育出版社

张康华,曹小华,陶春元,等. 2009. 安息香缩合与应用研究进展. 安徽农业科学,37(30):145-149

张力,李康兰,白林. 2010. 乙酰苯胺制备的绿色化研究. 甘肃高师学报,15(5):16-18

张敏,魏俊发,白银娟,等. 2006. 用双氧水绿色氧化环己酮合成己二酸的研究. 有机化学,
    26(2):207-210

张萱,杨金会,江世智,等. 2008. 改性活性炭催化羟基的四氢吡喃化保护及脱保护反应研究.
    合成化学,16(6):632-635

张敏,魏俊发. 2004. (S)-4-氯-3-羟基丁酸乙酯的不对称合成. 精细化工中间体,34(1):33-34

周金梅,林敏,徐炳渠,等. 2006. 推荐一个基础有机化学新实验——微波辐射合成肉桂酸酯.
    大学化学,20(3):43-46

周锦兰,张开诚. 2005. 实验化学. 武汉:华中科技大学出版社

周文富. 2006. 有机化学实验与实训. 厦门:厦门大学出版社

邹绍国. 2007. 对硝基苯胺制备实验的改进. 成都纺织高等专科学校学报,41(1):46-48

Huo Y, Qiu X, Shao W, et al. 2010. New fluorescent trans-dihydrofluoren-3-ones from aldol‐Robinson annulation – regioselective addition involved one-pot reaction. Org. Biomol. Chem., 8:5048-5052

Kegnæs S, Mielby J, Mentzel U V, et al. 2012. One-pot synthesis of amides by aerobic oxidative coupling of alcohols oraldehydes with amines using supported gold and base as catalysts. Chem. Commun., 48:2427-2429

Li A H, Ahmed E, Chen X, et al. 2007. A highly effective one-pot synthesis of quinolines from o-nitroarylcarbaldehydes. Org. Biomol. Chem., 5: 61-64

Sanaa S K, Sachin U, Sonavane Y S. 2012. Synthesis of acetylenes via dehydrobromination using solid anhydrous potassium phosphate as the base under phase-transfer conditions. Tetrahedron Letters,53:2295-2297

Schmidt A, Beutler A, Snovydovych B. 2008. Recent advances in the chemistry of indazoles. Eur. J. Org. Chem.,4073-4095

Taniguchi T, Fujii T, Ishibashi H. 2011. Iron-mediated one-pot formal nitrocyclization onto unactivated alkenes. Org. Biomol. Chem., 9:653-655

Xuan Y N, Lin H S. 2013. Highly efficient asymmetric synthesis of α,β-epoxy esters via one-pot organocatalytic epoxidation and oxidative esterification. Org. Biomol. Chem., 11:1815-1817